KB040362

과학
삼국사기

과학 삼국사기

초판 1쇄 찍은날 2011년 1월 5일 | 초판 3쇄 펴낸날 2012년 12월 24일
지은이 이종호 | 펴낸이 한성봉
편집 주간 박현경 | 편집 서영주 · 박상준 | 디자인 이근호 | 경영지원 홍운선
펴낸곳 도서출판 동아시아 | 등록 1998년 3월 5일 제22-1280호
주소 서울시 중구 남산동 2가 18-9번지 | 홈페이지 www.EastAsiaBooks.com
전자우편 dongasiabook@naver.com | 전화 02) 757-9724, 5 | 팩스 02) 757-9726
ISBN 978-89-6262-030-6 04400
ISBN 978-89-6262-029-0 (세트)
파본은 구입하신 서점에서 바꿔드립니다.
값 16,000원

이종호 지음

동아시아

머리말

1959년 영국의 C. P. 스노우는 유명한 케임브리지대학교 리드 강연에서 과학과 인문학 사이의 단절에 대해 다음과 같이 심각하게 경고한 바 있다. "두 문화 two cultures, 즉 과학과 인문학 사이의 간극이 세상의 문제들을 해결하는데 주된 방해물이 된다." 스노우가 강조한 것은 두 문화의 극점에 물리학자와 문학자가 있는데, 이들이 대화를 한다고 해도 '서로가 서로를 이해할 수 없을 만큼 서로에 대해 무지하다'는 것이다. 이와 같이 두 분야가 별개의 영역처럼 인식되는 것은 교육의 양극화에서 기인한다. 의사가 되려면 수학 · 물리학을 잘해야 하지만, 판사나 검사가 되려면 수학 · 물리학보다 국어 · 영어를 잘해야 한다고 이해하기 때문이다. 왜 수학 · 물리학을 잘 아는 변호사가 드물고, 글 잘 쓰고 철학에 정통한 과학자나 의사가 되려는 생각을 하지 않을까? 스노우는 문학자들이 과학적 소양을 쌓아 두 문화를 극복해야 한다고 강조했지만 그 역의 경우도 충분히 가능하다. 즉, 과학자들이 인문학과 사회학에 대한 이해를 넓힌다면 두 문화의 극복에 크게 기여할 수 있다.

그렇다면 과학과 인문 분야를 한 틀에서 이해하기 위해 가장 쉽게 접근하는 방법은 무엇인가? 필자는 이와 같은 질문에 '우리들이 가장 잘 알고 있는' 우리 유산에서 과학성을 찾아보라고 대답한다. 그러면 곧바로 한국 유산에 정말로 과학성이 있느냐고 반문한다. 특히 해외여행을 자주 하거나 오랫동안 해외에서 거주한 사람들은 한국의 자랑스러운 유산들이 외국의 유산에 비해 상당히 과장되었다는 것을 느꼈다고 실토한다. 우선 우리나라 유산들의 규모에 대해 불평한다. 그들은 한국에 1,000년 전에 지어진 건물도 변변하게 남아 있는 것이 없지만 이집트의 피라미드는 4,500년 전, 그리스의 파르테논 신전은 2,000년이 넘었고 로마의 고대 유적 모두가 한국에서 삼국이 세워지기 전에 만들어졌다고 말한다. 그리고 우리나라에 남아 있는 유산들의 질과 양을 외국 것과 비교해 볼 때 한국의 유산에서 무슨 과학성을 찾을 수 있느냐고 반박한다.

우리 조상들이 물려 준 유산들이 과학성도 없고 초라하게 느껴지는 이유는 여러 가지다. 먼저 우리의 유산 중에서 제작 방법이라든가 작동 방법 같은 과학적인 설명을 구체적으로 기록한 자료가 거의 없다는 점이다. 기술적인 내용이라도 한자로 적은데다가 그림도 많지 않아서 정확한 내용을 파악하기가 쉽지 않다. 즉, 우리 것을 과학적으로 정확하게 규명할 수 있는 방법이 거의 없다.

두 번째는 수많은 자료들이 그동안의 전란이나 관리 소홀로 거의 파손되거나 멸실되었다는 점이다. 기록에 대해 남다른 자부심을 갖고 있는 선조들이지만 전란이라는 악재 앞에 귀중한 자료라고 해서 일일이 챙기기는 쉽지 않다. 그래서 우리들이 검토할 수 있는 유산은 한정된 숫자에 지나지 않는다.

세 번째는 위정자들이 필요에 의해 고의적으로 자료를 파괴하거나 훼손했다는 점이다. 가장 대표적으로 조선왕조는 이성계가 쿠데타로 정권을 잡은 것을 합리화하기 위해 많은 자료들을 조직적으로 파괴했다. 또한 36년 동안 한국을 강점한 일본은 우리나라의 역사를 조직적으로 왜곡

시켰으며, 중요한 유산들을 파괴하거나 훼손하여 원래의 모습을 찾아볼 수 없도록 만들었다. 아직도 일제의 잔재들이 우리의 문헌이나 자료에 남아 있어 애초 선조들이 물려준 것과는 전혀 다른 것이 많이 있다는 논란도 이런 이유다.

네 번째는 전통적으로 한국인에게 뿌리 깊게 내려오고 있는 조상과 스승에 대한 숭배사상이다. 과학은 미지의 것을 탐구하는 학문인데 스승의 이론이 자신의 생각과 다를 경우 스승의 잘못을 지적하는 것보다 자신의 생각을 철회하는 것이 순리이자 도리라고 보았다. 철저한 유교 관념과 스승을 존중하는 사회에서 과학이 다른 학문에 비해 떨어지는 이유라고 볼 수 있다. 그러나 우리의 유산에 대한 관심과 연구가 부족한 것은 경제적인 이유 때문이다. 보릿고개란 말이 사라진지 얼마 되지 않았듯이 먹고 살기에 바쁜 터에 우리 것에 대한 과학성을 규명한다는 생각조차 할 수 없었다.

이집트의 피라미드, 그리스의 파르테논, 다빈치나 미켈란젤로 등 르네상스 시대의 걸작품들과 소소한 과학적 기구들이 우리들에게 잘 알려져 있는 이유는 유산 자체가 우수한 이유도 있지만, 과거부터 수많은 연구가들에 의해 장단점이 분석된 자료가 많이 남아 있기 때문이다. 우리 것에 대한 기술정보가 없는 상황에서 외국 것에 대한 정보가 가감 없이 곧바로 유입되었으므로, 외국 것이 우리 것보다 더 좋은 인상을 갖게 되는 것은 당연한 일이다. 또한 우리 민족에 대한 가장 신랄한 비판은 우리에게 과학적인 사고력이 없었다고 비하하는 것이다. 우리나라 선조들이 과학성을 갖고 있지 않았다는 가장 큰 증거로 신화나 전설 또는 문학작품에 과학성이 깃든 내용, 즉 시대를 앞서가는 상상력이나 과학적 관찰력을 찾을 수 있는 내용이 없다는 것이다. 선조들에게 과학성이라는 사고가 없었기 때문에 과거에 우리 국민들이 바보 같이 살았다는 것을 당연하게 생각하기도 한다.

그러나 상상력이 풍부하게 발휘될 수 있는 문학작품에서 과학적인 소재가 없다고 줄기차게 비판을 받아왔지만 『흥부전』, 『옹고집전』, 『도깨비감투』, 『도화녀와 비형랑』 등을 보면 우리 조상들도 많은 작품에서 공상적인 소재를 사용했다. 이 작품들은 한국인의 상상력이 결코 떨어지지 않았다는 것을 보여주는 좋은 예라고 생각된다. 놀라운 것은 『삼국유사』, 『삼국사기』를 보더라도 최근의 공상과학소설Science Fiction, SF에서 다루는 이야기가 많이 나온다는 사실이다. 이는 그동안 우리들이 우리의 자산에 대해 몰랐다는 뜻도 되지만, 그동안 이런 것을 발굴하는데 게을리 했다는 것을 의미하기도 한다. 즉, 우리 유산이 외국 것에 비해 떨어진다고 생각하는 것은 우리 유산에 대한 정보가 없다는 것이 가장 큰 요인이다. 그러나 정보 부족이 과학성이 없다는 뜻은 아니다. 우리 유산에 대한 정보가 적은 상태에서 우리 유산에는 과학성이 없다고 비난만 할 것이 아니라, 어느 유산에 과학성이 있는가를 찾는 것이 시급한 일이다.

이런 의미에서 우리의 역사서인 『삼국유사』, 『삼국사기』에 깃들어 있는 과학성을 찾아내는 것은 매우 의미 있는 일이다. 『삼국유사』, 『삼국사기』야말로 우리들에 대한 이야기를 담고 있기 때문이다. 물론 『삼국유사』, 『삼국사기』에 기록된 과학을 현대의 잣대로 설명하는 것이 간단한 일은 아니다. 이들 사서에 기록되어 있는 내용 자체가 모호한 것도 있고, 과학이라는 학문이 태어나기 이전에 저술된 것이므로 현대에 맞지 않는 내용도 있기 때문이다. 그러므로 이 책에서는 가능한 한 『삼국유사』, 『삼국사기』의 내용을 과장하지 않고 『삼국유사』, 『삼국사기』 중에서 발견할 수 있는 과학성을 설명하는데 중점을 두었다. 『삼국유사』와 『삼국사기』는 엄연히 다르다. 『삼국사기』가 『삼국유사』보다 다소 빠르게 저술되었지만 『삼국유사』는 일연 스님이 작성한 것인 반면 『삼국사기』는 김부식이 편찬한 정사이기 때문이다. 그러나 두 사서 모두 우리의 역사를 적은 것이므로 같은 내용을 다룬 것은 물론 긴밀하게 연결되어 있으므로 많은 부분에서 연계하여 설명했다.

마지막으로 이 책에서 다루는 내용 중에는 필자의 다른 책에서도 설명된 것이 있지만 상당 부분을 보완하여 설명했다. 이제 『삼국유사』, 『삼국사기』에 숨어 있는 과학도 파악하고 우리 역사도 알 수 있는 일거양득의 과학 여행에 참여해 보기 바란다.

2011년 1월

이종호

차례

01 한국인의 DNA

『삼국사기』〈신라본기 제1〉 '시조 혁거세거서간 38년(기원전 20년)' 2월에 호공을 보내 마한을 예방했더니 마한왕이 호공을 꾸짖으며 다음과 같이 말했다는 글이 있다.

> "진한과 변한은 우리나라의 속국인데, 근년에는 공물을 보내오지 않았소. 대국을 섬기는 예절이 이와 같은가?" 하고 꾸짖자 호공이 대답했다.
>
> "우리나라에 두 분의 성인이 출현하면서, 사회가 안정되고 천시가 조화를 이루어, 창고가 가득 차고, 백성들은 공경과 겸양을 알게 되었습니다. 그리하여 진한의 유민들로부터 변한, 낙랑, 왜인에 이르기까지 우리를 두려워하고 심복하지 않는 자가 없습니다. 그럼에도 불구하고 우리 임금이 겸손하여 저를 보내 귀국을 예방하게 하였으니, 이는 오히려 지나친 예절이라 할 수 있을 것입니다. 그런데 대왕께서 크게 성을 내고 무력으로 위협하시니, 그 이유가 무엇입니까?" 왕이 분노하여 그를 죽이려 하였으나, 측근들이 간하여 이를 말리자 그의 귀국을 허락했다.

김부식은 이와 같은 일이 일어나게 된 연유로 이보다 앞서 중국 사람들 중에 진秦나라가 일으킨 난리로 말미암아 많은 중국 사람들이 중국을 탈출하여 동쪽으로 왔는데, 그들 가운데의 대부분은 마한 동쪽에서 진한 사람들과 함께 살았기 때문으로 생각했다. 그런데 당시 맹주는 마한이었는데 진한에 이들 위세가 극성하자 이를 싫어하여 책망했다는 것이다.

중국 진나라의 진수(陳壽, 233~297년)가 지은 『삼국지』 〈위지동이전〉에서 변한과 진한, 즉 후에 신라가 된 두 나라의 기록도 매우 의미심장하다. 우선 진한에 대해서는 다음과 같이 적었다.

> 진한은 마한의 동쪽에 있다. 그 나라 노인들이 대대로 전하는 말에 의하면, 자신들은 옛날에 도망쳐 온 사람들의 자손으로 진나라의 부역을 피하여 한韓나라로 왔다. 마한이 그 동쪽 국경지방의 땅을 떼어 주었다. 그 거주지 주위에는 성벽과 목책이 있는데 그들의 언어는 마한과 달라서 국國을 방邦이라 하고, 궁弓을 호弧라 하고 적賊을 구寇라 하고 행주(行酒, 술잔 돌리는 것)를 행상行觴이라고 하고 서로 부를 때는 상대방을 도徒라고 불러 진나라 사람들과 말하는 것이 유사했으나 연나라와 제나라에서는 물건을 부르는 말일 뿐이다. 낙랑군 사람을 아잔阿殘이라고 부르는 것이나 동쪽 지방 사람이 진한 사람을 아阿라고 부르는 것은 낙랑 사람이 본래 그 나머지 사람임을 말한다. 지금에서야 그들을 진한秦韓이라고 부르는 것이다. 처음에는 여섯 나라가 있었고 차츰 나뉘어져 열두 나라가 되었다.

변한(변진)에 대해서는 다음과 같이 적혀 있다.

> 변진 또한 열두 나라가 있으며 도성 이외의 작은 읍이 있고 거수渠帥가 있는데 세력이 큰 나라에서는 신지臣智라고 하고, 그 다음은 험측險側이라고 하며, 그 다음은 번예樊穢라 하고, 그 다음은 살해殺奚라고 하고, 그 다음은 읍

차邑借라 했다. (중략) 변한 · 진한을 합하면 도합 24국이 되는데 이 중 큰 나라는 4, 5천 호나 되고 작은 나라는 6, 7백 호가 되어 총 4, 5만 호가 된다. 그 중에 12개국은 진왕에게 소속되어 있다. 진왕은 항상 마한 사람을 왕으로 삼아 대대로 계승하고 있다. 그러나 진왕은 자립하여 왕으로 설 수 없다. 이곳은 토지가 기름지고 아름다워 오곡과 벼를 기르기에 알맞고 누에치는 법을 알아 비단을 짜고 말이나 소를 타거나 수레를 끌게 할 줄 안다. 시집가고 장가가는 예속禮俗에는 남자와 여자의 구별이 있다. 큰 새의 날개를 죽은 자에게 수장하는데, 이것은 죽은 사람이 날아가도록 하려는 뜻이다. 이 나라에서는 철을 생산하는데 한과 예와 왜에서 모두 가져간다. 시장에서 물건을 사고 팔 때는 모두 돈을 가지고 하는데, 중국에서 돈錢으로 하는 것과 같다. 이 철은 낙랑과 대방 두 군에도 공급한다.

풍속은 노래와 춤과 술 마시기를 좋아한다. 비파가 있는데 그 모양은 축방울과 같고, 이것을 타면 소리와 곡조가 나온다. 아이를 낳으면 이내 돌로 그 머리를 누르는데 머리를 작게 만들려는 것이다. 그래서 진한 사람들은 모두 머리가 작다. 남자든 여자든 모두 왜인들에 가깝게 문신을 새긴다. 걸어서 싸우는데步戰에 익숙하고 병기는 마한과 비슷하며, 길을 가다가 서로 만나면 그 자리에 서서 길을 양보한다. 변진은 진한과 서로 섞여 살고 성곽이 있다. 의복이나 거처하는 곳은 진한과 비슷하다. 언어와 법도와 습관이 서로 유사하지만 귀신을 제사지내는 법은 다르고 부엌은 모두 집 서쪽에 위치한다. 그 중 독로국은 왜와 인접해 있다. 열두 나라는 저마다 왕이 있고 사람들의 모습은 모두 큼직큼직하다. 의복은 청결하며 머리가 길다. 이들도 폭이 넓은 가느다란 베로 옷을 지어 입는다. 법도와 풍속은 몹시 엄준하다.

삼국의 언어는 동일

『삼국사기』와 『삼국지』의 이러한 구절은 한반도에 많은 외부인이 들어왔다는 것을 의미하므로 다소 헷갈리기 십상이다. 특히 신라지역으로 중국인이 많이 유입되었기 때문에 신라인이 중국인이냐고 반발하는 사람들도 있다. 우리는 과거부터 세계에서 유래 없는 단일민족이라고 귀가 따갑도록 들어왔는데 바로 이 주장 자체에 문제점이 있다.

이 문제에 관해 과학자들이 발 빠르게 움직였다. 어느 민족이 동일 민족이라는 것을 규정할 때 여러 가지가 있지만 가장 중요하게 생각하는 것은 언어다. 그런데 학자들은 삼국이 동일 민족이라고 당당하게 말한다. 고구려와 백제 또는 고구려와 신라의 사신이 통역했다는 기록이 없기 때문이다.

또한 고구려 장수왕 때 백제 개로왕의 신하인 재증걸루와 고이만년이 고구려와 백제 사이의 전쟁이 일어나기 전 투항했고 도림이 쉽게 개로왕에 접근했다는 점, 신라 거칠부가 고구려를 염탐하러 갔을 때 아무 거리낌 없이 의사소통을 했다는 것을 볼 때 삼국의 언어는 기본적으로 비슷했다고 추정한다. 물론 현재 우리나라 지방마다 사투리가 있으며 다소 이해하기 어려운 경우도 있지만 기본적으로 의사소통이 불가능한 것은 아니다. 이는 언어의 뿌리가 같아서 의사소통에 지장이 없기 때문이다. 이러한 사실은 중국의 역사서에서도 확인된다.

『후한서』: 동이족들은 서로 전하기를 부여의 별종인 까닭에 언어와 법제가 많이 같다고 한다.

『양서』: 고구려의 언어와 여러 일들이 부여와 같은데, 그 성질과 의복은 다른 데가 있다.

『양서』: 백제의 언어와 복장은 대개 고구려와 같은데, 다닐 때 두 손을 맞잡지 않고 절할 때 다리를 펴지 않는 점이 다르다.

『남사』: 백제의 언어와 복장은 대개 고구려와 같다.

『후한서』: 동옥저의 언어, 음식, 거처, 의복이 고구려와 같다.

『삼국지』: 옥저의 언어는 고구려와 대부분 같고 때때로 약간 다르다.

『후한서』: 예의 노인들이 스스로 이르기를 고구려와 같은 종족이라 한다. 언어와 법속이 서로 유사하다.

중국 사서들을 보면 예·맥·부여·고구려·옥저·진한·변한·백제·신라의 언어가 같다고 나오고, 물길·읍루가 상이하다고 기록되어 있다. 중국 사서들을 종합해 볼 때 삼국의 언어는 기본적으로 그 뿌리가 비슷하므로 의사소통에 별 지장이 없었음을 추측할 수 있다.[1] 그런데 『양서』에는 중요한 글이 적혀 있다. '(신라의) 언어는 백제를 기다린 뒤에야 (중국과) 통한다'는 글이다. 이는 중국어와 신라어가 근본적으로 다르다는 것을 의미한다. 신라가 중국어를 사용하던 사람들이 아니라 전혀 다른 민족임을 알려주는 증거다.[2]

북방계와 남방계는 다르다

앞에서 한민족이 언어 측면에서 중국인이 아니라는 것은 이해했지만, 한민족이 단일민족이냐는 주장에 대해서는 이견이 있을 수 있다. 세계적으로 볼 때 외부와 완전히 격리된 오지가 아니면 외부인들의 유입이 항상 있을 수 있으므로 단일민족이 되기란 매우 어렵기 때문이다. 이 문제에 대해서도 학자들이 도전했는데 결론을 먼저 이야기한다면 한민족은 단일민족이 아니다.

이러한 결과가 최근 도출된 것은 하루가 달리 발전하는 유전자 분석기법이 도입되었기 때문이다. 학자들은 한민족을 북방계와 남방계로 분류한다. 엄밀한 의미에서 한민족을 다룰 때 고조선 등의 역사를 감안하여 현 중국의 만주 지역까지 포함하여 설명하는 것이 타당하지만 이곳에서는 한반도로 국한하여 설명한다.

단국대학교 김욱 교수는 Y염색체를 이용한 연구 결과에 근거해 한민족을 크게 두 갈래로 나누어 70~80%는 북방계이고 20~30%는 남방계이며 나머지는 유럽인과 다른 그룹이 섞여 있다고 발표하여 한국인들을 놀라게 했다. 자료에 따라 북방계가 60~70%, 남방계가 30~40%라는 설명도 있다. 염색체의 유전자는 아버지와 어머니의 유전자가 섞여 새로운 형질을 만들어내지만, 두 염색체는 뒤섞임 없이 한쪽 부모한테서 그대로 유전되는 특성을 지닌다. Y염색체는 아버지에서 아들로만 유전되며, 미토콘드리아는 모계를 통해서만 유전된다. 이 때문에 미토콘드리아 DNA를 '이브의 유전자', Y염색체를 '아담의 유전자'로 부른다.[3]

인류학자들은 아시아계 인종 집단을 '몽골로이드'라고 부른다. 몽골로이드에서도 중국계 민족과 동남아시아인을 제외하고 만리장성 이북과 만주, 한반도 등지의 사람들을 '북방계 몽골로이드'라고 한다. 대체로 누런색에 가까운 피부와 몽골 주름, 뻣뻣하고 검은 모발, 광대뼈가 솟은 넓적한 얼굴, 많지 않은 체모, 몽골반점 등이 겉으로 드러나는 것이 북방계 몽골로이드의 신체적 특징이다. 반면 아시아 대륙의 남쪽과 오세아니아 대륙, 태평양의 하와이, 폴리네시아 제도 등 비교적 따뜻한 곳에서 적응한 황인종은 현재의 동남아시아인처럼 눈이 북방계보다 크고 쌍꺼풀이 발달했다. 호리호리한 몸매에 팔과 다리 역시 긴데 이들을 '남방계 몽골로이드'라고 부른다.

학자들에 따라 다른 견해가 있지만 일반적으로 약 30,000년 전에 해안가에 거주하던 몽골로이드의 일부가 아시아 내륙, 즉 오늘날의 몽골 고원, 고비 사막, 티베트를 포함하는 지역으로 북상했다. 북방계 몽골로이드가 내륙 아시아로 진출한 이유는 당시 이 지역에 '매머드 스텝' 이라 불리는 광대한 초원이 펼쳐져 있어서 들소나 매머드 같은 먹이가 풍부하여 이 지역이 살기 좋았기 때문이다. 이들은 집단적인 몰이사냥으로 거대한 매머드를 잡아 단백질 공급원으로 삼았다. 투박한 돌날을 나무 막대기에 동여맨 석창이 당시 사냥꾼들의 주무기였다. 그런데 20,000년 전부터 사냥무기에 획기적인 변화가 일어났다.

북방계 몽골로이드들은 현대의 수술용 메스만큼이나 예리하고 다양한 용도로 쓸 수 있는 세석기들을 나무틀에 박아 낫이나 칼과 같은 용도로 사용했다. 새로운 무기를 확보한 이들은 내륙 아시아에서 단련된 신체 형질을 이용해 자신의 거주 반경을 타이가와 툰드라 같은 낯선 땅으로 확장시켰다. 그런데 이들 지역에 빙하가 내려와 갑자기 추워지기 시작했다. 결국 이들은 새로운 환경과 투쟁하면서 신체적 형질이 서서히 바뀌어 북방계 몽골로이드가 되었다. 오늘날 북방계 몽골로이드에 속하는 대표적인 민족은 몽골족, 퉁구스계의 소수 민족들, 중국의 신장 위구르 지역부터 카자흐스탄을 거쳐 터키까지 퍼져 있는 투르크계(돌궐), 한국인, 일본인, 18,000여 년 전 북방계에서 갈라져 미 대륙으로 진출한 북미의 인디언, 남미의 인디오들이다.[4]

한민족은 숫자 면에서 압도적인 우위를 차지하고 있는 북방계가 주류이지만 남방계도 상당수로 무시할 정도가 아니다. 또한 북방계라고 하더라도 기존에 알려진 것처럼 모두 몽골에서 내려온 것은 아니라는 설명도 있다. 김 교수는 한국인의 Y염색체를 분석한 결과 한국 남자의 유전적

계통이 그룹 C(RPS4Y), 그룹 D(YAP), 그룹 O(M175)의 세 가지 형태를 보이는데 몽골, 시베리아인의 경우 그룹 C가 40~50%를 차지하지만 한민족은 15%에 불과해 모두 몽골 쪽에서 내려왔다고 볼 수 없다는 것이다.[5]

물론 한국인이 북방계와 남방계로만 구성된 것은 아니다. 앞에서 설명한 것처럼 한국의 지리적 입지에 의해 중국인들이 계속 한반도로 들어왔다. 이들은 전란이 일어날 때마다 한반도를 찾았으며 한반도에 정착하여 한국인이 되었다. 학자들에 따라 이들을 귀화 한국인으로 구분하기도 한다. 중국인들이 한국으로 이주한 이유는 여러 가지가 있겠지만 대부분 중국에서의 권력투쟁에서 패배한 사람과 이들의 시중을 들었던 사람들 또는 전쟁으로 피난 온 사람들로 볼 수 있다. 그러나 한국인의 형태에서 중국인의 영향이 크지 않은 것은 그들의 숫자가 많지 않았고, 시간이 흐름에 따라 혼혈로 한국인에 섞이는 등 한국인 주류에 밀렸기 때문이다.

유전자는 그 집단 구성원이 많이 가지고 있는 것은 점점 많아지지만 10% 이하의 유전자는 300년 정도가 지나면 거의 사라진다. 유전자의 결합 확률이 저하되기 때문이다. 그러므로 귀화형 한국계, 즉 한반도에 중국인들이 많이 이주했다고 해도 신라인이 중국인이라는 주장은 타당한 것이 아니므로 이곳에서 더 이상 설명하지 않는다. 이것은 한국의 주류를 북방계와 남방계로 분류해도 크게 틀리지 않다는 것을 의미한다.

북방계와 남방계의 얼굴은 다소 다르다. 학계에서는 이를 고구마형 북방계와 땅콩형 남방계로 부른다. 남방계는 얼굴이 모난 사람이 많아 이 형질이 강하면 땅콩 모양이 되고, 북방계는 얼굴이 타원형으로 길고 정수리가 돌출하는 것이 보편적이기 때문이다.

물론 북방계와 남방계란 반드시 한국의 위도상의 남 · 북방을 가리키는 것은 아니다. 함경도에는 위도상 남쪽인 전라북도보다 남방계 형이 많이 발견된다. 이것은 함경도의 지리적 위치상 북방계의 이주가 타 지역보다 적었기 때문이다. 학자들은 북방계란 대체로 25,000년 전부터 12,000년 전까지의 빙하기에 바이칼 호 근처에 살던 사람들의 형질이 생존을 위해 다소 달라진 사람들을 말한다.

동물학에 '알렌의 법칙'이 있다. 포유동물의 종은 추운 곳에서 사는 아종일수록 신체의 돌출 부분(코, 귀, 꼬리 등)이 작아지고 둥근 체형이 된다는 설명이다. 체적에 대한 체표 면적의 비율이 작아질수록 체온 유지에 유리하기 때문이다. 이 법칙은 같은 포유류인 인간에게도 그대로 적용된다.

북방계의 원래 고향이라고 볼 수 있는 내륙 아시아의 겨울은 보통 영하 50~60℃로 내려갈 정도로 혹독하다. 지구에서 가장 추운 곳으로 대부분 북극과 남극을 떠올리지만 진짜 추운 곳은 내륙 아시아다. 러시아 연방 야쿠트 자치공화국 1월 평균 기온은 영하 50℃이며 기네스북에 오른 최저 온도인 영하 71.2℃도 야쿠트 자치공화국의 오이미야콘 마을이 갖고 있다. 한국에서는 봄이 시작되는 3월 낮 평균 기온도 영하 30℃에 달한다.[6]

그런데 이들 지역에 살던 사람들의 쌍꺼풀진 큰 눈은 반사되는 자외선에 실명되기가 쉬우며 두툼한 코는 동상에 걸리기 일쑤였다. 또한 긴 속눈썹에 수염이 많으면 겨울에 속눈썹과 입 주위에 숨 쉴 때마다 고드름이 달려 사냥에 불편하다. 모세혈관이 발달한 두꺼운 입술은 열대 지역에서는 체온 조절에 적합하지만 추운 지방에서는 열손실만 가중시킨다. 그러므로 이곳에서 살아남으려면 가급적 표면적이 좁은 납작한 얼굴에 흐린 눈썹, 쌍꺼풀이 없는 가늘고 작은 눈, 낮고 작은 코, 얇은 입술을 갖는 것이 유리하다. 칼귀에 길어진 코도 동상을 예방하고 코로 숨 쉴 때 가온 · 가습 장치를 마련하는데 적격이다.

커다란 몸통에 비해 짧은 팔다리도 요구된다. 동양에서 '섬섬옥수纖纖玉手의 미인' 이라고 하는데 이는 가느다란 손가락을 미인의 조건 중에 하나로 간주했기 때문이다. 많은 사람들이 손가락이 짧고 뭉툭하여 섬섬옥수가 아니었기 때문에 가느다란 손이 드물었다. 일반적으로 동양인의 손가락은 서양인보다 훨씬 짧고 뭉툭하다. 얼어서 딱딱해진 육류를 먹기 위해서는 씹는데 적당한 크고 복잡한 구조의 어금니도 필요하다. 이런 특징을 가진 사람들을 북방계 몽골로이드라고 하는데 한국인의 78%가 쌍꺼풀이 없는 것은 이들이 한국인의 대부분을 차지하고 있다는 것을 뜻한다.

그러므로 한국인의 얼굴에서 남방계와 북방계의 얼굴이 확연하게 구분되어 현재까지 나타나는 것은 이들 두 계통이 수천 년 동안 한반도에서 살아왔음에도 불구하고 크게 혼합이 되지 않았다는 것을 뜻한다. 여기서 과거의 생활 패턴을 감안할 때 4~5km 밖 사람들과의 혼인은 거의 상상할 수 없었다는 말이 다시 의미를 갖는다.

영조어진(북방계)

남방계는 해안가, 북방계는 내륙지방에 많이 분포된 것도 이해가 되는 일이다. 북방계는 계속 수렵과 채취에 의존하는 생활을 했기 때문에 주로 내륙지방에서 활동했다. 해안과 강가에 남방계가 많다는 것은 남방계가 해안을 따라 계속 한반도까지 옮겨와서 주로 물가에서 고기 잡고 조개를 캐먹는 등 해안가에 정착했다는 것을 의미한다. 그런데 북방계가 70~80%, 남방계가 20~30%라는 것은 북방계가 정치적으로 주도권을 잡을 수 있는 절대적인 힘이 된다. 그러므로 삼국시대를 보아도 삼국의 왕들은 북방계이며 조선도 북방계다. 이는 조선의 어진御眞에 나타난 얼굴이 북방계라는 것으로도 파악된다.

북방계는 우뇌, 남방계는 좌뇌

북방계와 남방계의 얼굴은 다소 다른데 북방계 형은 우측 이마가 더 돌출하며 남방계는 좌측 이마가 더 돌출한다. 우측 이마가 크다는 사실은 우뇌 반구가 클 가능성을 뜻하며, 이를 역으로 생각하면 좌측뇌가 큰 경우 좌측 이마가 더 돌출한다. 즉, 남방계형은 좌뇌형, 북방계형에는 우뇌형이 많다는 뜻인데 한국인의 경우 7:3 정도로 우뇌 반구 우세형이다. 이와 반대로 일본인은 3:7로 좌뇌형이 많은데 이 수치는 교육 정도와는 거의 무관하다.

1981년 노벨 생리의학상 수상자인 로저 스페리는 '좌뇌 · 우뇌의 기능 분화설'을 발표했다. 좌뇌는 언어뇌로서 순차 · 논리 · 수리를 담당하는 이성뇌이고, 우뇌는 감각뇌로서 시각 · 청각의 직관적 정보처리를 맡는 감성뇌라는 설명이다. 물론 좌 · 우뇌가 완전히 독립적으로 작용하는 것은 아니며 상호 정보 교환을 하며 교환의 정도 또한 사람마다 다르다. 한국인에게 인류학적으로 북방계가 많다는 사실은 우뇌의 속성인 감성뇌가 우세한 형이 많다는 뜻도 된다. 흔히 한국인들을 비난할 때 대체로 이성적 · 합리적 사고가 모자란다고 하는데 이는 북방계의 우뇌적 속성에 있다는 설명이다. 반면에 조상들의 업적이 뛰어났던 것도 바로 우뇌의 직관력 · 창의력이 우수했기 때문으로 인식한다.

조용진 교수는 한국인 중에서 작곡가나 지휘자보다 연주자가 많은 이유도 같은 맥락으로 설명했다. 작곡가나 지휘자의 경우 좌뇌 반구의 청각령이 월등히 발달되어 있으며 연주가도 성악가인 경우는 언어령이, 기악 연주자인 경우는 운동령과 감각령의 발달이 뚜렷하다. 그러므로 국내 음악가들에서 작곡가는 남방계 형이 대부분이지만 연주가는 거의 북방계 형이다. 참고로 각 민족마다 좌뇌와 우뇌를 많이 쓰는 분포가 다르다. 한국은 극우뇌 우세지역인데 비해 터키 · 이집트 등은 우뇌 우세지역이며, 이탈리아 · 스페인 · 미국 · 중국 등은 비교적 우뇌 우세지역이다. 반면에 인도 · 태국 · 일본 등은 비교적 좌뇌 우세지역이고, 네덜란드 · 영국 · 독일 · 이스라엘 · 그리스 등은 극좌뇌 우세지역이다.[7]

문화 발달 성향도 다르다

유럽인 중에서 이탈리아인은 중 · 하안부가 커서 상악동上顎洞과 구강, 특히 인후강이 넓다. 이 구조는 안면 발성에 적합하다. 이탈리아인들에게 선천적으로 이런 특징이 있기 때문에 이탈리아 성악은 다른 나라의 벨칸토BEL CANTO와는 달리 '마스케라'(maschera, 안면 발성)를 특징으로 삼는다. 반면 독일인은 유럽인 중에서 상악동이 가장 작다. 독일인의 뺨이 홀쭉하고 다소 인색하게 보이는 것도 이 때문이다. 이런 구조로는 이탈리아인들처럼 큰 소리를 내는 것이 적합하지 않으므로 속삭이듯 부르는 '리트Lied'를 발달시켰다. 슈베르트의 연가곡을 리트로 부르지 않고 이탈리아식으로 부르면 어울리지 않는다.

우리나라의 민요도 남도 민요는 목 놓아 부르는데 비해 서도 민요는 콧소리가 많이 들어있어 확연하게 구분된다. 이것은 평안도 · 경기도에 코허리가 높아서 비강이 넓은 사람이 많아 비음(콧소리) 사용이 활발하기 때문이다. 그러므로 호남에서는 남도창과 판소리를 발달시키고 서도(경기도, 평안도)에서는 콧소리 섞인 서도창이 발달했다. 호남에서 판소리가 발달된 것은 판소리는 주로 구강을 공명시켜 발성하기 때문이다. 이것은 호남에 판소리를 할 수 있는 사람이 다른 곳보다 많다는 뜻인데, 이는 호남 지방에 중안과 하안이 큰 얼굴형이 많다는 사실로 설명된다.

우리나라 사람들이 다른 나라 사람들에 비해 음악 방면에 두각을 나타내는 까닭은 우뇌 성향의 사람이 많기 때문이다. 음의 고저 강약을 처리하는 '멜로디 센터'는 우뇌의 측두엽에 깃들어 있는데 한국인에게 우뇌가 큰 사람이 많다는 것은 음악에 선천적인 자질이 있는 사람이 많다는 것을 의미한다. 한국인은 전통적으로 3박자 음에 민감한데 비해 중국인은 4박자, 일본인은 2박자 음에 익숙하다. 한국인이 3박자에 민감한 것도 2박자 또는 2박자의 배수인 4박자와는 다른 독특한 박자 감각을 갖고 있기 때문이다. 반면 한국인 중에 연주자는 많지만 작곡가가 적은 것은 좌뇌형이 많지 않은 이유라고 생각한다. 작곡가의 뇌는 연주가들에 비해 좌뇌의 감각 통합 중추인 연상회緣上廻가 크게 발달해 있다.

박찬호 선수가 공을 잘 던지는 비결

한국인을 남방계와 북방계로 분류하는 틀은 당연히 스포츠에도 적절하다. 북방계는 고구마형이다. 고구마형은 귓구멍에서 정수리까지의 높이가 긴 두이고경頭耳高經이다. 그런데 두이고경은 뇌에서 체간을 지배하는 운동령과 감각령이 크다는 것을 의미한다.

양궁과 골프는 체간의 근육이 힘차고 섬세하게 작동할 때 좋은 성적을

골프선수 강수연(북방계)

야구선수 박찬호(남방계)

올릴 수 있는데, 스포츠에서 역사가 깊지 않은 한국 낭자군들이 두각을 나타내는 것도 따지고 보면 북방계가 주류를 이루기 때문이다. 한국 선수들이 대체로 어떠한 긴장 속에서도 흔들리지 않는 두둑한 배짱과 집중력을 보이는데, 이것은 북방계의 체형과 우뇌적 속성과 관계있다.

반면 야구에서 투수는 손가락의 미묘한 제어력으로 공을 던진다. 손가락이 길고 뇌에서 손을 지배하는 기능이 잘 분화되어 있으면 탁월한 능력을 발휘하는데, 남방계인 박찬호가 야구에서 두각을 나타내는 것도 우연한 일이 아니다. 물론 북방계인 선동열이 한국의 국보급 투수로 불리면서 탁월한 성적을 올린 것을 감안하면 위와 같은 설명이 절대적이 아니라 개인적 특질에 의해서 좌우된다는 것을 참조할 필요가 있다.

학자들은 최근 한국어에서 경음화 현상이 촉진되고 있는 것에 우려를 나타내고 있는데 이것도 우뇌에 의존적인 북방계가 주류이기 때문이다. 경음화되면 강조를 어휘로 하지 않고 소리에 힘을 주어 감정을 실어서 표현한다. 사랑-싸랑, 사나이-싸나이, 소나기-쏘나기, 세련-쎄련 등 명사는 물론이고 용언의 경음화도 늘고 있다. 나이를 속이고-나이를 쏙이고, 부시시해서-뿌시시해서, 키가 작아요-키가 짝아요 등이 사용되며 아예 두 번째 음절에서도 간딴하게, 웬쑤들, 매표 창꾸로 발음한다. 이는 모두 우뇌에 의존해서 귀로 들은 소리로만 처리하다 일어난 결과다. 그러므로 한국인 특성에 맞게 북방계 한국인의 주력인 우뇌적 우월성을 보존하면서 그 결점을 보완하여 균형을 찾을 수 있는 좌뇌적 사고를 발달시키는 것이 중요하다.

좌뇌형과 우뇌형이 국민성도 좌우한다

한국인은 우뇌형이 많고 반대로 일본인은 좌뇌형이 많다는 것은 두 나라 사람이 여러 면에서 다르다는 것을 설명해주는 단서가 된다. 한국인과 일본인의 얼굴 사진을 섞어 놓고 국적을 가려내라는 한 조사에서 한국인은 83%의 적중률을 보였고 일본인은 60% 정도였다. 이것은 한국인의 시지각적 정보 처리 능력이 일본인보다 우수하다는 것을 뜻한다.

한국인에 우뇌성향이 있다는 것은 TV 뉴스에서 아나운서들의 얼굴 방향과 시선으로도 알 수 있다. 한국인 아나운서들은 대개 약간 얼굴을 우측으로 틀고 시선을 왼쪽으로 두고 말한다. 남유럽 사람들도 한국인들과 마찬가지 모습을 보인다. 반면 일본인 아나운서들은 같은 뉴스 프로그램인데도 얼굴을 왼쪽으로 틀고 시선을 우측으로 둔다. 물론 한국인 중에서 시선을 오른쪽으로 두는 사람들이 있는데 이는 대부분 남방계 사람들에서 출현 빈도가 높다. 한 가족 중에서도 남방계의 얼굴 특징이 강한 사람은 우측을 본다. TV를 볼 때 7시 방향에 앉는 사람은 대개 북방계이고 5시 방향에 앉는 사람은 대체로 남방계로 인식한다. 시선 두기의 차이도 얼굴형과 관련이 있다. 일본인과 한국인은 DNA 분석을 통해 볼 때 거의 차이가 없는 분야가 많은 데도 불구하고 일상 행동 면에서 상반되는 일이 많은 것은 바로 일본은 좌뇌형이 한국은 우뇌형이 다수를 차지하기 때문이다.

남부 유럽인은 북부 유럽인과 달리 예술적 소양이 많고 감성적이다. 일반적으로 북부 유럽인이 합리적인데 비해 남부 유럽인들은 명예 · 체면 · 명분을 중요시한다. 문화적 측면을 볼 때 스페인의 투우, 이탈리아의 성악, 프랑스의 미술과 포도주 등이 성행하는 반면 네덜란드는 더치페이, 독일은 실용성 · 순수음악 · 기초과학이 발달했다. 이는 북부 유럽인이 남부 유럽인보다 좌뇌 반구적이기 때문으로 학자들은 보고 있다.

한국인이 일상생활에서 우뇌를 자주 쓰는 것은 북방계 조상이 많다는 것을 의미한다고 앞에서 설명했다. 우뇌는 공간지각력이 우수하고 언어에서 형용사를 발달시켰다. 이 때문에 한국인들이 개념을 추상화하는 좌뇌적 사고 능력에서는 다소 떨어진다고 알려져 있다. 이것은 한국인의 경우 두뇌 회전이 빠르고 직관력이 높은 사람은 많이 배출되는 반면 개념 추상력이 필요한 사람들이 많지 않다는 것으로도 알 수 있다.

학자들에 따라 이견은 있겠지만 소수의 우뇌적 지도층(창의적이고 종합적인 사고의 소유자)에 다수의 좌뇌적 대중(고지식하고 근면하되 합리적인 사고의 소유자)으로 구성된 피라미드 사회가 이상적이고 안정된 사회의 모델로 제시된다. 이 분야 전문가들은 근대에 들어서 한국이 다른 어떤 나라보다 격변을 많이 겪은 이유로 한민족의 구성 분포를 든다. 한국은 다수의 우뇌적 상층, 소수의 좌뇌적 중산층, 다수의 우뇌적 하층으로 구성되었다. 여기에 좌뇌적인 일본과 다소 우뇌적인 미국식 모델이 근대에 한국인의 특성과 접목되어 가치관에 혼동을 일으켰다는 것이다.

물론 한국인에 우뇌적인 사람이 많다는 것이 결점이라는 뜻은 아니다. 다만 한국의 과거 역사에서 모순적인 사건들이 많이 나타난 것은 합리적인 사고를 기본으로 하는 좌뇌 성향과 창조성이 많은 우뇌 성향의 사람들이 보완적으로 균형을 맞추지 못했다는 지적은 음미할 만하다. 이 부분은 한국인의 체질에 맞게 한국인 특유의 우월성을 보존하면서 그 결점을 보완하면 가능할 것이다.

표준 한국인

한국인의 얼굴이 다른 민족과 다르다는 것은 한국인의 골격도 다른 민족과 다르다는 것을 의미한다. 필자가 유럽에서 생활할 때 아이들의 옷을 유럽인과 같은 나이 사이즈로 사면 빨리 찢어지곤 했다. 나중에 한국인과 유럽인의 다리 길이가 달라 일어나는 것임을 알고 비교적 큰 사이즈의 옷을 사 주었던 기억이 난다.

과거와는 달리 한국인의 신체 조건이 몰라볼 만큼 커졌다는 것은 잘 알려진 사실이다. 2005년 통계청이 발표한 자료에 의하면 1960년대 17세의 평균 신장은 남자가 165.9cm인 데 반하여 2005년 남자평균 신장은 173.6cm에 달한다. 여자의 경우 1970년의 평균 신장은 156.5cm인데 2003년의 경우는 161cm다. 당연히 교사들이 학생들로부터 듣는 가장 큰 불평 중에 하나는 학교 책상이 너무 낮아서 허리가 아프다는 것이다. 스포츠 유틸리티 차량SUV을 탈 때 너무 높아서 치마가 찢어진 적도 있다는 하소연도 있다. 이것은 공공기관에서 사용되는 각종 제품들이 한국인의 체형과 골격에 맞지 않게 제작된 경우가 많기 때문이다. 학교 책상의 경우는 변모된 학생들의 체구를 반영하지 못한 결과다.

이런 문제점들을 해결하려면 한국인의 체형이 어떠한지를 알아야 한다. 지식경제부 기술표준원은 2003년부터 총 21,295명의 인체치수를 측정하는 '사이즈 코리아size korea' 프로젝트를 진행하고 있다. 이 프로젝트의 특징은 수작업으로 측정하는 것과 함께 3D 스캐닝 작업도 병행하는 것이다. 3D 측정치는 컴퓨터에 입력돼 한국인과 다름없는 사이버 캐릭터를 만들어낸다. 한국인의 표준 체형과 골격에 대한 자료는 의류 분야는 물론 보호 장구, 의료 기구에 이르기까지 다양하게 활용된다. 최근 의류계에서 44 · 55 · 66 등으로 표기되던 의류치수를 배 나온 체형(BB형), 가슴에 비해 엉덩이가 큰 체형(A형) 등으로 바꾸는 것도 한국인의 체형에 맞는 더 적합한 제품을 제작하려는 노력의 일환이다. 사람마다 다른 체형을 고려해 기성복을 제작함으로써 새 옷을 사도 수선해야만 입을 수 있는 불편함을 없애주기 위해서다.[8]

한국인의 움직임을 더욱 정밀하게 하려면 골격과 근육 · 장기와 같은 인체 내부 정보가 필요하다. 이를 위해 '한국인의 표준 인체골격모델, 디지털코리안' 이라는 프로젝트가 추진 중이다. 주관부처로 교육과학기술부, 전담기관으로 한국전산원, 주관기관으로 한국과학기술정보연구원, 참여기관으로 가톨릭대학교 의과대학 응용해부연구소가 참여하고 있다. 가톨릭대학교 의과대학 한승호 교수는 한국인 남녀 시신 각 50구를 전신 CT 촬영으로 얻은 의료영상을 슈퍼컴퓨터로 평균화하고 있는데, 이것은 한국인 얼굴의 겉모습뿐만 아니라 피부 안쪽의 골격과 피부두께 · 물성까지를 총체적으로 종합해 평균한 것이다.

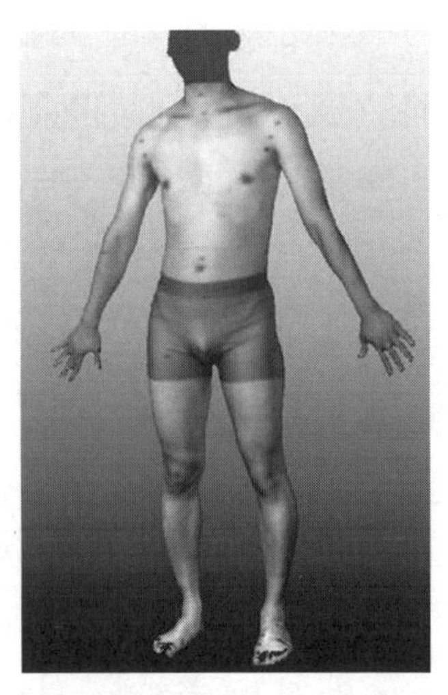
2005년 발표된 한국남성 표준체형

한국인의 인체 정보는 다양한 분야에 응용할 수 있다. 우선 의료용으로 활용될 수 있다. 예를 들어, 뼈에 들어가는 인공관절이나 보철기구를 만들 때는 해당 뼈의 강도를 알아야 한다. 또한 수술기구를 어느 정도의 강도로 사용해야 할지도 알 수 있다. 이 밖에 헬멧을 만들 때 두개골에서 가장 약한 부분을 알면 그 부분을 보강할 수도 있다.

한국인의 체형에 맞는 인공장기의 개발도 가능하다. 사망률이 높은 심혈관계 질환, 호흡기, 비뇨기 질병 등에 대한 시뮬레이션을 통해 위험 부위를 예측하여 각종 사고 방지에 대처할 수 있으며, 산업재해와 교통사고 등에도 폭넓게 활용할 수 있다. 예를 들어, 인간에게 많은 편리함과 유용성을 제공한 자동차는 원치 않는 인명사고가 다발적으로 나고 있으며 그 피해가 엄청나다. 그러므로 자동차 회사에서는 더 안전한 자동차를 제작하기 위해 수많은 사고 실험을 하는데 대부분 인체실험을 위해 인형을 사용하지만 인형으로는 수많은 사람의 특성을 일일이 실험할 수는 없는 일이다. 특히 자동차 수출에 있어 현지인들의 체형에 맞는 자동차 구조는 필수적이다. 실제로 유럽인과 한국인의 인체구조가 다소 다른데 교통사고는 미묘한 차이로도 사람을 살리거나 죽일 수도 있다. 범용적인 인체모델에 대한 데이터가 축적되면 컴퓨터 가상공간에서 인간을 대신하는 모델을 사용하여 예측 가능한 시뮬레이션을 만드는 것도 가능하다.

한국의 효자상품으로 각광을 받고 있는 게임 산업에서의 활용도는 더욱 많아질 것이다. 컴퓨터와 게임 제작기술의 발달로 컴퓨터에 나오는 캐릭터를 살아있는 사람과 거의 똑같을 정도로 묘사할 수 있다고 하지만 아직도 동작은 어색하게 보인다. 이것은 인체 골격에 대한 정보는 다소 알려졌지만 인간 행동에서 내부 근육의 수축이나 활용 방안에 대한 정보는 여전히 미약하기 때문이다.

그러므로 인체의 외부는 물론 내부의 동작 등을 파악하여 게임이나 애니메이션 등에 도입하면 앞으로 배우라는 직업이 사라질지 모른다. 엔터

테인먼트 산업에서 인간에 대한 정보가 획기적인 기여를 할 수 있다는 것은 더 이상 설명이 필요하지 않을 정도로 중요하다. 한국인의 인체 정보는 동양인의 인체 정보 수집이 관건인 각종 기업들에도 중요한 지표로 활용될 수 있다. 한국인의 인체를 참고하면 우선 각국에 있는 아시아인의 체격에 맞는 제품 생산도 수월해지므로 그동안 현지인의 체구에 맞지 않는 제품이라는 지적 때문에 수출에 어려움을 겪었던 산업 분야에 큰 기여를 할 수 있다.[9, 10]

변화하는 한국인 모습

한국인다운 특징이 수천 년 동안 크게 변하지 않았지만 현대의 지식정보사회에서 세계가 단일 생활권으로 변모된 이상 한국인도 급속도로 북방계와 남방계의 혼합이 이루어질 것이다. 학자들은 북방계와 남방계가 완전히 혼합되어 현재 한국인이 갖고 있는 특성이 완전히 사라지기 전에 우리들이 갖고 있는 특성에 대한 정보를 가능한 한 축적해야 한다고 말한다. 과거와 현재를 파악하는 것이 미래의 한국인을 파악하는데 도움이 되기 때문이다. 이는 최근 학자들이 한국인에 대한 각종 연구를 게을리하지 않는 이유이기도 하다. 그런데 북방계와 남방계의 혼합에 따른 변화에 앞서 한국인의 형태적 특성이 이미 변화되고 있다. 즉, 최근 한국인의 얼굴이 급격히 변화하고 있다. 1950~60년대에 출생한 사람들은 전반적으로 체격이 커지는 변화를 보였다. 그런데 1970년대 이후 출생자들은 이전의 출생자들에 비해 뇌가 커지고 턱이 급격히 작아지는 현상이 두드러지게 나타난다. 이것은 다음과 같은 변화에서 감지된다.

① 이마의 돌출 : 이마의 용적이 커지고 있다. 이는 뇌의 전두엽이 커지

고 있음을 가리킨다. 특히 우측 이마가 커지고 있어 이로 인해 얼굴의 좌우 불균형이 심해지고 있다.

② 두정융기頭頂隆起의 돌출 : 한국인 두개부의 특징은 납작 머리에 정수리가 뾰족한 고구마형인데 이것이 양 옆 두정융기의 돌출로 인하여 감소하고 있다.

③ 좌측에 비해 우측 후두부의 축소

④ 길어지는 코

⑤ 중안이 길고 볼록해짐 : 코가 있는 중안부가 길어지는데 비해 광대뼈는 작게 돌출하여 얼굴이 시각적으로 상당히 좁게 보인다.

⑥ 짧아지는 하악골과 하악지 : 한국인은 턱이 큰 것이 특징인데 턱이 작아지고 있으며 볼도 홀쭉해졌다. 1990년대 말을 기준으로 과거에는 홀쭉볼:볼록볼의 비율이 10:1이었는데 역전되어 1:10이 되었다.

특히 1970년대 출생 신세대 한국인의 턱은 용적이 15%나 줄어들었다. 턱이 작아진다는 것은 앞으로 한국인의 생활 패턴에 있어 상당한 변화를 가져올 것으로 예측된다. 이와 같이 턱이 줄어드는 가장 큰 원인은 음식물 섭취의 변화 때문으로 추정한다. 한국인들이 주로 먹는 배추 · 무 등 채소류의 품종 개량으로 섬유질이 적어졌고 조직이 무르게 되었으며 육류도 갈아서 먹는 식단 때문에 씹는 기능이 약해졌다. 현대인은 조선시대인의 1/3 정도에 불과한 압력으로 음식을 씹고 있다. 따라서 턱뼈의 응력이 전달되는 광대뼈와 눈 주위의 뼈 조직도 얇아지고 두개골도 두께가 현저히 줄어들고 있다. 1990년대에 턱의 가로 · 세로 · 깊이에서 최소한 7% 정도 줄어들었다.

턱뼈가 작아짐으로서 가장 크게 변화되는 것은 한국어의 발음이다. 짧아진 하악지 때문에 구강의 뒷부분이 작아져서 구강 전체의 모양이 메가

폰형이 되는데, 하악지가 짧아져도 혀는 작아지지 않으므로 구강의 뒷부분이 혀로 가득 차게 된다. 이로 인해 구강의 공명 공간이 줄어들고 특히 앞부분이 넓고 뒷부분이 좁은 메가폰형 모양이 되어 되바라진 소리가 나게 된다. 즉, 어린아이 같은 소리가 난다.

한국어 발음의 변화 중에 특히 후아음(候牙音, 목구멍 소리)이 없어지는데 이는 목구멍과 어금니에서 나는 소리가 사라지고 있다는 뜻이다. 한국어의 '좋다'를 발음할 때 '조'에다 후음 'ㅎ'을 붙여서 내는데 후음이 사라지자 '조타'가 되는 것을 감지할 수 있다. 이것은 구강의 후부가 줄었기 때문으로 컴퓨터가 보급되어 생략형을 쓰는 것이 결코 아니라는 설명이다. 이 현상을 학자들이 우려하는 것은 후아음이 뇌의 발달에 중요하다고 인식하기 때문이다. 우선 후아음은 어릴 적에 사용하는 소리인데 후음을 발음하지 않으면 후음에 연관되는 신경회로를 쓰지 않게 된다. 이는 그만큼 뇌를 덜 쓰게 된다는 것을 의미한다. 이 신경회로는 후음 담당 영역에서부터 점차 뇌 전체로 퍼져 가는데 뇌를 많이 사용하지 않으면 그만큼 퇴보된다는 것은 잘 알려진 사실이다. 반면 영어와 북구어는 후아음 영역을 평생 동안 사용한다.[11]

02 개마무사

전쟁에서 승리하기 위해서는 여러 요건이 있어야 하지만 탁월한 지도자와 우수한 장병들이 있어야 한다는데는 이론의 여지가 없다. 아무리 많은 부하와 좋은 무기를 가지고 있더라도 효율적인 작전을 구사하지 못하면 패배하는 것은 당연하다. 반대로 병력의 수에서는 비록 열세이지만 장병들의 사기가 드높고 지도자가 적절한 작전을 구사한다면 전쟁에서 승리할 수밖에 없다. 수많은 전쟁사가 이를 증명해주고 있다.

그렇다면 직접 전투에 임하는 장병들의 사기를 높이는 방법은 무엇인가? 너무나 당연한 이야기지만 장병들에게 아무리 어려운 전투라도 패배하지 않는다는 신념과 자신이 죽지 않는다는 믿음을 심어주는 것이다. 자신이 벌인 전투는 반드시 이기며 절대 죽지 않는다는 것을 알면 장병들의 사기는 올라간다. 이러한 믿음을 장병들에게 줄 수 있는 가장 쉬운 방법은 적보다 더 좋은 무기를 지니게 하는 것이다. 그러므로 고대의 전투에서는 장병들에게 질 좋은 갑옷, 방패, 장창, 활 등을 지급하는 것이 급선무였다.

우리나라 사람들이 고구려에 대해 강한 매력을 갖는 것은 현재 중국의 광대한 영토를 한국인으로 구성된 강한 군대로 마음껏 뛰어다녔다는데 있다. 현재의 중국 지도를 보아 중국의 수도 북경지역 인근까지 고구려

개마무사의 돌진 (삼실총 벽화)

가 진출하였다는 사실은 한민족으로 깊은 자부심을 느끼게 해주기에 충분하다. 그러나 고구려가 중국을 호령하면서 사상 최대의 강대국이 될 수 있었던 요인은 고구려인들의 강인한 개척정신에도 있지만 동시대의 다른 나라에 비추어 최첨단 무기로 무장했기 때문이기도 하다.

고구려의 주력부대는 '개마무사鎧馬武士'로 구성되어 있었다. '개마鎧馬'란 기병이 타는 말에 갑옷을 입힌 것을 말하며 개마에 탄 중무장한 기병을 '개마무사'라고 불렀다. 말조차 강철로 된 장비로 무장시켰다는 것은 중요한 점을 시사한다. 사실 기병이 아무리 용맹하더라도 말이 부상당한다면 전투력이 저하될 수밖에 없으므로 말의 안전은 기병 못지않게 중요하다. 그런데 고구려 기병의 경우에는 말까지 갑옷으로 무장시켰다. 고구려가 사상 최강의 전투력을 소유하고 한민족사상 가장 광대한 영토를 영유한 이유가 결코 우연이 아니다.

현대전의 탱크 개마무사

오늘날 우리들은 개마무사라는 단어에 익숙하지 않지만, 함경도에 있는 개마고원이 고구려의 개마무사들이 말 달리던 곳이라는 점에서 유래한 지명이라는 점을 고려하면 개마무사라는 단어가 과거에 우리 민족에게 익숙한 단어였음을 짐작할 수 있다. 고구려의 개마무사는 말과 기사 모두를 강철로 된 갑옷으로 무장을 시켰는데, 이 개마무사가 5.4m가 넘는 창을 어깨와 겨드랑이에 밀착시키고, 말과 기사의 갑옷과 체중에 달려오는 탄력까지 모두 합하여 적에게 부딪치면 보병으로 구성된 적군의 대형은 무너지게 마련이다. 그러므로 최강의 공격력과 장갑을 자랑하는 개마무사의 주 임무는 적진 돌파와 대열 파괴다. 개마무사는 현대로 치면 탱크와 같은 역할을 수행했다고 할 수 있다. 그러나 말과 사람을 위한 갑옷을 강철로 만든다는 것은 결코 간단한 문제가 아니다. 이를 위해서는 개마를 만들 수 있는 철기문명의 수준과 경제력이 뒷받침되어야 한다.

철갑으로 무장한 개마무사

고구려의 자신감

고구려가 상대했던 중국은 진시황제가 통일하기 전까지 수많은 국가로 나뉘어 있었으며 이들은 주도권을 잡기 위해 전쟁을 벌였다. 그러므로 중국은 수많은 전투를 거울삼아 전쟁에 관한 한 수많은 전술을 경험했고 이를 상황에 따라 적절하게 운용할 기본 자산을 갖고 있었다. 즉, 전투에 관한 한 중국만큼 상당한 노하우가 있는 나라가 거의 없었다. 더욱이 중국은 어느 나라보다 압도적으로 많은 장병들을 동원할 수 있었다. 고대 전쟁에서는 장병의 숫자가 전쟁의 승패에 절대적인 영향을 주었다. 그럼에도 불구하고 고구려가 중국과 한 치의 양보도 없이 맞서 싸울 수 있었던 것은 불가사의에 가깝다. 결론은 간단하다. 고구려가 영토나 인원 면에서 떨어지지만 중국을 이길 수 있는 노하우가 있었기 때문이다. 고구려 나름대로의 과학적인 전쟁 노하우가 있었다.

고구려는 1세기 중엽에 소국 통합을 끝낸 후 왕성한 정복활동으로 고조선 옛 땅 수복에 착수했다. 고구려는 태조왕 53년(105년) 요동군과 현도군에 대해 일대 공세를 취하고 요동지방의 6개 현을 함락시켰다. 105년에 진행된 고구려군의 요동 공격이 후한에 얼마나 큰 타격을 주었는가는 106년에 후한이 요동지방의 군현들을 대폭 개편한 것에서 알 수 있다. 고구려 초창기의 전쟁은 주로 태조대왕의 동생 수성(遂成, 차대왕)이 전담했는데 그는 고구려의 전략을 다음과 같이 말했다.

> 땅의 넓이와 인구가 한나라에 미치지 못하나 고구려는 큰 산과 깊은 골짜기의 나라이므로, 웅거하여 지키기에 편리하여 적은 군사로도 한의 많은 군사를 방어하기에 넉넉하며, 한은 평원광야의 나라이므로 침략하기가 용이하다. 고구려가 비록 한꺼번에 한을 격파하기는 어려우나 자주 틈을 타서 그 변경을 시끄럽게 하여, 피폐하게 한 뒤 이를 격멸하면 우리가 중국을 이길 수 있다.

차대왕의 이 말은 고구려가 중국을 멸망시키는 것이 결코 어려운 일이 아니라는 의미다. 고구려의 인물이 이렇게 호방한 말을 했다는 것이 다소 의아할지 모르지만 차대왕은 결코 허세로 말한 것이 아니다. 고구려의 중국에 대한 공격은 계속되어 118년에는 고구려군이 예맥의 군사들과 함께 한나라 현도군을 습격하고 화려성을 공격했다. 고구려의 공격에 참을 수 없었던 후한의 안제安帝는 121년 유주자사 풍환, 현도군수 요광, 요동태수 채풍에 명하여 고구려를 공격하게 했다. 이때도 태조대왕은 동생 수성을 보내 역습하게 했다. 수성은 기만 작전을 구사해서 승리를 거두었다. 즉, 사신을 보내 항복하는 척하면서 풍환과 요광의 군사를 묶어두고는, 비밀리에 잠입한 3,000명의 군사로 현도군과 요동군을 기습 공격케 하여 성곽을 불사르고 2,000여 명을 죽이거나 사로잡았다.

이에 놀란 요동태수 채풍이 다급하게 군사를 거느리고 신창新昌으로 나와 싸웠지만, 고구려군의 예봉을 꺾지 못하고 오히려 전장에서 살해되었다. 공조연 용단, 병마연 공손포가 몸으로 채풍을 보호했지만 끝내 막아내지 못하고 모두 죽었다고 하니 당시 상황이 얼마나 급박했는지 짐작할 수 있다. 한漢으로서는 치욕스러운 패배였고 고구려로서는 대對 중국 투쟁사에 길이 남을 승리였다.[1] '한은 평원광야의 나라이므로 침략하기가 용이하다'는 차대왕의 말은 평원광야에서 운용하는 기병의 전력에 자신감이 있었기 때문인데, 그 원동력이 바로 개마무사다.

고구려의 자랑 개마무사

개마무사의 활약은 동천왕(227~248년) 때에도 나타난다. 당시 중국은 후한이 망하고 나관중의 『삼국지』로 유명한 위나라(220~265년), 촉나라(221~263년), 오나라(222~280년)의 대립 시기였다. 서기 237년 공손연은 위나라와 오나라 간의 대립을 이용해 자립하여 국호를 연이라 하고 나라를 세웠다. 이때 위나라의 왕은 조조의 아들 조비였다. 조비는 관구검을 유주자사로 임명하여 공손연을 공격케 했으나 쉽게 승부가 나지 않자 고구려의 동천왕에게 도움을 청한다. 동천왕의 협력을 약속받은 위나라는 238년 제갈량의 숙적이자 위나라 최고의 전략가인 태부 사마의를 파견하여 동천왕이 파병한 고구려군과 합동으로 공손씨 세력을 멸망시켰다. 그런데 동천왕이 위나라와 손을 잡기 전에 먼저 고구려에 손길을 보낸 것은 오나라의 황제 손권이었다. 손권은 오나라의 북부에서 공손씨가 요동반도를 장악하면서 강력한 위세를 떨치자 연의 동쪽에 있는 고구려의 동천왕(234년)에게 사굉謝宏과 진순陳恂을 사신으로 보내면서 양국에 적대적인 공손연을 협공하자고 한다. 그런데 이때 손권은 놀랍게도 고구려의 동천왕을 흉노의 수장을 의미하는 선우(單于, 탱리고도선우撑犁孤涂單于의 약어로 '탱리撑犁'는 터키-몽골어에서 하늘을 뜻하는 '탱그리Tengri'의 음역이며, '고도孤涂'는 아들이란 뜻의 흉노의 왕을 뜻한다. 선우의 공식 명칭은 '천지가 낳으시고 일월이 정해주신 흉노 대선우'다)로 책봉하고 의복과 보물을 보냈다. 진수의 『삼국지』 〈오서〉의 원문은 다음과 같다.

> 손권은 사자인 사굉과 중서인 진순 등을 재차 고구려에 파견하여 동천왕을 선우로 책봉하고 의복과 진귀한 보물을 보냈다. 그들은 안평구로 들어왔고 여기서 말 등을 싣고 돌아갔다.[2]

선우는 휘하에 좌 · 우현왕 등 많은 왕들을 거느리고 있는 흉노의 수장 중의 수장으로 중국의 황제와 같은 격이었다. 그런데 손권이 고구려왕에게 흉노의 수장을 칭하는 선우로 책봉하면서 협력하자고 사신을 보냈다는 것은 고구려의 위상이 흉노의 수장급이었다는 것을 의미한다. 중국의 천자를 자임하는 손권이 당시 아시아 동북방에서 고구려 제국을 지배하고 있는 동천왕을 흉노의 수장, 즉 흉노제국의 황제로 인식되는 선우로 불렀다는 것은 고구려가 북방 기마민족 중에서 가장 강력한 세력이라는 것을 인정했다는 의미다.

그런데 손권의 정략은 실패했다. 동천왕은 손권의 의도에 휘말리지 않고 236년 오나라가 보낸 사신의 목을 베어 위魏로 보냈다. 또한 238년 위의 태위 사마선왕이 요동지역의 공손연을 공격할 때 구원병 수천 명을 보내 지원까지 했다. 그런데 연나라가 멸망하자 위나라는 약속을 어기고 고구려가 차지한 지역까지도 내놓으라고 요구했다. 위의 배신에 분개한 동천왕은 이들의 배신을 응징하기 위해 239～240년 사이에 요동군의 북부와 남부에 대한 공격을 감행했다. 242년에는 요동군 서안평현에 다시 진격하여 현성을 함락시켰다.

서안평은 현재의 신의주 바로 건너편인 요령성 단동현 구련성공사 첨고성尖古城으로 추정되는데, 이곳은 북한과 요동을 이어주는 길목으로 지금도 이곳을 따라 심양과 장춘으로 연결되는 철도가 놓여 있을 정도로 중국에게는 중요한 요충지다. 중국의 길목을 점령당한 위나라는 곧바로 관구검으로 하여금 즉시 반격하여 고구려 정벌에 나서도록 했다. 이 당시에 현도태수 왕기와 선비족 계통으로 유명한 흉노계열의 오환의 병력도 합세했다. 이들에 대항하여 동천왕은 철기군(개마무사) 5,000명을 포함하여 20,000명의 대군을 동원했다고 알려진다. 『삼국사기』〈고구려본기 제5〉'동천왕 20년(246년)'에 다음과 같은 기록이 있다.

왕은 보기병步騎兵 2만을 인솔하여 비류수 위쪽에서 방어하며 적 3천 명을 죽였다. 철기鐵騎 5천을 인솔하여 적을 토벌했다.

고구려가 막강한 철기병으로 당대의 패자 중에 하나인 위나라를 격파했다. 고구려 동천왕이 철기병인 개마무사 5,000명을 동원했다는 것이 얼마나 대단한지는 그들을 무장시키기 위한 철의 양을 보아도 알 수 있다. 개마무사 1인당 말 갑옷 40kg, 장병의 갑옷 20kg, 기타 장비 10kg을 휴대한다고 해도 최소한 70kg의 철이 소요된다. 이런 식으로 5,000명을 무장시키려면 단순하게 계산하더라도 350톤의 철이 필요하며 예비량을 가정한다면 최소 500여 톤이 있어야 한다. 현대의 제철기술로는 500여 톤이 그다지 크지 않다고 생각할지 모르지만, 약 1,800년 전에 이 정도로 많은 양의 철을 생산한다는 것이 얼마나 대단한 일인가는 잠시만 상상해보면 알 수 있다.

고구려와 중국 간의 전쟁 양상을 보면 우리가 항상 외적에게 일방적으로 당하기만 한 것은 아니다. 고구려의 태조대왕과 동천왕은 중국을 수시로 선공하여 기선을 제압했고 차대왕은 중국을 점령할 수 있다고 호언할 정도였다. 고구려가 이와 같이 중국을 공격하고 승리를 할 수 있었던 것은 그들과 맞서 싸울 수 있는 전력이 있었기 때문이다. 국립국어원 표준국어대사전에는 전쟁을 '국가와 국가, 또는 교전交戰 단체 사이에 무력을 사용하여 싸움' 이라고 간단하게 정의하고 있다. 그러나 국가 간의 전쟁은 이와 같은 간략한 설명으로 정의할 수 있을 정도로 단순하게 전개되는 것은 아니다. 사실 전쟁처럼 복잡하고 다양한 측면을 갖고 있는 것은 없다. 단순한 전쟁이라도 수많은 사람들이 참여하므로 전쟁 자체는 매우 복잡하게 전개된다. 그러므로 고구려가 벌인 수많은 전투에서 성공한 이유를 이해하려면 당시 고구려가 운용한 전쟁의 기본적인 요소부터

개마무사의 미늘갑옷

이해하는 것이 중요하다.

고구려가 사상 최강의 전력을 갖고 있었던 것은 앞에서 설명한 기본 전력을 바탕으로 다른 국가가 구성할 수 없는 강력한 부대를 운용했기 때문이다. 사실상 고구려가 중국을 마음대로 휘저을 수 있었던 것은 중장기병인 개마무사의 힘이라고 해도 과언이 아니다. 중장기병이란 말과 사람 모두 갑옷으로 중무장한 것을 말한다. 갑옷은 찰갑(札甲, 미늘갑옷)으로 가죽 편에 철판을 댄 미늘을 가죽끈으로 이어 붙였다. 투구, 목가리개, 손목과 발목까지 내려덮은 갑옷을 입으면 노출되는 부위는 얼굴과 손뿐이다. 발에도 강철 스파이크가 달린 신발을 신는다. 말에게도 얼굴에는 철판으로 만든 안면갑을 씌우고 말 갑옷은 거의 발목까지 내려온다. 개마무사의 주무기는 창이다. 이 창은 보병의 창보다 길고 무겁다. 기병용 창을 삭이라 한다. 중국식 삭은 보통 4m 정도인데 반하여 고구려군의 삭은 평균길이 5.4m에 무게는 6~9kg 정도였다.

중국보다 앞섰던 우리 민족의 철기문명

전쟁의 역학구조상 상대방이 우수한 장비를 갖고 있다면 그 장비를 재빨리 모방하거나 개선하여 다음 전쟁에 활용하는 것이 상식인데, 중국은 개마무사가 무적이라는 것을 알고도 개마무사를 주력군으로 육성하지 않았다. 물론 중국 역사를 통틀어 기마병을 전혀 도입하지 않은 것은 아니다. 그러나 그들이 사용한 기병은 북방 기마민족들이 중국을 점령했을 때 또는 중국의 용병으로 이민족들을 활용했을 때 활용한 것에 지나지 않는다. 중국이 개마무사의 위용을 잘 알고 있음에도 개마무사를 채택하지 않은 이유로 학자들에 따라 중국 특유의 전술에 기인한다는 설명도 있지만, 근본적인 요인으로는 중국의 제철 능력의 한계 때문으로 인식한다. 즉, 고구려는 개마무사로 무장할 수 있는 철 생산 능력이 있었지만 중국에서는 철 생산 능력이 없었다는 것이다.

철의 종류를 구분할 때는 탄소 함유량을 기준으로 한다. 탄소 함량에 따라 주철(선철이라고도 하며 탄소 함유량은 1.7~4.5%), 강철(탄소 함유량 0.035~1.7%), 함유량이 적은 연철(시우쇠 또는 단철이라고도 하며 탄소 함유량은 0.035% 이하)로 나뉘는데 용도에 따라 적절한 것을 택한다. 이 중에서 강철이 가장 늦게 발견되었다. 고고학사에 의하면 기원전 25세기경 수메르에서 철기를 만들었으며 강철은 아르메니아 지역의 히타이트족이 기원전 2000년경에 개발했다. 하지만 그들은 강철을 용광로에서 직접 얻은 것이 아니라, 연철의 표면을 침탄법으로 열처리하여 강철로 변화시킨 질이 낮은 철을 얻었다. 이 기술도 히타이트족이 계속 주조법을 독점하다가 그들이 멸망하자 여러 지역으로 퍼져나갔다. 철이 생산된 지 거의 10세기가 지난 기원전 10~12세기가 되어서야 이란, 팔레스타인, 메소포타미아 및 지중해 동부 지역에서 강철이 제련된 것도 그 때문이다.

한편 중국에서의 철기 사용은 기원전 1100년경으로 올라가지만 기원전 7세기인 춘추전국시대에 비로소 주철의 주조가 가능했다. 이는 춘추전국시대에 이르러서야 중국에서 진정한 철기시대가 시작되었음을 의미한다. 중국의 영향을 받아 우리나라 문화가 진전되었다는 학설에 의하면 우리나라에서의 철기는 중국보다 당연히 늦어야 한다. 지금까지 한반도에서 철기시대가 언제 시작되었느냐는 문제는 대체로 두 가지 설로 나뉜다. 그 하나는 중국 전국시대(기원전 475~221년)에 명도전明刀錢과 함께 유민들이 한반도로 유입되면서 철기문화가 들어왔다는 설이며, 다른 하나는 기원전 108년 한무제가 고조선을 침략할 때 한나라의 금속문화가 도입되었다는 견해다.

그런데 중국 전국시대의 유적지 가운데 철기가 출토된 지방은 20여 군데에 이르고 있는데 대부분이 고조선 영역이다. 이것은 이들 유물이 중국인에 의해 만들어진 것이 아니라 그 지역에 살고 있던 고조선인들에 의해 개발되었다는 것을 알려준다. 즉, 중국과 완전히 다른 청동기술을 발전시킨 고조선에서 철기도 독자적으로 발전됐다는 뜻이다.[3] 특히 고조선은 그 당시 세계 어느 나라도 갖지 못한 첨단기술인 강철을 주조하는 기술까지 갖고 있었다.

평양의 강동군 송석리 1호 석관 무덤에서 나온 직경 15cm, 두께 0.5cm의 쇠로 된 둥근 거울은 앞면이 매끈하고 뒷면에 1개의 꼭지가 붙어 있는데 제작년도가 3,104(±179)년 전으로 거슬러 올라간다. 탄소 함량이 낮은 강철은 용광로에서 선철과 산화제를 작용시켜 얻는데 이 쇠거울의 화학 조성은 탄소가 0.06%, 규소 0.18%, 유황이 0.01%인 저탄소강이었다. 더구나 탄소가 적은 저탄소강임에도 불구하고 굳기가 연철보다 강하고 유황도 적었다. 일반적으로 탄소 함유량이 1.0% 미만인 저탄소강은 온도가 1,500℃ 이상 되는 용광로에서 직접 얻지 않으면 안 된다. 그러므로 쇠거울은 연철이나 선철을 두드려 만든 것이 아니고 용광로에서 직접 얻은 쇳물로 주조했다는 것을 알 수 있다.

평양시 강동군 항목리에서 출토된 쇠줄칼은 연대가 다소 내려가는 기원전 7세기경의 탄소 공구강인데 겉면에 격자 문양이 나 있어 줄칼 형태를 갖추고 있다. 재질은 탄소가 1.0%, 규소 0.15%, 유황이 0.0007%였으며 줄칼에 단접부가 없고 높은 온도에서만 형성되는 조직을 갖고 있다. 이 쇠줄칼도 쇠를 완전히 용융한 상태에서만 얻을 수 있으므로 중국보다 훨씬 앞선 시기에 강철다운 강철을 만들었음을 알 수 있다. 학자들은 고조선 지역에서 발견되는 강철의 비율을 볼 때 고조선 장인들이 제련로 안의 온도를 1,400℃ 정도 유지한 상태에서 철을 14~16시간 정도 녹여냄으로써 질 좋은 강철을 생산할 수 있었다고 말한다. 고조선 장인들이 이와 같은 철을 생산할 수 있었던 것은 제련로의 완벽한 설계, 연료와 탄소 공급원으로서의 숯의 사용, 효율적인 송풍관 등 덕분이다.[4,5]

고조선 영역의 철 생산지는 매우 광범위하다. 대표적인 곳은 은율 일대 노천 철광산으로 이 곳에서 철제 망치와 징이 출토되었다. 또한 『고광록』에는 요하 하류지역(요동)인 안산과 철령(쌍성), 개주(개평), 요양, 승덕, 심양 등지에서 주로 자철광과 적철광을 채취하여 철을 생산했다고 적혀 있다. 고조선 지역에서 생산된 강철이 주목받는 이유는 간단하다. 당시 서아시아에서도 강철이 생산되기는 했지만 저급품이었다. 그런데 고조선에서 생산된 강철은 세계 어느 나라에서도 확보하지 못한 고온의 용광로에서 직접 얻은 질 좋은 것으로 그 연대도 무려 기원전 12세기까지 거슬러 올라간다. 이것이 고조선이 강력한 국가로 발돋움할 수 있었다고 추론할 수 있는 근거다.

한민족이 건설한 2번째 국가로 추정되는 부여의 경우도 철기 생산에 있어서는 선진국이었다. 『삼국지』 〈위지동이전〉에는 부여의 군사들이 투구 · 활 · 화살 · 칼 · 창을 병기로 삼고 집집마다 갑옷과 휴대 가능한 무기를 갖추고 있었다고 적혀 있는데 이것은 거의 다 철로 만든 것이다. 부여 영역에는 오늘날의 길림성, 흑룡강성, 러시아의 하바로프스크 일대 등 철 생산지가 많다. 무산군 범의구석기유적에서도 연철제품이 발굴되었는데, 이들은 기원전 5~7세기로 거슬러 올라가며 곧바로 다음 단계인 선철 생산 단계로 이어진다. 강철은 기원전 1~2세기에 제련됐는데 무산군에서 발견된 강철 도끼는 탄소가 1.55%, 규소가 0.10%, 망간이 0.12%, 연이 0.07%, 유황이 0.08%였다. 이 도끼는 탄소의 함유량이 1% 이상인 단단한 극경강으로 부여 사람들이 제품의 용도에 맞게 철을 자유자재로 다루었음을 보여준다.[6]

고조선과 부여의 제철기술이 고구려로 전승되어 각종 장비를 질 좋은 철로 만들었다는 것은 자연스러운 추론이다. 2001년과 2004년 아차산 제4고구려 보루에서 출토된 철기를 대상으로 최종택, 박장식 교수가 금속학적 미세조직을 분석한 결과 연철을 대상으로 한 침탄제강법과 고도의 기술을 요하는 관강법灌鋼法으로 강철을 만든 흔적을 발견했다고 발표했다. 이는 고구려에서 고대 철기기술의 양대 산맥으로 볼 수 있는 두 가지 제강법은 물론 이들을 대상으로 하는 다양한 제강법을 사용하여 각 제품에 알맞은 철기를 제작했음을 보여준다.[7] 즉, 고구려 독자의 철강 기법으로 여러 가지 철기를 만들었으며, 고구려의 철기문명 수준이 뛰어났다. 이처럼 고구려의 개마무사는 앞선 철기문명을 바탕으로 탄생했다.

강인했던 고구려와 개마무사

고구려는 중국이 침공했을 때 흔히 산성전투와 청야작전으로 맞섰다. 이때 중국군에 허점이 보이면 그 유명한 개마무사와 경기병 등을 투입하여 침략군을 철저히 응징했다. 고구려의 이같은 작전은 대성공을 거두어 중국 동북방의 대제국으로 성장했다. 중국 세력에 직면하여 고구려는 한편으로는 경쟁하고 다른 한편으로는 으르렁거리며 지냈다. 중국이 타국에 비해 우월성을 보이는 것은 압도적으로 많은 인원을 동원할 수 있는 병력의 수다. 물론 전쟁은 장병의 수만 많다고 반드시 승리하는 것은 아니지만 중국의 역사에서 볼 때 대규모 인해전술과 물량작전을 펴서 실패한 경우는 드물다.

그러나 중국은 고구려를 상대해서는 거의 모든 전투에서 패배했다. 고구려가 중국에 맞서 싸울 수 있었던 것은 우선 중국보다 앞선 철기문명을 바탕으로 우수한 장비를 부단히 공급할 수 있었고, 산성전투와 청야전투 등을 활용하면서 공격군에게 치명상을 주었기 때문이다. 결국 고구려가 중국의 물량작전에 강인하게 맞서 싸울 수 있었던 것은 앞에서 말한 여러 가지 전술의 복합적 구사의 결과이기도 하지만 이에 못지않은 또 하나의 중요 요인을 빠뜨려서는 안 된다. 그것은 고구려인들의 평소 삶과 정신세계다.

우선 고구려인들은 기본적으로 상무적尙武的이었다. 그것은 고구려인들이 결혼과 더불어 수의壽衣를 만들었다는 것으로도 알 수 있다. 고구려인들의 이러한 풍습에 중국인들이 놀랐다고 하는데 그것은 고구려인들이 국가적 대의를 위해 언제든지 죽을 각오가 되어 있다는 것을 의미하기 때문이다. 고구려인들이 전투에서 명예롭게 죽는 것을 얼마나 자랑스럽게 여겼는가 하는 것은 고구려 2대 유리왕의 태자였던 해명解明의 예로도 알 수 있다. 『삼국사기』에 다음과 같이 적혀 있다.

> 유리왕 27년(8년) 태자 해명이 힘이 세고 무용을 좋아한다는 말을 듣고 황룡국왕이 사자를 파견하여 강궁을 보내주니 해명은 그 사자를 만나보고 그 앞에서 활을 당기어 꺾으며 말하기를 "내 힘이 있는 것이 아니라 활 자체가 굳세지 못하다"하였다. 황룡왕은 이 말을 듣고 매우 부끄러워하였다. 왕은

이 말을 듣고 노하여 "해명은 사람의 자식이 되어 불효하니 청컨대 과인을 위해 그를 죽여 달라"고 했다. 그러나 태자를 만나 본 황룡왕은 감히 해를 가하지 못하고 예로서 그를 돌려보냈다. 유리왕 28년(9년) 3월 왕은 사람을 해명에게 파견하여 말하기를 "내 도읍을 옮겨 백성들을 편안하게 하고 나라의 기업基業을 굳게 하고자 하는데 너는 나를 따라오지 않고 힘의 굳셈을 믿고 인국과 원한을 맺으니 사람의 아들 된 도리로서 어찌 이와 같을 수 있겠느냐"며 사자에게 칼을 주어 보내어 스스로 자결하게 하라 했다. 사자가 해명 태자에게 유리왕이 자결하라는 말을 했다고 하자 신하가 해명 태자에게 왕의 뒤를 이어야 하며 사자가 자결하라 한 것이 거짓인지 모르겠다고 말했다. 그러자 해명은 다음과 같이 말했다. "전자에 황룡왕이 강한 활을 나에게 보냈기에 나는 그가 우리나라를 가벼이 볼까 염려하여 활을 당겨 꺾어버림으로써 이에 보답하였는데 뜻밖에 부왕께서는 이를 책망했다. 지금 다시 나를 불효라 하여 칼을 주어 자결하라 하니 아버지의 명령을 피할 수는 없다."

그런데 해명 태자의 자살은 그야말로 고구려인다웠다. 그는 여진동원礪津東原으로 가서 땅에 창을 꽂아 놓고 말을 달려 창에 찔려 죽었다. 그때 그 나이가 21세였다. 고구려의 태자가 말을 달려 자신이 꽂아 놓은 창에 찔려 죽었다는 것을 보면 고구려인들이 전장에서 죽음을 무서워하지 않았다는 것을 알 수 있을 것이다. 2,000여 년 전 고구려 시조인 고주몽이 압록강 지류에 나라를 세운 이후로 중국의 한족과 끊임없는 투쟁을 거치며 만주와 한반도 지역을 중심으로 최강의 국가를 건설했다. 특히 고조선의 옛 땅을 회복하고 700년 동안이나 중국 대륙을 호령하며 사상 최대의 제국을 건설했다. 아시아는 물론이고 세계에서도 손꼽히는 대제국이었다.

고구려는 강력한 군사 국가였다. 고구려사람 특유의 야망과 기상은 드넓은 중원 대륙을 마음껏 뛰어다니기에 부족함이 없었으며, 한편으로는 끊임없이 도발해오는 외부의 적들을 막아내는 전쟁을 마다하지 않았다. 이와 같이 고구려가 막강한 군사국가로 발돋움할 수 있었던 핵심은 개마무사라는 특수군이 있었기 때문이다. 고조선과 부여의 우수한 철기 제작기술을 이어받고 한층 발전시킨 고구려는 개마에 필요한 철은 물론 각종 장비를 강철로 만들었다. 2,000년 전 고구려가 아시아 대륙을 휩쓴 불패의 제국을 건설할 수 있었던 것, 즉 고구려의 불가사의는 다른 나라가 따라올 수 없는 뛰어난 과학기술이 있었기 때문이다.

군사 강국 가야가 고구려에게 패배한 요인

아직까지 가야에 대한 연구는 미진한 상태이지만 금관가야를 중심으로 한 연맹국가로 500년 이상 존속했고 한때 한반도 남부의 패권을 노리던 군사 강국이라는 점이 밝혀지고 있다. 학자들은 신라와 가야가 존속했던 초기에 해당 지역에서의 영향력은 신라보다 가야가 더 컸다고 주장한다. 이와 같이 가야가 강국으로 발전할 수 있었던 것은 철 생산을 통해 막대한 부를 축적했고 이것을 바탕으로 군사력을 키웠기 때문이다.

가야는 병력의 대부분을 우수한 철제무기와 보호구(갑주, 투구)로 무장시켰다. 뿐만 아니라 가야는 기마부대에 철갑을 공급해 중기병을 양성했다. 그러나 가야의 중기병은 고구려와 차이가 있다. 고구려와 가야가 말까지 갑옷을 입힌 개마병사를 운용했지만, 가야는 그 당시 동아시아의 일반적인 갑옷 형태인 찰갑이 아니라 판갑을 착용했다. 찰갑은 피갑, 즉 가죽 위에 쇠를 덧씌운 것이고 판갑은 큰 철판을 앞뒤로 이어 몸을 둘러싸는 것이다. 일반적으로 판갑을 착용한 부대를 단순히 중기병이라 하고

가야의 판갑옷과 마갑

찰갑을 사용한 부대를 중갑기병이라고 한다. 찰갑은 창검에 대한 방어력이 다소 떨어지지만 쇳덩이들이 분리되어 있기 때문에 착용하고도 비교적 자유롭게 움직일 수 있다. 반면에 판갑은 무기에 대한 방어력은 뛰어나지만 기동력에는 제한이 있다.

가야의 주력군은 기마병이었으며 왜倭군을 용병으로 이용했다. 『삼국사기』에 왜가 신라를 공격했다는 기사가 나오는 이유다. 전투가 벌어지면 장갑보병들이 앞에 서고 기마병들이 그 뒤를 이었으며 용병인 왜군과 궁병들이 뒤를 따랐다. 그러므로 가야와 왜의 연합군은 경무장의 궁병과 창병, 중무장 보병과 중기병이 혼합된 탄탄한 전력을 갖고 있었다. 여러 해를 거쳐 신라를 공격하던 가야는 마침내 399년 왜와 함께 신라를 공격했다. 가야의 동맹인 왜는 울산광역시 남구에 있는 태화강구에 상륙하여 막강한 가야의 중기병과 함께 신라군을 거의 멸망의 단계까지 몰아갔다. 이때 고구려의 광개토대왕이 5만의 정예병을 급파했다. 고구려의 남쪽

전진기지인 남평양(현재의 평양)에서 경주지방까지는 직선거리로 약 530km인데 고구려군이 경주지방에 도착했을 때 왜군은 신라를 약탈하는데 여념이 없었다. 고구려군은 곧바로 이들을 격파하여 왜군은 극소수만이 살아남아 도망칠 수 있었고 가야군은 왜의 패잔병을 수습하여 급히 퇴각하지 않을 수 없었다.

고구려군과 가야의 중기병이 격돌했다. 그러나 가야는 고구려의 기본 전력을 간과하고 동천왕이 실패한 전철을 되풀이했다. 그들은 고구려군을 발견하자 조금도 주저하지 않고 수천 명의 중기병으로 돌격하게 했다. 그런데 그들의 앞에 나선 것은 고구려의 역전의 명사 개마무사가 아니라 맥궁으로 무장한 고구려 궁사들이었다. 가야의 중기병들은 고구려의 화살들이 판갑옷을 관통할 수 없을 것으로 생각하고 돌격을 멈추지 않았다. 가야군들이 고구려가 자랑하는 활의 위력을 무시한 것은 곧바로 치명상이 되었다. 가야의 중기병들은 하나둘씩 쓰러졌고 결국 무방비 상태가 되자 개마무사들이 뛰쳐나와 가야군을 공격했다. 이 전투의 결과 가야군은 중기병과 보병 할 것 없이 거의 모든 병력을 잃었다고 김성남 박사는 설명했다. 이 전투를 남해안대전이라고 부른다. 이 전투를 통해 가야연맹의 맹주였던 금관가야는 하향곡선을 그리며 현 부산지역에 해당하는 영토를 신라에게 빼앗겼다. 이 지역은 상업을 위주로 성장한 금관가야의 무역 중심지이기도 하다. 멸망 직전의 신라는 광개토대왕의 도움으로 기사회생하고 영남지역의 패권을 장악하고 결국 삼국을 통일하는 강력한 국가로 발전한다.[8]

개마무사 실물 발견

판갑옷이 찰갑옷에 비해 단점이 많다고 생각할지 모르지만 실제는 이와 다르다. 사실 판갑옷은 제조하기 힘든 것으로 고대 제철술의 진수나 마찬가지다. 판갑옷이 찰갑옷에 비해 유연성이 다소 떨어지지만 무기에 대한 저항력이 강해 전투력 증강에는 판갑옷의 장점을 무시할 수 없다. 그러나 판갑옷을 입었을 때 가능하면 불편하지 않도록 제작해야 하는데 가야인들은 현대 학자도 놀라게 하는 기술을 접목시켰다.

학자들은 가야인들이 철 조각들을 입체적으로 몸에 맞게 만들기 위해 철판과 철판을 맞춰 구멍을 뚫어 못을 집어넣고 양쪽에서 두드려 압착시키는 정결 기술을 개발했는데, 이는 오늘날 철판들을 연접하는 리베팅 riveting 기법의 원조다. 이 과정에서 중요한 기술은 필요한 곡면 처리용 작은 못인데 이들 못은 주물을 부어 만들어야 했다. 대체로 갑옷 한 벌을 만들려면 작은 못이 80여 개 필요한데 이는 80여 군데를 리베팅한다는 뜻이다. 더구나 연결된 철판들이 제대로 모양을 갖추기 위해서는 철판을 불에 달궈 두드려 곡면으로 모양을 잡아야 하는데 곡면을 입체적으로 살리는 일은 오늘날에도 어려운 작업이다. 이러한 입체 디자인과 정결, 단조, 미세 주조, 리베팅 기술 등이 복합적으로 활용되어 정교하고 튼튼한 가야 판갑옷이 탄생한 것이다. 동 시대에 다른 나라에서는 찾아보기 어려운 판갑옷을 만든 기술은 단연 가야인들의 독창적이고 탁월한 기술 개발 정신의 개가라 할 수 있는데 아쉬운 것은 이들 전 과정의 노하우가 아직도 불분명하다는 점이다.[9]

개마무사는 한민족의 자존심과 같다. 그런데 학자들을 아쉽게 하는 것은 개마무사의 본향이라고 볼 수 있는 고구려에서도 고분벽화(안악3호분, 쌍영총, 삼실총, 개마총 등)를 제외하고 개마무사의 실물자료가 제대로 출토된 적이 없다는 점이다. 그동안 신라와 가야의 영역인 경북과 경남 일대에서 개마무사의 본격적인 증거물인 마주(馬胄, 얼굴가리개)와 마갑(馬甲, 말

경남 함안군 마갑총에서 발굴된 마갑

경북 경주시 황오동 중장기병 갑옷과 마구류 출토 모습

갑옷) 등이 단편적으로는 출토되었지만 개마무사가 사용하던 장비와 함께 출토된 적이 없었다. 1992년 경남 함안 도항리 마갑총에서 비교적 온전한 모습의 마주와 말갑옷이 발굴됐지만 이들 말갑옷도 아파트 공사현장에서 굴착기에 의해 엉덩이 부분이 일부 잘려 나가 아쉬움을 남겼다. 그런데 2009년 경북 경주시 황오동고분군(사적 제41호) 쪽샘지구 C10호묘에서 5세기 전반 개마무사의 마구류馬具類인 안교(鞍橋, 안장틀), 등자, 재갈, 행엽(杏葉, 말띠 드리개) 등과 함께 각종 토기류가 출토됐다. 말갑옷은 주곽(主槨, 무덤의 주인공이 묻힌 널방) 목곽(380cm×160cm)의 서쪽에서 동쪽 방향으로 총길이 230cm가 넘는 말갑옷이 목 · 가슴 부분(100cm×90cm)과 몸통 부분(130cm×100cm), 엉덩이 부분 순으로 정연하게 깔려 있다. 또한 몸통 부분 말갑옷 위에 무덤의 주인공으로 추정되는 장수의 갑옷인 찰갑으로 된 흉갑(胸甲, 가슴가리개)과 배갑(背甲, 등가리개)을 펼쳐 깔았는데, 둘을 옆구리에서 여미게 만들었다.

학자들이 주목하는 것은 황오동에서 발견된 개마무사의 갑옷이 판갑옷이 아니라 찰갑옷이라는 점이다. 경주 구정동 유적에서 출토된 갑옷은 판갑인데 황오동에서는 찰갑이 발견된 것이다. 이는 신라가 일찍부터 방어용 무기 개발에 나선데다 가야가 운용하는 개마무사의 단점을 파악하고 고구려가 채용한 개마무사로 변형하였음을 알 수 있다. 이를 두고 이건무 박사는 '신라가 삼국을 통일한 이유를 설명할 수 있게 됐다'며 그 의미를 높게 평가했다. 또한 한 · 중 · 일 동아시아 3국에서도 이처럼 중장기병의 무장상태를 보여주는 완벽한 세트가 갖춰진 사례가 보고된 바가 없다.[10]

03 다뉴세문경

국제기능올림픽대회에서 한국이 발군의 성적을 발휘하는 것은 잘 알려진 사실이다. 격년마다 열리는 이 대회에 한국은 제16회부터 참가했는데 제17회 · 제19회 대회에서는 종합성적 3위, 제21회 · 제22회 대회에서는 2위를 차지했고, 제23회(1977년) 대회에서 처음으로 우승을 차지했다. 이후 한국은 1993년 대만 대회에서 2위를 차지한 것을 제외하고 1977년 제23회 대회부터 2003년 스위스 장크트갈렌에서 열린 제37회 대회까지 14연패를 이룩하는 대기록을 수립했다. 2005년 핀란드 헬싱키에서 열린 제38회 대회 때 한국은 그동안 5회 연속 지켜온 종합우승을 놓치고 2위를 차지했다. 그동안 14차례나 우승을 차지하다보니 한국이 잘하는 종목들이 통폐합당하는 등 견제를 받아 순위가 떨어졌지만 2007년과 2009년에 다시 종합우승을 차지했다. 한국인들은 탁월한 손기술로 각국의 견제 속에서도 종합우승을 차지했다.

미래학자들은 21세기 과학기술을 정보기술IT · 생명기술BT · 나노기술NT · 환경기술ET · 에너지기술ET 분야가 주도할 것으로 예측한다. 이 중에서 우리나라는 최근 IT · BT 그리고 반도체의 핵심기술인 NT 분야에서 괄목할 만한 성과를 거두고 있다는 것은 잘 알려진 사실이다. 정밀함과 섬세함이 요구되는 한국인들의 특성 때문에 IT · BT · NT 분야에 탁월하다는 것이다. 이와 같이 한국인의 특성과 유전자가 발전의 원동력이 되었다. 그런데 한국인의 재주가 갑작스럽게 생긴 것이 아니다. 그렇다면 한국인의 재주가 탁월했다는 증거가 당연히 우리에게 남아 있어야 한다. 그 증거가 세계를 놀라게 한 다뉴세문경(多紐細紋鏡, 잔무늬거울)이다.

한국의 7대 불가사의 다뉴세문경

1960년대 충청남도에서 발견된 국보 제141호 다뉴세문경(이하 '국보경' 이라고도 칭함)은 기원전 4세기 무렵 청동기시대에 만들어진 거울로 '청동기시대의 불가사의' 라고도 불린다. 한 면은 거울이고 반대 면에 끈을 꿸 수 있는 뉴(紐, 꼭지)가 두 개 붙어 있는데, 거기에 새겨진 잔줄무늬細文 디자인을 찬찬히 살펴보면 누구나 찬탄을 금할 수 없게 된다. 다뉴세문경의 크기는 지름이 21.2cm에 불과한데, 이 좁은 공간 안에 무려 13,000개가 넘는 정교한 선이 새겨져 있고 100개가 넘는 크고 작은 동심원과 그 원들을 등분하여 만든 직사각형, 정사각형, 삼각형을 활용한

국보 제141호 다뉴세문경 (국보경)

국보경의 동심원 모양

섬세한 디자인은 기원전 4세기에 만들어진 것이라고는 믿어지지 않는 뛰어난 미적 감각을 보여준다.[1]

기하학적인 무늬의 정교한 배치는 상당히 새로운 디자인으로 기발하면서도 최고의 섬세함을 보여주는데, 이 정도의 정밀성과 섬세함이라면 현대의 숙련된 기능을 가진 제도사가 확대경과 정밀한 제도 기구를 갖고 종이 위에 그린다고 해도 쉽지 않은 작업으로 적어도 다뉴세문경과 같이 그리려면 최소한 2달 정도가 소요된다고 한다. 오로지 육안과 초보적인 수준의 기구에 의존해서 이처럼 정교한 문양을 그렸다는 것 때문에 신비감은 물론, 후대에 만들어졌다는 위조 논란까지 벌어졌을 정도다. 그러나 현대 기술로는 다뉴세문경과 같이 정교한 작품을 만들 수 없다고 알려져 위조론은 폐기되었다.

다뉴세문경은 그토록 정교한 디자인 무늬를 청동을 녹여 틀에 부어서 만들어낸 주물 작품이라는 점이 더욱 불가사의다. 확대경과 정밀한 제도

기구가 없는 기원전 4세기에 우리 선조들은 어떻게 다뉴세문경과 같은 정밀도를 가진 디자인 작업을 하고 그 거푸집을 만들어냈을까? 거푸집을 만들고 난 후에도 문제는 남는다. 주조 작업의 특성상 다뉴세문경과 같이 정교한 선이 살아 있는 주물 작품을 만들어낸다는 것은 그야말로 기적과 같은 일이다. 다뉴세문경과 같이 뛰어난 수준을 보여주는 청동 주조물은 동시대의 세계 어디에서도 찾아볼 수 없다. 다뉴세문경은 중국 동북지방과 러시아 연해주를 비롯해 한반도 전역에서 발견되고 있으며 일본에서도 같은 종류의 청동거울이 발견된다. 하지만 국보 제141호 다뉴세문경은 지금까지 발견된 100여 점의 다뉴세문경 중 가장 크고 정교하게 만든 것이다.

그런데 청동으로 만든 다뉴세문경과 같은 걸작들이 갑작스럽게 탄생한 것이 아니라는 점은 분명하다. 다뉴세문경을 비롯하여 그보다 앞서 제작된 우리나라의 청동기는 그동안 줄기차게 주장된 중국의 청동기보다 연대가 앞선 것은 물론 기술에서도 앞섰다는 것을 보여준다. 이것은 그동안 한국에 전래된 기술은 무조건 중국에서 도입되었거나 영향을 받았다는 주장을 여지없이 무너뜨릴 수 있는 핵폭탄과 같은 위력을 지녔으며 한민족 특유의 독자적인 기술을 갖고 있었다는 것을 의미한다.[2]

거울을 보라

다뉴세문경은 청동거울이다. 누구나 거울이라 생각하면 무언가 볼 수 있다는 것을 먼저 떠올린다. 동화 『백설공주』의 백미는 바로 마법의 거울이다. 백설공주의 계모가 마법의 거울로 세상에서 가장 아름다운 사람이 누구냐고 묻자 솔직하게 대답하는 것이 장기인 거울은 계모가 아니라 백설공주라고 답한다. 이 내용대로라면 계모의 미모도 만만치 않다는 것을 알 수 있지만 왕비 체면에 자신보다 아름다운 사람이 자기 남편의 전처 딸이라는 것에 시기심을 느끼고 사과에 독을 넣어 그녀를 잠들게 한다. 여기에서 거울은 무언가를 볼 수 있는 기능을 갖고 있는 물건임을 의미한다.

그러나 고대에 모든 사람이 자신의 얼굴을 볼 수 있는 것은 아니었다. 동경銅鏡은 특수한 기물로 신기한 힘이 있는 것으로 믿었기 때문이다. 그런 이유로 동경은 귀중품, 예물, 정표, 제례법기 등으로 사용되어 특별한 사회적 의미를 갖는다. 우리가 흔히 사용하는 말 중에도 거울에 관련된 이야기가 많이 있다. '귀감龜鑑이 된다'는 말은 다른 사람에게 모범 또는 본보기가 된다는 뜻인데 본래 뜻은 『장자』의 다음 말에서 나온다.

> 지극한 경지에 이른 사람의 눈은 스스로를 볼 수 없으므로 거울로 비춰본다. 지혜는 스스로를 알 수 없으므로 도道로써 바로잡아 나간다. 그러므로 거울로 자신의 흠을 보지 못하고 도로써 자신의 잘못됨을 탓하지 못하면 눈은 거울을 잃어 수염과 눈썹을 바로잡지 못할 것이다. 몸은 도를 잃어 미혹됨을 알지 못할 것이다.

거울에 도를 비유하여 자아성찰을 강조한 것이다. 거울은 도교와도 깊은 관련이 있다. 도사들은 교리에 근거하여 상당한 수량의 동경을 설계 제작했고 팔괘를 그려 넣었는데, 이는 '거울을 관의 덮개에 걸어 죽은 사람을 비추어 광명을 취하고 어둠을 물리친다'와도 관련된다. 불교에서도 불사를 치를 때 동경을 사원에 헌납하는 것도 이와 관련 있다고 추정한다. 거울은 사건의 전조와 액막이의 의미도 갖고 있다. 당나라 측천무후에게 폐위되었던 중종中宗이 물에서 건진 거울을 비추어보니 '천자가 될 것이다' 라고 적혀 있었다. 과연 열흘이 지나지 않아 그는 황제에 다시 올랐다. 당나라 때 '거울을 여러 번 문질러 먼 곳의 남편을 경청鏡聽하여 본다' 는 말도 있다. 먼 길을 떠난 남편을 부인이 그리워하며 거울을 통해 남편이 언제 돌아올지를 알고자 하는 모습을 설명하는 글이다.[3]

이와 같은 청동거울의 많은 용도는 거울로 사람의 얼굴을 보는 용도만은 아니라는 것을 알려준다. 거울의 중요성은 고대로 올라갈수록 더욱 높아지는데, 고대사에서 청동거울을 중요하게 생각하는 것은 동경이야말로 청동기시대 최고 지배층이었던 샤먼들이 의식을 거행할 때 사용한 권위를 나타내는 중요한 상징물로 인식했기 때문이다. 청동거울은 뛰어난 반사력을 갖고 있으므로 의식을 치를 때 거울로 햇빛을 반사시키는 것은 신이 아니면 할 수 없는 장관으로 여겼을 것이 틀림없다. 즉, 거울은 종교적인 의식에 사용하는 의기였다. 청동기시대 거울이 발견되는 위치는 피장자의 가슴 부근이고 새겨진 무늬도 동심원이나 별무늬 등 태양과 관련 있는 것들이 대부분이라는 점도 태양의 대리자로서 제사장의 권위를 나타내는 중요한 징표로 여겼음이 분명하다. 특히 청동거울이 남성의 무덤에서 부장품 성격을 띠고 출토된다는 것도 그것을 말해준다.

학자들은 청동거울에 새겨져 있는 많은 원은 태양을 상징하며 태양으로 상징되는 생명의 근원이 청동거울을 통해 지상으로 내려온다는 의미가 담겨 있다고 설명한다. 또한 지배자가 청동거울을 직접 허리춤에 메고 등장했을 가능성도 있다고 추정하는데 햇빛을 받아 반짝이는 청동거울의 빛은 그 자체로 지배자를 신성한 존재로 비쳐지게 했을 것으로 본다. 동양의 도사들이나 서양 마법사들이 거울을 하나의 상징으로 이용하는 것도 이와 관련이 있다. 『포박자抱朴子』에도 청동거울의 의미를 함축적으로 담고 있다. 입산수도하는 도사는 모두 밝은 거울을 등에 달고 갔기 때문에 요귀들이 감히 접근하지 못했을 뿐만 아니라 그 모습들이 모두 거울 속에 드러났다.

불교나 도교 같은 종교가 접목되면서 거울은 주술적인 상징으로서의 의미를 상실하지만 종교적인 장엄구로 변신한다. 불국사 석가탑과 미륵사나 월정사에서 거울이 출토된 것이 그 예다. 불교에서 거울은 진리와 깨달음을 얻은 정신을 나타낸다. 불교에서 거울은 여덟 가지 보물 가운데 하나로 취급되기도 하는데, 현재 남아있는 청동거울 가운데 고려시대 것이 많은 이유는 고려가 불교국가였다는 것과 깊은 관련이 있다. 청동거울이 국가 대사에 관련이 있다는 이야기로는 『삼국사기』 〈열전 제10〉 '궁예'에 적혀 있다.

> 상인 왕 창근이란 자가 당나라에서 와서 철원 저자에 살았다. 정명 4년 무인에 그가 저자 거리에서 한 사람을 만났다. 그는 생김새가 매우 크고 모발이 모두 희었으며, 옛날 의관을 입고 왼손에는 자기 사발을 들었으며, 오른손에는 오래된 거울을 들고 있었다. 그가 창근에게 말하기를 "내 거울을 사겠는가?" 하므로 창근이 쌀을 주고 그것과 바꾸었다. 그 사람이 쌀을 거리에 있는 거지아이들에게 나누어주고 난 후에는 간 곳이 없었다. 창근이 그 거울을 벽에 걸어 두었는데, 해가 거울에 비치자 가는 글씨가 쓰여 있었다. (중략) 창근이 처음에는 글이 있는 줄을 몰랐으나, 이를 발견한 뒤에는 심상한 것이 아니라고 생각해 마침내 왕에게 고했다. (중략) 함홍 등이 서로 말했다. "상제가 아들을 진마에 내려 보냈다는 것은 진한과 마한을 말한 것이다. 두 마리 용이 나타났는데 한 마리는 푸른 나무에 몸을 감추고, 한 마리는 검은 쇠에 몸을 나타낸다는 것은 푸른 나무는 소나무를 말함이니, 송악군 사람으로서 용으로 이름을 지은 사람의 자손을 뜻하니 이는 지금의 파진찬 시중을

이른 것이다. 검은 쇠는 철이니 지금의 도읍지 철원을 뜻하는 바 이제 왕이 처음으로 여기에서 일어났다가 마침내 여기에서 멸망할 징조다. 먼저 닭을 잡고 뒤에 오리를 잡는다는 것은 파진찬 시중이 먼저 계림을 빼앗고 뒤에 압록강을 차지한다는 뜻이다."

여기에서 청동거울은 국가의 미래를 알려주는 신기한 역할을 하는데 『고려사』에 상세한 이야기가 나온다. 다음은 『고려사』 '태조' 에 실린 고려 건국에 대한 이야기다.

정명貞明 4년 3월 당나라 상인 왕창근은 시장에서 수염과 머리가 하얗고 거사의 옷차림에 낡은 관을 쓴 사람을 보았다. 왼손에는 발鉢 세 개를 들었으며 오른손은 사방 한 자나 되는 고경古鏡을 들고 있었는데 왕창근이 쌀 두 말로 거울을 샀다. 거울 주인은 그 쌀을 길가에 걸식하는 아이들에게 나누어 주고 바람처럼 사라졌다. 왕창근이 거울을 담벼락에 걸어 놓으니 햇빛이 비쳐 은은히 읽을 수 있는 147자의 명문이 보였다. 왕건이 등극해 삼국을 통일한다는 예언이었다. 예사롭지 않은 이 내용을 들은 궁예 휘하의 제장諸將들이 왕건을 추대하였다.

위의 설명처럼 사람들은 거울을 매우 뜻깊은 물건으로 생각했으므로 인생사에서 중요한 징표로 사용했다. 『삼국사기』 〈열전 제8〉 '설씨' 에 다음과 같은 글이 적혀있다.

설씨 여자는 율리에 사는 백성 집안의 딸이었다. 비록 빈한하고 외로운 집안이었으나 용모가 단정하고 품행이 얌전하여 보는 이들이 모두 그 아름다움에 반했지만 감히 범접하지 못하였다. 진평왕 때 그의 아버지가 연로함에도 불구하고 정곡에서 곡식을 지키는 당번을 서게 되었다. 딸은 아버지가 노쇠하고 병들어 차마 멀리 보낼 수 없고 여자의 몸으로 아버지를 모시고 갈 수도 없어서 고민만 하고 있었다. 사량부 소년 가실은 비록 가난하고 궁핍하나 의지를 곧게 기른 남자로서, 일찍이 설씨의 아름다움을 좋아하면서도 감히 말을 못하고 있었다. 그는 설씨가, 아버지가 늙어서 종군하게 되었음을 걱정한다는 말을 듣고 마침내 설씨에게 말했다. "내 비록 일개 나약한 사나이지만 일찍이 의지와 기개로 자부하던 터이니, 원컨대 불초의 몸이 엄친의 일을 대신코자 하오." (중략) 설씨가 매우 기뻐하며 아버지에게 들어가 이 말을 고하자 아버지는 가실과 설씨의 결혼을 허락했다. 그러나 설씨는 "혼인은 인간의 대사이니 함부로 서두를 필요는 없습니다. 제가 이미 마음을 허락하였으니 죽는 한이 있더라도 변함이 없을 것이니, 그대가 방위에 나갔다가 교대하여 돌아온 뒤에 날을 받아 혼례를 치러도 늦지 않을 것입니다." 그녀는 말을 마치고 거울을 절반으로 나누어 각각 한쪽씩 지니며 말하기를 이것을 신표로 삼아 뒷날 맞추어 보자고 했다.

결론은 설화답게 가실이 늦게까지 돌아오지 않자 설씨의 아버지가 설씨를 다른 남자에게 결혼시키려 하자 설씨가 이를 반대한다. 그런데 늦게 도착한 가실의 행세가 신통치 않아 알아볼 수 없게 되자 거울을 맞추어 본 후 이들의 약혼을 확인했지만 만난 지 오래되어서 서로 알아볼 수도 없었다는 다소 썰렁한 이야기지만, 여기에서 거울은 인생의 중요한 징표로 큰 역할을 담당했다. 후대로 갈수록 청동거울은 유리거울이 등장하기 전까지 화장도구로 중요하게 다루어졌다. 고려 여인들은 거울을 거울걸이에 걸어놓고 화장을 했다. 특히 고려시대와 조선시대에는 관청에 거울을 만드는 기술자인 '경장鏡匠'을 두고 대규모로 거울을 제작했다. 청동거울이 청동기시대의 상징물에서 벗어나 일반 대중들의 삶에 밀접하게 다가갔다는 뜻이다.

과거를 비춰주는 동경

고대인은 사물을 비추고 자신을 바라보는 용도로 동경을 사용했는데, 동경을 통해 당시 사람들의 삶, 여인들의 향기, 옛 사람들의 미 의식을 알 수 있다. 동경은 크게 원형과 방형으로 나뉘지만 종형鐘形·화형花形·정형鼎形 등도 전해진다. 사용하는 방법에 따라 끈을 꿰어 손에 쥐고 사용하는 동경, 손잡이가 있어 얼굴을 비추거나 앞뒤로 마주 들어 뒷모습을 비추는 병경柄鏡, 걸거나 매달아 사용하는 현경懸鏡으로 분류된다. 뉴를 둘러싼 것을 뉴좌라 하며 형식이 다양하고 내구에 주문양이 들어가며 거울 뒷면의 대부분을 차지한다. 이곳이야말로 동경의 특색을 가장 잘 보여주는데 동경에 새겨져 있는 그림과 문자야말로 제작 당대의 깊이를 알게 해준다.

동경에 새겨진 그림은 크게 기하학 무늬와 신수神獸, 인물, 풍경 무늬 등이 있다. 기하학 무늬는 다뉴경의 삼각집선문三角集線文이 대표적인데 이러한 무늬는 방제경(倣製鏡, 한나라 동경을 모방한 거울)과 삼국시대 동경에서도 확인된다. 신수 무늬는 동한東漢 시대부터 나타나며 용, 봉황, 기린, 호랑이, 현무 등 상서로운 짐승들이 등장한다. 또한 고사故事와 관련된 인물과 풍경의 모습도 있는데 이들 무늬는 소유자에게 복을 가져다주는 기복신앙祈福信仰과 연관이 있다.

① 태양

태양은 고대인들에게 가장 보편적인 숭배의 대상으로 햇빛을 받아 이를 반사시키는 동경은 태양과 같은 효과를 보여주었다. 그러므로 샤먼의 옷에 동경을 매달아 장식했을 것으로 추정한다. 동경이 태양을 상징하기 때문에 빛이 발산되는 모양을 양각해 넣었다는 것이다.

② 신수神獸

신과 신선 그리고 부처의 모습이 무늬로 나타나는데 이는 복을 바라고 자신을 지켜줄 수 있다는 염원을 담고 있다. 또한 용, 봉황, 기린 등 상상의 동물을 새겨 넣은 이유도 상서로운 힘에 기대려는 마음의 표현으로 인식한다.

③ 고사故事

동경에 그려진 고사의 내용은 많은데 그 중에서 가장 대표적인 것은『유의전서柳毅傳書』와 관련된 것이다. 유의가 과거에 떨어져 낙향하던 중 동정호 용왕의 딸이 시댁의 경천용왕에서 쫓겨나서 고생하는 것을 보고 온갖 고생을 무릅쓰고 동정용왕에게 딸의 소식을 전한다. 그러자 동정용왕의 동생인 전당용왕이 번개와 우박을 몰고 용의 모습으로 달려가 조카를 구한 후 유의와 결혼시켰다. 그 후 유의는 신선이 되어 여생을 보내게 된다는 내용으로 동경의 쓰임새를 엿보여준다.

'용수전각문경' 이라 불리는 고려경은 중국의 인물누각문경人物樓閣文鏡에서 연원을 찾을 수 있지만 중국과는 달리 새로운 무늬가 첨가되기도 했다. 이것은 한국인에게 잘 알려진 천계天界를 표현하는데, 특히 토끼와 두꺼비는 도교적 상징인 월궁月宮을 의미한다. 동경에 적힌 글도 의미심장하다. 동경에 글씨가 나타나기 시작한 것은 중국 한대漢代를 전후한 시기부터다. 처음에는 '대락귀비大樂貴富', '천추만세千秋萬歲' 와 같이 복과 행운을 비는 글이 중심이었다. 그러나 전한 중기 이후부터 거울의 빛과 관련된 글귀가 중심이 되며 군주에 대한 충성의 글도 나타난다. 우리나라에서는 한경漢鏡으로 불리는 '일광경日光鏡', '소명경昭明鏡', '가상부귀경家常富貴鏡' 등이 가장 많이 출토되는데 내용은 기복이나 충절에 관한 것이다.[4]

다뉴세문경 과학이 도전하다

다뉴多紐란 뉴(紐, 끈으로 묶을 수 있는 고리)가 여러 개 달려 있다는 뜻인데, 거울 뒷면에 달려 있는 2~3개의 고리 때문에 붙여진 이름이다. 다뉴동경의 분류 방법은 아직 확정되지는 않았으나 대체로 조문경(粗紋鏡, 거친무늬거울), 조세문경, 세문경으로 나눈다. 조문경은 Z자를 변형시켜 연결시킨 무늬를 거울 전면에 걸쳐 새긴 것으로 주연부가 별도로 조성되어 있지 않다. 거울 전면에 걸쳐 가운데를 공백으로 한 이중선으로써 Z자형 모티브를 연속으로 새기고 배경을 평행집선으로 채웠다. 조문경은 기하학 무늬의 구성이 정밀하지 못하여 줄무늬가 굵고 거칠며 만든 수법이 조잡한데, 대체로 세형동검 후기 형식과 동과銅戈, 동모銅矛, 방울류 등과 함께 출토되며 비파형동검의 분포와 일치한다. 비파형동검이 중국 동북부, 한반도에서는 출토되지만 일본에서는 발견되지 않는 것과 마찬가지로 조문경도 이와 같다. 조세문경은 조문경과 세문경의 과도기 동경으로 보는데 세형동검이 출토하는 지역에서 함께 나오고 있다. 요하 동쪽에서부터 한반도에 이르는 지역에 광범위하게 출토되는데 조문경과 마찬가지로 일본에서는 발견되지 않는다.

다뉴세문경은 청동기 후기 또는 초기 철기시대인 기원전 4세기부터 유행했던 청동거울로 세문細紋이란 글자 그대로 잔무늬를 뜻하며, 우리

잔무늬 청동거울

나라 청동거울 뒷면에 무수히 많은 섬세한 직선과 삼각 무늬를 조화시킨 기하학적인 무늬가 있어 이런 이름이 붙여졌다. 다뉴세문경은 중국의 동북지방과 러시아의 연해주를 비롯해 한반도 전역, 일본 구주에서도 발견되며 세형동검과 함께 발견된다.[5] 그러나 국보경과 같이 극도로 정밀한 문양은 중국과 일본지역에서는 전무하며 한반도의 남한지역에서만 출토된다는 것이 특징이다.[6] 이청규는 다뉴경이 일정 지역 집단의 우두머리를 상징하는 위세품임을 감안할 때 다소 논리비약인 점은 있으나 고조선으로부터 삼한으로 이어지는 전통적인 권위를 반영하는 것으로 볼 수 있다고 주장했다.[7]

탁월한 미적 감각과 뛰어난 기술력을 보여주는 다뉴세문경을 접한 일본인 학자들이 어떤 반응을 보였을지는 상상하기 어렵지 않다. 과거에 일본학자들은 정교한 무늬가 있는 다뉴세문경은 중국에서 만들었고 조문경은 중국 것을 모방하여 한국에서 만들었다고 주장했다. 그러나 1953년 요령성 조양에서 고조선의 비파형 단검과 함께 조문경이 발견되면서, 고대 한국에서는 조문경에 이어 여러 지역에서 다뉴세문경을 만들었음

청동거울 거푸집

을 추정할 수 있다. 더욱이 심양瀋陽에서 조문경과 다뉴세문경 사이의 과도기적인 거울이 발견되어 일본인들의 주장이 근거 없음이 밝혀졌다.

다뉴세문경은 구리와 주석의 합금인 청동으로 만들어졌는데 구리에 주석을 첨가하면 강도를 높일 수 있다는 것은 잘 알려진 사실이다. 그런데 주석의 비율이 28%일 때 강도가 가장 커지지만 이렇게 되면 깨지기 쉽기 때문에 적절한 비율의 조절이 필요하다. 또한 주석 함량이 30%가 되면 백색을 띠는 백동이 된다.

다뉴세문경의 정교한 디자인은 살펴볼수록 더 불가사의하게 느껴진다. 앞에서도 말했듯이 국보경은 21.2cm의 원 공간 안에 약 13,000개의 원과 선이 0.3mm 간격으로 채워져 있다. 선과 골의 굵기는 약 0.22mm, 골의 깊이는 0.07mm 정도이며 한 곳도 빈틈없이 절묘하게 새겨져 있다. 국보경의 가장 놀라운 점은 그것이 거푸집에 청동을 부어 만든 주물 작품이라는 점이다. 도안이 아무리 정밀하더라도 그 도안을 바탕으로 주물을 떠내기 위해서는 고도의 주물 기술이 필요하다. 주물 기술에 문제가 있을 경우 도안의 정교함이 희생되어 최종적으로 만들어낸

다뉴세문경 확대도

거울이 도안과 같은 수준의 정밀성을 얻을 수 없기 때문이다.

학자들이 세계를 놀라게 한 국보경의 비밀에 도전하지 않을 리 없다. 국립중앙박물관은 출토 직후 접합한 부분 일부가 다시 떨어지는 일이 발생하자 2007년 7월 숭실대학교 기독교박물관의 의뢰를 받아 2008년 8월까지 거울 표면이 갈라지는 현상이 발생한 국보경에 대한 보존 처리를 진행하면서 제작 방법을 규명했다. 국립중앙박물관 보존과학팀은 한국과학기술연구원과 함께 국보경을 발견 당시와 같은 19개의 파편으로 분리하고 파편의 단면을 X선형광분석기와 입체현미경 등을 동원하여 분석했다. 국립중앙박물관 보존과학팀은 국보경 제작의 비밀을 푸는 관건으로 주석과 구리의 비율, 거푸집의 재질, 문양 제도 방법을 중점적으로 분석했다.

우선 국보경은 구리와 주석의 비율이 이상적인 것으로 드러났다. 구리와 주석의 비율이 중요한 것은 주석 함유량이 많을수록 거울의 반사율이 높아지지만, 주석 함유량이 일정 비율을 초과하면 인장 강도가 급격하게 떨어져 작은 충격만으로도 쉽게 깨지기 때문이다. 실험 결과에 의하면 다뉴세문경의 구리 : 주석 비율은 65.7 : 34.3으로 다른 청동거울에 비해 주석 함유량이 높은 편이며, 납을 포함하면 구리 : 주석 : 납은 61.68 : 32.25 : 5.46 이며, 기타 성분의 비율이 0.61이다.[8] 이들 숫자는 화순 대곡리와 백암리 두 유적에서 출토된 성분과 유사하다.

분석 결과에 의하면 제작 당시 국보경 거울면의 빛깔은 은백색에 가까웠을 것으로 추정되며 이는 당초에 알려졌던 26.70%의 주석보다 상당히 많은 양이다.[9] 고대 동경을 만드는데 필요한 황금비율은 구리 : 주석 비율이 66.7 : 33.3으로 보는데 국보경의 경우 납을 포함하든 그렇지 않든 구리와 주석의 비율이 이들과 1% 정도밖에 차이가 나지 않았다. 이는 국보경이 고대 동경 제작을 위한 최상의 황금비율을 그대로 반영한 것으로 청동기 제작기술이 최고 정점에 달했을 때 만들어진 최고의 작품이라는 것을 시사한다. 국립중앙박물관의 박학수는 많은 세문경을 분석한 것은 아니지만 국보경을 포함하여 은이 소량 포함되었고 현재까지 측정된 다뉴경 중에서는 국보경이 가장 많은 주석을 포함하고 있다는 것이 알려졌다고 설명했다.[10]

거푸집의 재료가 무엇인지는 국보경의 비밀을 풀어가는 관건이다. 결론은 모래로 밝혀졌다. 사실 국보경 논란은 거의 전부 거푸집의 재질에 관한 것이라고 해도 과언이 아니다. 안타깝게도 다뉴세문경을 만들었던 거푸집은 유물로 발견된 것이 없으므로 의문의 대상이었다. 거푸집을 돌로 만들지 않았을 것이라는 점은 처음부터 예상된 일이다. 돌은 결에 따른 박리 때문에 다뉴경과 같은 세밀한 문양을 새기기 힘들기 때문이다.

학자들은 다뉴세문경의 거푸집을 제작하는 방법으로 두 가지 방법을 제시했다. 첫째는 딱딱한 박달나무에 그림을 새기고 그 위에 입자가 작은 점토를 눌러 찍는 방법으로 거푸집을 만들었다는 것이다. 둘째는 밀랍(꿀찌꺼기에 송진을 섞은 것)으로 원형을 만드는 것인데, 유물로 발견된 것은 없지만 일부 학자들은 고대인들이 밀랍을 자유자재로 이용하여 청동거울을 만들었다고 추정한다. 그럼에도 불구하고 주조의 특성상 다뉴세문경처럼 그렇게 정교한 선이 나온다고 보장할 수 없다는 것이 문제였다. 이는 몇 차례 복원 시도 과정에서도 현실로 나타났다. 동판이나 납에 무늬를 새긴 뒤 밀랍판으로 눌러 모양을 본뜨는 방법을 사용했으나 최종 주물에서 무늬가 망가지는 등 결과가 좋지 않았다. 결국 다른 재료를 사용했다고 결론짓지 않을 수 없었는데 보존과학팀이 거울 면과 문양면에 걸쳐 있는 주조 당시 발생한 결함 부위를 분석하자 거푸집에 사용한 주물사(거푸집 모래)가 나타났다. 거푸집의 재질이 모래였던 것이다. 그러나 완성된 거울의 단면에 모래가 밀려 올라간 흔적이 있는 것으로 보아 거푸집이 그리 튼튼하지는 않았던 것으로 추정된다.

마지막 의문점은 13,000여 개의 선과 100여 개의 동심원을 0.3mm 간격으로 어떻게 그렸는지다. 이 정도의 정밀한 제도작업은 현대적인 정밀 제도 기구를 갖춘 제도사가 종이 위에 그리는 것도 쉽지 않은 작업이기 때문이다. 정밀한 제도작업을 하는 현대의 제도판에는 도면을 들여다볼 수 있는 확대경이 갖추어져 있다. 제도사는 이 확대경으로 도면을 들여다보면서 컴퍼스와 정밀한 제도자를 이용하여 제도작업을 할 수 있다. 하지만 확대경이 없던 기원전 4세기에 우리 선조들이 어떻게 이런 정밀한 작업을 해낼 수 있었을지 생각해보면 불가사의하지 않을 수 없다.

연구팀은 화상분석기로 21개의 원에 대해 반지름을 구한 결과, 반지름 분포가 동일한 경향을 보인다는 사실을 발견했다. 원들은 다치구(일종의 컴퍼스로 여러 개의 바늘을 갖고 있어 한 번에 여러 개의 원을 그릴 수 있는 기구)

북제된 국보경

를 만들어 그렸을 것으로 추정했다. 컴퍼스를 사용하여 한 번에 원을 하나씩 그린다면 이처럼 일정한 분포의 반지름이 나올 수 없기 때문이다. 또한 3D 스캔 데이터를 활용해 기본 형상을 조합하고, 일러스트레이터 및 폴리워크Polyworks로 드로잉을 실시하여 도면화에 성공했으며, 이 과정에서 다뉴세문경 제작 당시의 도안 순서도 새롭게 밝혀냈다. 동경은 내부로부터 내구, 중구, 외구, 주연으로 구분된다. 정밀조사에 의하면 국보경의 도안은 내구에서 외구 쪽으로 도안이 그려졌음을 암시한다. 또한 애초에 동경의 문양을 그리기 위한 설계도 또는 시안이 존재하기보다는 대략적인 계획은 있으되 세부적인 표현방식은 그려나가면서 정착된 것으로 본다.

물론 아직도 해결되지 않은 많은 부분이 있다. 우선 다치구를 사용하여 원을 그렸다고는 하지만 그 다치구를 어떻게 만들었는지에 대해서는 밝혀지지 않았다. 1cm 길이 안에 무려 20개의 바늘을 박아야 한다는 점을 감안할 때 초정밀 기계의 도움 없이 어떻게 다치구를 만들어냈는지는 미스터리 중에 미스터리라 할 수 있다. 또한 직선과 동심원이 그려진 순서를 추정했다고 하지만 확대경이나 초정밀 제도기구의 도움 없이 청동기시대의 장인이 어떻게 그처럼 복잡한 문양을 그려냈는지도 불가사의의 영역 안에 있다고 볼 수 있다.

그동안 다뉴세문경을 복원하려는 노력은 수없이 시도되었다. 그러나 동판, 납, 질흙, 혈암 등에 새겨 밀랍판으로 만든 후 무늬에 눌러 본뜨는 방법 등은 원본보다 좋은 거울이 만들어지지 않아 번번이 실패했다. 그러나 학자들의 집념은 무섭다. 동국대학교 문화예술대학원 곽동해 교수가 2006년 드디어 다뉴세문경을 복제하는데 성공했다고 발표하고서 복제품을 공개했다. 곽 교수는 세밀한 문양의 조각 작업과 더불어 활석으로 만든 용범(거푸집)에 송연松烟 코팅 방법을 사용하여 원본과 거의 유사한 복원품을 만들었다고 설명했다. 송연 코팅이란 소나무에서 채취한 관솔을 태울 때 나오는 그을음을 용범(틀 혹은 거푸집)에 코팅해 주조하는 기술로, 이렇게 하면 주물의 표면이 상하지 않고 거푸집에서 잘 분리될 수 있다는 것이다. 곽 교수는 송연 코팅을 하지 않을 경우 세밀한 선각의 주조가 불가하며 지금까지 시도된 재현작업들이 모두 실패했던 원인이 바로 거푸집에 송연 코팅을 접목시키지 못했기 때문이라고 지적했다. 송연은 오늘날 주조시 거푸집에 바르는 화학성 도형제塗型劑 기능을 지닌 천연 도형제이므로 이를 사용하여 원본과 거의 유사한 국보경을 재현할 수 있었다.[11]

곽 교수의 복원품도 완벽한 것은 아니다. 이는 아직도 국보경을 어떤 방법을 사용하여 제작했는지 상세하게 알려지지 않았기 때문으로 볼 수 있다. 물론 국립중앙박물관 보존과학팀은 거푸집 재료가 활석이 아닌 모래였다고 밝힘으로써 국보경의 복원은 새로운 전기를 맞았다. 그럼에도 불구하고 고대인이 만들었던 국보경의 신비가 밝혀져 언제가 현대인들이 완벽하게 재현해 낼 수 있을지 궁금하다. 많은 사람들이 고려청자의 비취색에 심취하여 재현하려고 노력했음에도 아직 완벽하게 만들어내지 못하는 것과 마찬가지일지 모른다. 국보경 복원에 도전했던 한 장인은 "국보경은 사람이 만든 것이 아니다"라면서 그 정밀한 제작 기술에 대한 존경심을 드러냈는데 과학적 연구로 국보경의 제작 방법 등이 밝혀진다는 것은 신선하지 않을 수 없다.[12] 선조들의 탁월한 청동 제조 기술을 보면 절로 머리가 숙여진다. 그동안 동양의 작은 나라에 불과하다고 생각했던 한민족이 세계 최강의 기술 대국으로 솟아오를 수 있는 저력이 갑자기 생긴 것이 아니라 과거 우리 선조들의 빼어난 기술력 덕분이라는 말이 새삼 높게 느껴진다.[13]

04 황금보검

1973년 경주의 미추왕릉지구 계림로 14호분에서 세계를 놀라게 한 검이 발견되었다. 보물 제635호로 지정된 장식보검으로 일명 황금보검이다. 5~6세기에 제작된 것으로 추정하고 있는 황금보검은 길이 36cm, 최대 폭 9.3cm로 그다지 크지 않다. 전체 모양은 칼자루 끝장식이 반타원형이고, 칼자루의 폭은 반타원형 장식의 지름보다 좁다. 칼등은 가로 '一' 자형이고 칼집 입구는 역사다리꼴이며, 그 옆은 산 모양으로(원래 허리띠에 차도록 만든 고리를 붙인 것) 세계의 검 중에서 극소수만이 있는 특수한 형태다. 칼집은 끝이 넓으며, 칼집 위에 반원형 장식 금구로 구성된 단검으로 표면에 석류석 등의 귀금속과 누금세공 투각으로 전체가 장식되었다. 칼의 몸은 철제지만 의례용 패도로 만들어진 것으로 뒤쪽에는 장식이 없다. 표면에 보이는 무늬들은 나선무늬(그리스 소용돌이무늬), 로만로렐, 파무늬巴文, 메

황금보검

달무늬(비잔틴 기법), 테두리선(금으로 된 가는 선)이다. 나선무늬를 이루는 각 부분의 전체 바깥둘레와 메달의 틀, 공백 부분에 금 알갱이를 장식했다.

황금보검을 본 학자들이 놀라는 것은 이들이 신라와는 전혀 관련이 없을 것으로 추정되는 로마 기법으로 만들어졌다는 점이다. 신라 고분에서는 거의 예외 없이 누금세공 기법의 금제 장신구와 드리개가 출토되는데 그것들은 모두 황금보검에 사용된 것과 동일한 누금세공기법으로 만들어졌다.

황금보검 확대 그림

로마 기법으로 만든 황금보검

금속끼리 이어 붙이는 용접은 크게 융접과 납땜으로 나누어진다. 융접이란 서로 녹여서 접합하는 방법으로 부재 자체부에 녹는점이 다른 금속을 놓고 이것을 녹여서 합금화시켜 서로 이어붙이는 방법이다. 납땜이란 접합부에 녹는점이 다른 금속을 놓고 이것을 녹여서 합금화시켜 서로 이어 붙이는 용접법이다. 이밖에도 접합하고자 하는 부재를 서로 맞대고 강하게 압력을 가한 상태에서 가열하여 붙이는 압점도 있다. 납땜은 427℃를 경계로 하여 녹는점이 그 이하인 납을 사용하는 것을 연납땜, 그 이상의 납을 사용하는 것을 경납땜이라 하며 일반적으로 좁은 뜻의 용접은 융접을 가리킨다.

금제품의 세공에 사용되는 접합법에는 주로 금납을 사용한 납땜법이 적용된다. 금납은 금, 은, 동의 삼원합금을 주재료로 하여 만들며 유동성을 좋게 하기 위해 아연, 카드뮴을 첨가하기도 한다. 합금된 금은 순금보다 녹는점이 낮고 합금에 사용하는 금속의 종류를 조절하여 합금의 강도와 색상을 조절한다. 일반적으로 금세공에는 접합하려는 금합금보다 2K 정도 저 품위의 금납을 만들어 사용한다.

누금세공이란 금 입자와 금 세선을 사용하여 금제품의 표면을 장식하는 것이다. 이 기법은 기원전 2500년경 우르 왕조에서 시작되어 그리스 등지에서 발달한 것으로 중국에서는 한나라 시대에 성행했다. 이 기법이 한반도에는 한나라의 영향으로 낙랑을 통해 들어왔다는 설도 있다(낙랑 고분인 평양 석암리 9호분에서 출토된 국보 제89호 금제대구). 금을 세공할 때 사용하는 금 입자는 금 세선을 자른 후 가열하거나 금을 녹여서 채로 찬물에 내려 부으며 식히면서 만든다.

황금보검에 사용된 나선무늬는 그리스 소용돌이무늬라 불리는 전형적인 그리스·로마 시대의 테두리무늬로 그리스의 항아리 그림 등의 연속 번개무늬에서 시작되었다고 추정된다. 번개무늬가 점점 간략해져서 나선무늬로 변했고 누금세공 등의 테두리무늬로 사용되었다. 또한 로만로렐은 로마시대에 유행했던 무늬로 그리스 소용돌이무늬와 함께 테두리무늬의 기본적인 모티브다. 주로 금은제 그릇의 테두리와 보석장식은 물론 금, 은, 청동기 등 여러 공예작품 등에 사용되었다.

황금보검 중에서 가장 놀라운 부분은 세 개의 파무늬, 즉 태극무늬다. 여기에서 주목할 만한 것은 세 개의 태극무늬를 만들어낸 테두리 윤곽선도 금판에서 잘라낸 투각세공 기법이 사용되고 있다는 점이다. 일반적으로 태극무늬 안에는 다른 무늬를 새겨 넣지 않는다. 그런데 이 황금보검에 들어 있는 세 갈래의 태극무늬 안에는 꽃봉오리 모양의 장식이 들어 있다. 특히 각 공간에 매우 균형 있게 능숙한 방법으로 배치되었다는 점에서 이를 제작한 사람은 태극무늬를 자주 사용한 사람으로 의도적으로 황금보검에 태극무늬를 삽입했다고 추정된다.

황금보검의 제작지는 지금의 체코 · 폴란드 · 러시아 지방이다. 도나우강 유역의 체코와 슬로바키아 중심의 동부 유럽에는 켈트인이 주로 거주했다. 그런데 켈트 지역에서 제작된 이 보검이 정작 발견된 곳은 동부 유럽이 아니라 경주의 대릉원이다. 양 지역 사이의 거리는 약 8,000km로 오늘날의 교통수단을 경험한 현대인의 거리 감각으로도 까마득히 멀게 느껴지는 거리다. 로마 황금보검은 도로와 교통수단이 전혀 발달하지 못했던 고대에 8,000km의 거리를 넘어 경주의 지배자에게 전달되었다.

이러한 보물이 동유럽에서 신라까지 도달하기 위해서는 두 가지 방법이 있다. 하나는 켈트 지배자의 사절이 직접 신라로 가져오는 것이고 다른 하나는 신라의 사절이 켈트에 가서 지배자를 알현한 후 하사받은 보물들을 갖고 오는 것이다. 상인이 구입하여 경주의 지배자에게 판 것이 아니라고 생각하는 이유는 황금보검 정도의 세계 최상급 보검은 거래의 대상이 될 수 없다고 보기 때문이다. 적어도 이 정도의 제품이라면 최고의 의례적인 선물이라는 것이다.

그렇다면 경주로부터 8,000km나 떨어진 곳에 위치한 동유럽의 지배자가 황금보검을 계림로 14호분의 피장자에게 선물했다는 얘기인데, 누가 어떤 이유로 이런 보물을 선물했을까 그리고 당시 동유럽과 한반도의 신라는 어떤 관계에 있었을까 하는 의문이 생긴다. 이 의문에 대한 해답이 간단한 것은 아니지만 『삼국사기』, 『삼국유사』로 어느 정도 추론할 수 있다. 그것은 우리의 역사가 중국이 세계 5대문명 발상지라고 주장하는 요하문명부터 가야 · 신라의 북방기마민족 정착까지 연계되기 때문이다.

세계에서 가장 진귀한 황금보검

신라의 왕릉이 이미 도굴된 상태로 발견되는 경우가 많은데, 황금보검이 온전한 상태로 미추왕릉지구 계림로 14호분에서 발굴된 것은 큰 행운이다. 계림로 14호분이 알려지지 않은 것은 봉분이 흔적 없이 깎여 그 위에 민가가 들어서 있었기 때문이다. 도로공사를 하면서 배수로를 파려 했을 때 우연히 적석(돌무지)이 발견되어 본격적으로 조사가 이루어졌다. 14호분은 유명한 '미소 짓는 상감옥'이 출토된 미추왕릉지구 C지구 4호분에서 그리 멀지 않은 곳에 있다.

황금보검은 피장자의 가슴 위에 놓여 있었던 것으로 추정되지만 금관은 발견되지 않고 두 쌍의 금귀고리와 비취곡옥 2점, 눈에 녹색 유리구슬을 상감한 금제 사자머리 형상의 띠고리 2점, 마구와 철제 대검 등이 출토되었다. 『고분미술』의 〈도판해설〉에서 정징원 교수는 다음과 같이

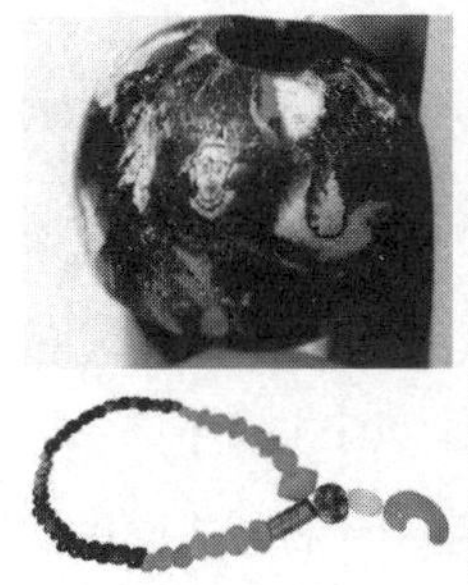
상감옥 목걸이

사자머리 형상의 띠고리

설명하고 있다.

이 보검장식은 1973년 6월 청동감 · 금제괴면장식 · 마구류 등의 다채로운 유물과 함께 피장자의 허리 부근에서 출토된 것으로 삼국시대의 유적에서 발견되는 여러 종류의 도검류와는 전혀 다른 형식의 비신라적인 유물이다. (중략) 이러한 보검장식은 지금까지 우리나라에서는 유례가 없던 것으로 중앙아시아의 여러 지역에서 이것과 유사한 실물자료가 출토될 뿐만 아니라 각종 벽화에 묘사된 예가 많이 있어 신라에서 제작된 것이 아니라 다른 지역, 예컨대 중앙아시아의 어느 지역에서 전래되어 들어온 유입품으로 생각된다. 따라서 이 보검장식은 금은 세공품, 유리제품 등의 타서방계 문물과 아울러 당시 서방계 문물의 전파 경로, 나아가서 신라의 대외교역 관계를 규명하는데 매우 비중 높은 일익을 담당할 수 있는 유물이다.

현재까지 알려진 황금보검과 비슷한 유물은 카자흐스탄의 보로워에에서 출토되어 현재 에르미타슈 미술관에 소장된 것뿐이라고 아나자와 우마메 교수는 설명했다.

1928년 카자흐스탄의 페트로파블로프스크 관구(현재 시추유틴스코주)의 보로워에에서 채석 작업을 하던 중 우연히 옛날 묘가 발견되었다. 이 묘는 길이 4.5m, 폭 1.5m, 무게 4톤이나 되는 거대한 화강암에 덮여 있었는데 이곳에서 유명한 동복 등 부장품이 발견되었다. 부장품으로는 단검, 화살촉, 창날, 고삐, 동제 버클, 금귀고리, 구슬류, 비늘 모양을 조각한 금박 조각은 물론 홍옥수와 석류석을 상감한 금 · 은 · 동으로 만든 여러 모양의 다채로운 장식의 금구 조각도 많이 발견되었다. 보로워에 검의 연대는 5세기부터 7

세기로 여러 가지지만 대체로 5세기설이 유력하다.

신라의 황금보검과 엄밀하게 꼭 닮았다고는 할 수 없지만 외형이 유사한 단검으로는 덴리산코관天理參考館에 소장되어 있는 이란 출토로 전해지는 은장 단검(사산왕조 페르시아식)과 이탈리아의 카스테로 트로지노의 랑고바르트족 묘지에서 출토된 금장 단검이 있다. 연대는 6세기 후반에서 7세기에 제작된 것으로 추정하는데 단검의 손잡이 끝은 황금보검과 흡사하다. 그러나 이 단검의 칼집 형태는 계림로검과는 전혀 다르고 크로와존네 장식도 없는 것을 볼 때 오리엔트 영향을 받은 비잔틴식 단검 또는 아시아계 아바르족에게서 전래된 것으로 추정한다.

요시미즈 츠네오 교수는 켈트식 태극무늬와 석류석을 상감한 보석 장식, 황금보검과 동일한 기법으로 만들어진 허리띠 금구 등이 우크라이나의 헤르손주 바시리에프카촌 고분 등에서 출토된 것을 감안하여 황금보검이 어떤 식으로든 켈트 지역의 지배자와 관련 있다고 주장했다. 즉, 황금보검을 주문한 사람은 켈트파(태극무늬)의 의미를 잘 알고 황금보검에 이 문양을 넣어달라고 주문했다는 것이다.

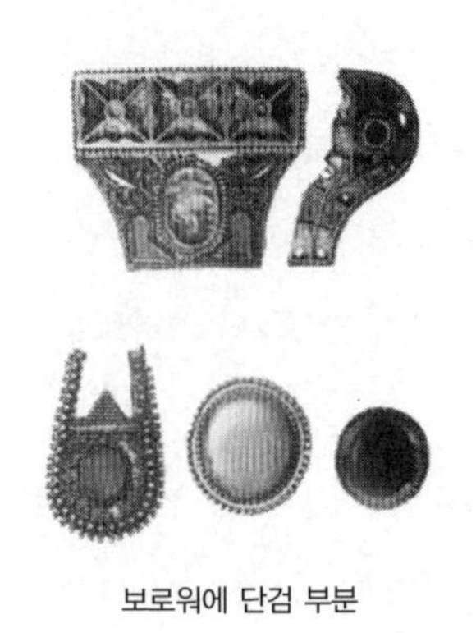
보로워에 단검 부분

그렇다면 켈트 지역의 지배자가 최고 의례적인 선물인 황금보검을 계림로 14호분의 피장자에게 어떤 이유로 선물했을까하는 의문이 생긴다. 요시미즈 츠네오는 그 해답을 '미소 짓는 상감옥'과 비잔틴 귀금속 상감팔찌, 황금보검과 함께 출토된 사자머리 형상의 버클에서 찾았다. 특히 황금으로 만든 사자

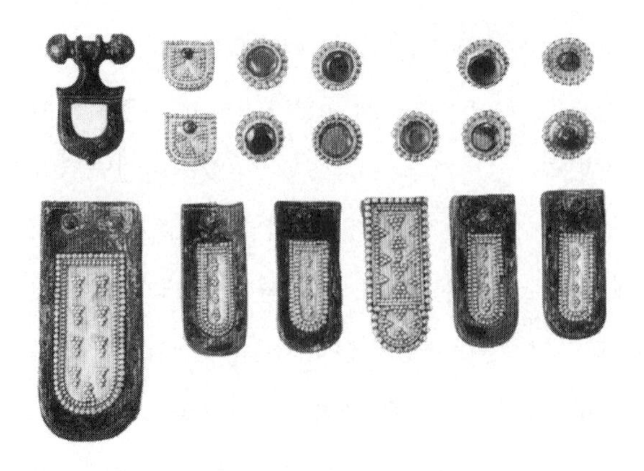

황금보검과 제작기법이 같은 버클

머리 버클은 계림로 14호분에서 출토된 유물 중 황금보검을 제외하고, 유일하게 로마의 단조금 기법으로 만들어진 것이다. 그런데 금제 사자머리 형상의 버클에서 볼 수 있는 주위의 돌기 장식은 그리스 · 로마의 사자머리 형상에만 있는 독특한 것이다. 기원전 4세기경부터 서기 5세기경에 걸쳐 그리스 · 로마 세계에서는 각종 고리 장식에 사자머리 형상을 사용하는 것이 유행했다.

이러한 정황을 감안하여 요시미즈 츠네오는 황금보검을 주문한 사람은 켈트족 지배자로 도나우 강 남부의 트라키아 지방에 근거지를 갖고 있었다고 추정했다. 켈트인의 본거지는 중부 유럽인 지금의 오스트리아, 체코, 슬로바키아, 헝가리 지방이다. 이들 중 일부는 이베리아 반도와 이탈리아 북부로, 일부는 잉글랜드와 아일랜드로, 일부는 트라키아와 소아시아로 이주하여 각각의 지방에 정착했다.[1]

특히 그리스시대부터 로마시대에 걸쳐 트라키아 지방에 정착한 켈트인은 한 발 앞서 그리스 · 로마 문화를 받아들였다. 그런데 그리스시대

이래로 트라키아에서는 금은세공이 발달했고 누금세공 장신구도 고도로 발달했다. 로마인들은 켈트인을 켈타에 또는 갈리아인이라고 불렀다. 켈트인은 큰 키에 금발, 푸른 눈에 피부가 하얀 사람이라고 하는데 '미소 짓는 상감옥'에 새겨진 사람과 유사한 모습이다. 켈트인은 셔츠, 튜닉, 바지를 입었고 겨울에는 모직 외투, 여름에는 얇은 망토를 입었다. 그리고 동료들끼리 싸울 때는 바지만 입고 상반신은 벗은 채였다고 알려졌다. 또한 노예는 여름에 바지만 입고 작업을 했는데, 황남대총 북분에서 발견된 동물무늬 은잔에는 상반신은 벗고 바지를 입은 노예풍의 인물이 묘사돼 있다.

이들 유물들은 하나같이 신라 유적지에서만 출토되었다. 고구려, 백제, 중국에는 그와 비슷한 유물들이 출토되지 않았다. 이것은 이들 유물의 목적지가 오직 신라였다는 것을 의미한다. 한 가지 염두에 둘 것은 위에 열거한 지역들이 고대 서역에 포함된다는 것이다. 한국 고대사에서 제3세계는 서역이다. 서역은 지리적으로 중국의 서쪽에 있는 나라로 동방세계의 민족과 문화가 다른 제3세계를 의미한다. 사마천의 『사기』에 다음과 같은 글이 있다.

> 천하에 많은 것이 3개가 있는데, 중국에는 사람이 많고, 대진(로마)에는 보물이 많으며, 월지(아프가니스탄 북부 · 투르크메니스탄 · 우즈베키스탄 남부)에는 말이 많다.

사마천에 의하면 서역은 주로 중국 서부를 말하는데 로마까지 포함된다고 볼 수 있다. 서역이란 명칭은 『한서』에 처음으로 나타나는데 한무제 때 장건張騫이 흉노에 대항해서 대월지로 파견된 후 이룩된 서역경영

장건의 서역여행

開始西域之跡으로 알려진 문화권으로 50여 개의 군소 국가의 총칭이다. 서역이라 할 때는 대체로 협의의 서역을 일컬어 중국의 신강성 서부(타림분지)를 지칭하는 동투르키스탄, 키르기스스탄, 타지키스탄을 비롯하여 카자흐스탄, 우즈베키스탄 남부, 투르크메니스탄 동부, 아프가니스탄 · 파키스탄 북부의 서투르키스탄을 포함하는 지역(중앙아시아)을 의미한다. 이들은 대체로 중국과 전통적인 대외관계인 조공으로 관계를 유지한 지역이다. 그러나 서역은 시대에 따라 그 범위가 넓어져 위에 설명한 지역을 포함해 광의의 서역을 이야기할 때는 천축(인도) · 파사(페르시아 · 이란) · 안식(이란 북부) · 대식(아라비아) · 사자국(실론) · 불름(대진 · 동로마) 등을 포함하는 등 광대한 지역을 의미하지만 지리적 · 문화적 의미의 동류 개념으로 설명되기도 한다. 결국 서역을 지칭할 때 당대의 패자로 알려진 로마도 포함된다.[2]

신라에서 출토된 금은제품을 비롯해 여러 기물의 디자인이 로마풍이기는 하지만 세부 내용은 약간 다르다. 이는 신라에서 독자적으로 만들어진 특산물임을 보여준다. 이것은 디자인과 기술이 어떤 방법으로든 로마로부터 도입되어 로마 양식의 기물이 신라에서 만들어졌음을 반영한다. 로마세계의 기술이 신라에 들어온 후 신라 문화와 결합되었다. 결국 트라키아 켈트 지역의 사절이 보검과 기술자들을 함께 데리고 와서 신라인에게 동로마제국의 기술을 전해주었을지도 모른다는 것이다. 불가사의한 일이 아닐 수 없다.

불가사의를 풀어본다

신라지역에서 황금보검이 발견된 불가사의 때문에 당연히 이런 의문이 든다. 도대체 동유럽의 어떤 지배자가 무슨 이유로 극동의 마지막 국가로 알려진 신라에 유명한 로마의 기술을 전수해 주려 했느냐는 점이다. 우선 요시미즈 츠네오는 이 부분에서 흥미로운 가설을 제안했다. 이들 간의 교류를 북방 기마민족인 훙노가 안내했다는 것이다.[3] 세계에서 가장 진귀한 황금보검이 트라키아 지방에서 신라지역에 도착하는데 훙노가 개입되었다는 것은 많은 점을 시사해준다. 미스터리 해결의 단초는 훙노가 누구인지를 이해하는 것이다.

우리나라 사람들이 고구려에 대해 강한 매력을 갖는 것은 중국의 광대한 영토를 한민족으로 구성된 강한 군대로 마음껏 뛰어다녔다는데 있다. 일반적으로 한국인들은 한민족이 세계 문명사에 기여한 것이 거의 없이 중국 등으로부터 수혜만 받았다는 스몰 콤플렉스small complex를 갖고 있는데 이를 고구려가 해소시켜주기 때문이다. 고구려는 불리한 지리적 여건에 있으면서도 계속 영토 확장 정책을 폄으로써 한민족 역사상 가장 광대한 영토를 영위했다. 광개토대왕(375~413년)의 경우 즉위 초부터 정력적인 정복사업을 벌려 당시 고구려의 영토는 서쪽으로 요하, 남으로는 한강 유역에까지 미쳤으며 북으로는 개원, 동으로는 옥저와 예를 차지했다. 학자들은 일반적으로 광개토대왕과 장수왕 시대에 옛날 고조선이 영위했던 영토를 거의 전부 차지했다고 추정한다.

광개토대왕과 장수왕이 동양에서 치열한 정복사업을 벌일 때 서양에서도 한민족과 친연성親緣性이 있다고 추정되는 기마민족 훈Hun이 서양 문명사를 새로 쓰는 정복사업을 벌이고 있었다. 유럽의 중세는 강력한 훈족이 서유럽의 본토를 침공하여 게르만족 대이동을 촉발시킨 사건을 그 시발로 삼고 있다. 서기 375년 기마민족인 훈족이 볼가강을 건너 게르만족인 동고트를 공격하자 동고트는 서고트를 공격했고 서고트는 로마 영토로 무작정 들어가 보호를 요청했다. 로마 영토 안에서 게르만족이 살게 된 지 100여 년 후인 476년에 찬란한 로마 문명은 게르만인 오도아케르에게 멸망한다. 이후 게르만족은 서유럽과 아프리카 북부의 각지로 분파되면서 새로운 정착지를 기준으로 새로운 국경들이 만들어졌고 대부분 현재까지 이어진다. 서유럽의 국경이 새로 만들어졌다는 것은 사실상 훈족에 의해 유럽에 새로운 질서가 도입되었다는 것을 뜻한다.

세계 각지에서 발굴된 유물과 사료에 의하면 훈족은 한민족과 친연성이 있다는 사실이 속속 밝혀지고 있다. 훈족은 흉노(Hsiung-nu, 북방 기마민족을 통칭함)가 원류로 기원전 3세기 진시황 시대부터 중국 중원을 놓고 혈투를 벌이면서 심한 부침이 이어지는데 이 와중에서 흉노에 속해 있던 한민족의 원류 중 한 부류는 서천西遷하여 훈족으로 성장했고 또 한 부류가 한반도 남부지역으로 동천東遷하여 가야 등을 건설했다는 것이다.

대다수 한국인들은 '흉노'라는 이름에 거부 반응을 일으킨다. '흉匈'은 오랑캐를 뜻하고, '노奴'는 한자에서 비어卑語인 종이나 노예의 뜻으로 그들을 멸시하는 의도에서 흉노로 불렀다고 알려졌기 때문이다. 흉노에서 흉匈자를 떼어내고, 선비鮮卑에서도 비卑자를 떼어내고 읽어야 한다는 주장도 있다. 그러나 흉匈자는 훈(Hun 또는 Qun)에서 따온 음사이며,

훈은 퉁구스어로 사람, 군중, 천재의 아들이다. 또한 상식적으로 생각해 봐도 흉노가 노예와 같은 오랑캐라는 뜻이었다면 흉노 제국이 이런 이름을 용납했을 리 없다. 특히 진나라 뒤를 이어 한漢이 흉노에게 조공하는 입장에서 상대를 비하하는 뜻으로 흉노라 칭할 수는 없었을 것이다.

흉노에 대한 설득력 있는 해석은 고구려 초기에 '나那' 나 '국國' 으로 표기되는 집단들이 상당수 있었다는 점에서 유추할 수 있다. 이때의 나那는 노奴 · 내內 · 양壤 등과 동의어로, 토지土地 혹은 수변水邊의 토지를 의미했다. 고구려의 5대 부족인 절노부絶奴部 · 순노부順奴部 · 관노부灌奴部, 貫那部 · 소노부消奴部, 涓奴部에도 흉노와 마찬가지로 노奴자가 들어 있다. 이들은 고구려 성립 이전에 압록강 중류 지역 부근에 자리 잡은 토착세력으로 고구려에 정복 · 융합된 것으로 추정된다.

또한 원대元代의 극 〈공작담孔雀膽〉 대사 중에 나오는 노奴나 아노阿奴의 어의는 남편을 지칭하는 낭郞이나 낭자(郞子, 그대, 그이, 낭군)의 뜻이다. 즉, 노는 사람에 대한 호칭으로 사용되었다. 이제 흉노의 어감과 이미지가 좋지 않다는 선입관을 버려도 좋을 것이다. 여기에서 흉노와 훈족에 대해 자세하게 설명하지 않으며, 세계 3대 정복자 중에 한 명인 아틸라(Attila, 395~453년)에 대해서만 설명한다.[4]

세계 3대 제국을 건설한 아틸라

광개토대왕이 태어난 지 20년, 즉 훈족이 서유럽을 침공한 지 20년이 지난 395년에 칭기즈칸, 알렉산더 대왕을 이어 세계 3대 제국을 건설한 아틸라가 탄생한다. 아틸라가 태어났을 때 로마는 다른 야만족과는 달리 훈족에게 호의적으로 대했다. 훈족이 나타나기만 하면 각 민족은 도망가기에 바빴는데 훈족에 쫓기는 게르만족은 아이러니하게도 로마의 적이기도 했다. 그러므로 로마는 훈족에게 공물을 주어 화친을 맺은 후 훈족으로 하여금 게르만족의 반란이나 소요사태를 제압하도록 했다. 야만인들을 이용하여 야만인(게르만족)들을 제어하는 전략이었다.

영화 〈아틸라〉

아틸라의 생애는 로마의 역사가 프리스쿠스나 요르다네스에 의해 알려져 있다. 훈족과 로마의 우호적인 관계는 아틸라가 태어난 후 훈족의 왕자이면서도 로마의 궁정에서 자라는 계기가 된다. 당시에는 귀족과 제후의 자식을 이국의 궁정에 보내 생활하게 하는 것이 관례였는데, 아틸라는 410년경부터 서로마 황제 호노리우스가 수도로 삼은 라벤나 궁정에서 생활했다.

434년에 삼촌인 훈족 왕 루가가 사망하자 전통에 따라 형 블레다와 아틸라 두 명이 왕이 되었다. 새로운 훈족의 지배자가 된 블레다와 아틸라는 자신들의 힘을 대내외로 천명할 필요가 있었는데 이때 걸려든 것이 동로마였다. 435년 동로마가 훈족에게 보내야 하는 공물의 납기가 번번이 지체되자 동로마로 진격하기 시작했다. 동로마는 자신들의 실수를 재빨리 인정하고 마르구스에서 공물을 두 배로 올린다는 평화협정(블레다와 아틸라는 동로마 사절단에게 말을 탄 채 회담을 하자고 요청했고 동로마는 순순히 응했다)을 맺는다. 이 협정은 훈족에게 획기적인 의미를 갖는다. 훈족이 동로마의 허락 하에 로마 밖의 중부 · 동부 유럽 지역의 지배권을 공식적으로 확보했기 때문이다. 서로마로부터는 서고트인들에 대한 경찰권을 확보하여 사실상 당시의 세계 패자는 훈족이라고 볼 수 있다. 동로마와의 평화협정으로 전력에 여유가 생긴 아틸라는 라인 강 왼쪽에 있는 부르군트로 진격한다. 이 전투로 부르군트족은 철저하게 패배하며 군터 왕도 전사했다. 이 역사적인 사실이 민담으로 전해졌고 수백 년 후 게르만족의 대서사시 『니벨룽겐의 노래』로 나타나며 바그너는 세계에서 가장 긴 오페라 〈니벨룽겐의 반지〉를 작곡한다.

443년에 블레다가 갑자기 사망하자 아틸라가 훈족의 단일 지도자로 등장하여 당대의 패자가 되는데 아틸라가 지배한 지역은 남쪽으로는 도나우 강 남쪽의 발칸 반도, 북쪽으로는 발트 해안, 동쪽으로는 우랄산맥, 서쪽으로는 프랑스에 이르는 실로 광활한 영토에 걸쳐 있었으며 치하의 종족 수만도 45여 족에 이르렀다.

이때 아틸라가 국제전에 개입하게 되는 여인이 등장한다. 450년에 서로마 황제 발렌티니아누스 3세의 누이인 호노리아가 동생을 황제직에서 밀어내는 공작을 추진하다가 음모가 사전에 발각되어 동로마의 수도원으로 보내졌다. 그러나 호노리아는 어릴 때부터 잘 알고 있는 아틸라에게 자신의 금반지를 보내면서 구원해달라고 했다. 당시에 반지를 보내는 것은 구혼을 뜻하는데 호노리아가 진담으로 자신과 결혼하자는 것을 확인한 아틸라는 서로마 황제인 발렌티니아누스 3세에게 지참금으로 로마제국의 절반을 요청했다. 그러나 발렌티니아누스는 호노리아를 다른 남자와 결혼시킨 후 아틸라의 요청을 거절한다.

서로마로부터 배신당했다고 생각한 아틸라는 451년에 서로마 제국을 공격했다. 아틸라가 지금의 벨기에, 프랑스의 메츠, 랑스, 오를레앙 등 갈리아 지역을 파죽지세로 점령한다. 아틸라가 서로마의 근거지까지 접근하자 아틸라의 친구이자 '최후의 로마인'이라 불리는 아에티우스를 총사령관으로 임명하고 훈족과 적대관계에 있는 게르만족들을 규합하여 대항했다.

451년 6월 20일 프랑스의 트루와 시(파리 동남쪽 약 210km) 서쪽으로 7~8km 가량 떨어진 곳에서 세계 15대 전투 중에 하나로 불리는 살롱 대전투가 벌어졌다. 살롱 대전투는 전사자가 15만 명에 달했을 정도로 각 진영이 20여만 명이나 되는 대규모 병력을 동원했는데 전투의 결과는 서양문명으로 보아서는 매우 다행한 일이었다. 뒤집어 말하면 살롱 대전투는 쌍방 간에 엄청난 사상자를 냈지만 결과는 무승부였다.

아틸라는 살롱 대전투에서 승패가 나지 않자 곧바로 근거지인 판노니아(헝가리)로 철수했다가 다음해인 452년 또다시 서로마로 침공했다. 이번에는 이탈리아 반도였다. 서두에 아퀼레이아를 점령하여 철저히 파괴한 후, 파두 · 베로네 · 피비 등 북이탈리아 전역을 싹쓸이했다. 훈족의 공격에서 도망쳐 나온 사람들이 해안지역에 모였을 때 '베니에티암'(Veni etiam, 나도 여기에 왔다)이라고 말했는데 베니에티암이 현재의 베네치아Venezia가 되었다.

그러나 아틸라의 종말 즉 훈족의 종말은 너무나 어이없었다. 453년 58세의 아틸라는 일디코 또는 힐디코로 불리며 『니벨룽겐의 노래』에서 크

살롱 대전투가 벌어진 트루와 평원

헝가리 화가 페렌츠 퍼츠커의 〈아틸라의 죽음〉

림힐트로 알려진 게르만 제후의 딸과 결혼식을 올린 다음날 아침에 시체로 발견된다. 일설에는 부르군트족인 일디코가 자신의 가족들이 훈족에게 살해된 것에 앙심을 품고 그가 잠들자 살해했다고 말하지만 학자들은 결혼식 날 과음으로 인한 질식사 또는 후계자 문제를 둘러싼 암투로 살해되었다고 추정한다. 강력한 지도자인 아틸라가 죽자 아들인 덴기지크가 훈족의 통일 지도자가 되었지만 덴기지크는 아틸라와 같은 카리스마가 없었다. 아틸라와 생사를 같이 했던 종족들이 덴기지크의 지휘에 불만을 품고 등을 돌리자 469년 동로마에게 치욕적인 패배를 당하고 역사에서 사라진다.

로마에 패배한 대다수의 훈족은 그들이 왔던 동쪽의 카스피해 북부로 귀향한다. 반면에 일부 훈족은 러시아 남쪽과 크림 지역에 정착하면서 유목생활을 포기했고 몇몇 훈족은 프랑스, 스위스 등지에 정주한다. 특히 훈족의 일부가 발라니아에 잔류했다가 후일 마자르 인들과 융합하여 헝가리 민족이 형성되었다고 추정하며, 유럽에 나라 없이 떠돌던 집시들이 이들의 후예라는 설도 있다. 트란실바니아(루마니아)에 있는 세켈리족은 자신들의 선조가 훈족이며 아틸라의 후손이라고 믿는다.

아틸라의 모습은 449년 동로마 사절단의 일원으로 아틸라의 궁정에 머무르면서 아틸라와 여러 번 직접 대면한 그리스인 프리스코스가 상세하게 묘사했다. 프리스코스는 현재는 일부만 남아 있는 『비잔티움사』 7권을 저술했는데 아틸라가 전형적인 훈족의 모습으로 '몸집이 작은 남자, 가슴은 넓고 머리는 컸으며 눈은 가늘게 찢어졌고 코는 납작했으며 광대뼈가 튀어나왔으며 숱이 적은 턱수염을 갖고 있다' 고 적었다. 아틸라가 한민족과 같은 모습을 갖고 있음을 확연히 보여준다.

아시아인이 유럽을 침공한 것은 몽골의 칭기즈칸, 페르시아의 다리우스, 훈족의 아틸라 이렇게 세 명을 꼽는다. 그러나 칭기즈칸은 서유럽 본토를 침공하지 못한 채 폴란드에서 갑자기 철수했고 다리우스는 그리스 반도를 침략하다가 실패했다. 반면 아틸라는 프랑스 중부에 있는 오를레앙을 점령하는 것은 물론 로마제국 본토의 심장부까지 쳐들어갔다. 아틸라가 서유럽의 중심부를 침공하여 석권했다는 것을 시기하는 듯 아틸라는 '잔인함과 약탈자이자 파괴자' 라는 수식어와 함께 따라 다닌다. 이와 같이 아틸라가 서양인들로부터 극심하게 비난의 대상이 되는 것은 동양인이 프랑스 · 이탈리아 등 서유럽의 심장부까지 점령하는 등 서양인들의 자존심을 건드렸기 때문으로 추정한다.

유목민들은 부족 단위로 각자의 생활을 영위하므로 작은 인원일 경우에는 결속이 잘되지만 부족의 숫자가 많을 경우 하나로 단결되는 것이 쉬운 일이 아니다. 그럼에도 불구하고 아틸라는 자신의 휘하에 45개 부족이 있었음에도 일사불란하게 모든 부족들을 지휘했다. 살롱 대전투에서 훈족 자체의 병사는 1만여 명으로 추정하는데도 20여만 명이나 되는 대군을 동원했다는 것은 아틸라의 탁월한 능력이 아니면 불가능한 일이다. 아틸라가 사망하자마자 훈제국이 붕괴했다는 것은 후계자들이 아틸라와 같은 카리스마를 갖지 못했기 때문이다.

4~5세기는 동서양에서 커다란 변혁이 일어난 시기로 서양에서는 훈족이 로마제국을 호령했고 동양에서는 고구려가 아시아 동북방을 호령했다. 훈족은 고구려보다는 가야(변한), 신라(진한)와 친연성親緣性을 갖

고 있지만 이들 모두 한민족임은 두말할 나위 없다. 아틸라와 광개토대왕이 거의 비슷한 시기에 동 · 서양에서 두각을 나타낸 것은 한민족이 세계 문명사에서 큰 기여를 했음을 뜻한다.

황금보검이 제작된 곳은 375년부터 게르만족 대이동을 촉발시킨 훈족의 근거지인 동시에 세계 3대 제국을 건설하면서 유럽을 공포에 몰아넣은 아틸라의 근거지이기도 하다. 또한 황금보검은 아틸라가 유럽을 제패하고 있던 4~5세기에 그리스 · 로마 · 이집트 · 서아시아에서 유행하던 장식검으로도 유명하다. 아틸라를 비롯한 훈족의 주력 세력이 한민족과 친연성이 있다면 동로마제국에서 만들어졌다는 황금보검이 신라로 전해졌다는 것이 그다지 무리한 일이 아니라는 추정도 가능하다.

황금보검은 말한다

신라고분에서는 어김없이 금귀고리, 목걸이, 팔찌, 반지 등 금은제품들이 출토된다. 여기에서 출토된 장신구의 디자인, 기법, 기술은 로마에서 비롯된 누금세공 기법임은 앞에서 설명했다. 그런데 로마에서 출토된 장신구와 비교하면 세부 의장에 약간의 변화가 있으면서도 기술적으로는 그리스 · 로마의 누금세공에 비해 다소 거칠게 마무리되었음을 알 수 있다. 귀고리의 경우 신라의 귀고리, 기원전 4세기 헬레니즘 시대의 귀고리, 그리스 · 로마식 귀고리를 비교하면 신라의 것이 다소 간단한 형태다. 디자인의 기본 요소인 드리개는 비슷하다. 둘의 차이는 시간의 경과로 나타난 변화이기도 하지만 그것들을 만들기 위한 의장과 기술 도입으로 일어난 당연한 변화이기도 하다고 요시미즈 츠네오는 지적했다.

이와 같은 그리스 · 로마의 누금세공 기법이 유독 신라에서만 발견된다는 것은 로마에서 이 기술이 도입되었다는 것을 증명한다. 그리스 · 로마 문화를 흡수한 지역의 지배자와 신라 지배자 간의 관계는 의례적인 사신을 파견하는 정도가 아니라 기술자를 파견해서 당대 최고의 기술을 전수해줄 정도로 그 관계가 밀접했음을 보여준다. 당대에 8,000km를 건너 사신을 파견하고 기술자가 왕래하는 것이 가능했을까?

앞에서 설명했지만 흉노라는 매개자를 통하면 신라와 훈족의 지배자와도 연계가 가능하다. 우즈베키스탄 사마르칸트에 있는 아프라시압 궁전 벽화에 보이는 신라 사신의 모습은 과거의 문물 교류가 오늘날 우리가 선입견을 갖는 것처럼 좁은 범위에 갇혀 있는 것이 아님을 보여준다. 북방 초원 지대에 인위적인 국경선이 존재하지 않았던 과거에 기마민족들은 오늘날의 우리보다도 훨씬 거칠 것 없는 거리 감각과 공간감을 가지고 자유로운 소통을 누렸을지 모른다. 즉, 신라에서 트라키아 지방에서 만들어진 동로마제국의 황금보검이 발견되었다는 것이 결코 황당한 일이 아니라는 점은 분명하다. 트라키아 지역에 근거지를 둔 훈족과 신라의 친연성을 인식한다면 다음 시나리오가 가능하다.

중국과 혈투를 벌이던 흉노의 지배자가 중국과의 전투에서 궁지에 몰리자 일족을 이끌고 두 갈래로 분지된다. 한 갈래는 서쪽으로 달려 동유럽까지 다다르고 다른 한 갈래는 동쪽인 신라(가야 포함)에 정착한다. 이들은 서로 떨어져 있어도 같은 혈족임을 잊지 않는다. 그 후 서쪽에 정착한 흉노의 한 갈래가 훈족의 실질적인 지배자가 되었는데 동쪽으로 간 다른 한 갈래가 신라의 지배자가 되었다는 것을 알게 된다. 이들이 신라의 지배자에게 북방 초원길을 통해 트라키아의 보물인 황금보검을 전달하는데 이들이 김일제의 일족일 수도 있다. 김일제에 대해서는 〈주인과 함께하는 순장〉에서 구체적으로 설명한다.

물론 신라에서 훈족의 지배자로부터 황금보검을 선물받기 위해 신라의 사신들이 초원길을 통해 트라키아의 훈족 근거지를 방문하여 훈족의 지배자를 직접 만났을 가능성도 있다. 이들은 이후에도 기술자를 직접 파견하여 당대 최고의 기술을 주고받을 정도로 밀접한 관계를 유지했다. 신라와 트라키아의 훈족 간에 친연성이 있다는 대전제를 이해한다면 동유럽에서 훈족의 지배자가 어떤 경로든 어떤 명분이든 신라 왕가에게 선물을 전달했다는 것도 자연스럽게 설명된다.

그렇다면 훈족의 누가·트라키아와 신라와의 친선을 위해 황금보검을 비롯한 로마의 보물을 선물했을까 하는 의문이 들지 않을 수 없다. 이 질문에 대한 해답을 현재 명확하게 규명할 수 없음은 자명하다. 그런데 『로마제국 쇠망사』를 쓴 에드워드 기번은 매우 놀라운 정보를 우리에게 알려준다.[5] 그는 아틸라에 대해 다음과 같이 적었다.

> 만일 지구인을 문명인과 미개인, 농경민과 유목민으로 나눈다면 아틸라야말로 야만족의 최고이자 유일한 왕이라는 칭호를 붙일 수 있을 것이다. 고금을 통한 모든 정복자 중에서 게르만과 스키타이라는 강대한 두 왕국을 통합하여 통치한 것은 오직 아틸라뿐이다. 아틸라의 지배권이 동쪽의 어디까지 미쳤는지는 정확하지 않지만 다음은 확실하게 말할 수 있다.
>
> ① 볼가 강변까지 확보했다
> ② 훈족의 왕은 전사戰士로서 뿐만 아니라 마술사로서도 두렵게 여겨졌다.
> ③ 무서운 쥬젠(유연柔然)도 아틸라가 공격하여 격파했다.
> ④ 중국의 제국과 대등하게 동맹관계를 맺고자 사절을 파견했다.

기번은 아틸라가 자신의 통치 기간 중에 동양의 중국으로 사절을 파견했다고 적었다. 당시 중국은 육조六朝와 오호십육국五胡十六國 시대였다. 이 시기는 아틸라가 로마를 제압하고 있을 때이므로 그가 동맹관계를 맺기 위해 사절을 파견했다면 상당한 선물이 전해졌을 것이다. 그런데 중국에서는 로마의 유물이 거의 발견되지 않는다.

일부 학자들은 아틸라가 사신을 보낸 대상은 중국이 아니라 신라일 수도 있다는 가능성을 제기한다. 신라에서 발견된 황금보검도 이때 신라로 유입된 것으로 추정한다. 특히 아틸라 통치 시대가 5세기 중엽이므로 시기적으로도 황금보검의 제작년도와도 유사하다는 점도 주목할 만한 사실이다. 이 부분은 앞으로 계속 연구될 사항이지만 매우 신선한 내용임이 틀림없다.

이러한 설명에 의하면 당대의 신라와 신라인에 대해 우리가 가지고 있는 이미지를 수정해야 한다. 먼저 신라는 한반도의 동쪽 끝에 자리한 고립된 나라가 아니었다. 당대의 신라는 중국과의 교류에 크게 신경 쓰지 않는 듯한 모습을 보였다. 그동안 학자들은 신라의 이러한 모습을 낙후성으로 해석하기도 했다. 하지만 신라는 중국과의 교류에 매달리지 않았기 때문에 낙후되었던 것이 아니라 초원길을 통하여 중앙아시아, 그리스 · 로마 문화와 교류하면서 동북아시아에서 특별한 문화를 독자적으로 소화시키면서 발전해나가고 있었다.

학자들은 신라인이 그 구성 과정에서 여러 민족이 여러 시기에 걸쳐 혼합된 민족이라고 설명한다. 선사시대先史時代부터 살면서 수많은 고인돌을 남겨 놓은 토착 농경인들, 기원전 3세기에 진秦나라의 학정을 피해 이민해 온 사람들, 기원전 2세기에 이주해 온 고조선古朝鮮의 유민들, 고구려에게 멸망당해 낙랑樂浪에서 내려온 사람 등으로 구성된 민족의 토대 위에 북방 기마민족인 흉노계까지 합류함으로써 신라인을 구성하고 그 문화의 다양성을 키웠다. 이렇게 축적된 문화의 다양성이 신라가 삼국을 통일할 수 있었던 원동력이 되었다고 볼 수도 있다.

최근에 놀라운 사실이 발견되었다. 그동안 황금보검에 사용된 보석이 마노로 알려졌는데 정밀 측정에 의해 석류석garnet으로 밝혀졌다. 그런데 프랑스 루브르박물관의 연구에 의하면 황금보검이 생산되던 시기의 트라키아에서 발견되는 장식류를 장식하는 석류석의 생산지가 놀랍게도 스리랑카와 인도라는 것이다. 로마에서 스리랑카 또는 인도에서만 발견되는 석류석을 사용했다는 것은 이 당시에 로마와 이들 국가와는 어떠한 경로로든 무역로가 개통되어 있다는 것을 의미한다. 학자들은 황금보검에 사용된 석류석도 이들 지역에서 출토된 것으로 추정한다. 황금보검의 석류석이 인도나 스리랑카 산이라고 추정한다면 황금보검이 트라키아에서 신라까지 전달되는 과정은 북방 초원지대만이 아니라 트라키아, 스리랑카(인도), 신라를 연결하는 해상로를 거쳤을 개연성도 충분히 존재한다. 즉, 한국에서 발견된 트라키아의 황금보검이 북방 초원로를 통과하지 않고 로마와 인도를 통해 신라로 전해졌을 가능성도 열어놓는다.

그동안 많은 사람들이 김수로의 왕비인 가야의 허왕옥이 인도에서 왔다는 이야기에 의문을 제기하곤 했다. 2,000년 전에 어떻게 인도에서 신

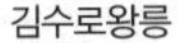

김수로왕릉

김수로왕비릉

라까지 해로로 올 수 있느냐는 반문이다. 그러나 당대에 로마에서 인도까지 해로가 열려 있었다면 허왕옥이 인도에서 신라까지 왔을 가능성도 배제할 수 없게 된다. 이 부분을 자세히 밝히기 위해 현재 한국과학기술연구원에서 심층적인 연구를 기획중이다. 이처럼 경주에서 발견된 로마 황금보검은 신라가 한반도 동쪽 끝에 자리한 궁벽한 나라가 아니라, 세계성을 지닌 나라였음을 보여주는 유물이며 우리 민족 구성의 다양성을 보여주는 유물이다.

05 한국인의 상징 소나무

우리나라에는 현재 식물과 관련해서 200건에 가까운 천연기념물이 지정되어 있는데 대부분이 오래되거나, 모습이 아름답거나, 역사적으로 기념할 만한 사연을 가진 나무들이다. 이 중에서 한국 사람들이 가장 사랑하는 나무는 소나무라고 해도 과언이 아니다. 애국가에도 나와 있듯 소나무는 지조와 절개, 강인한 생명력을 상징하며 민족적 정서로 승화된 민족의 나무다. 혹자는 우리 문화를 '소나무 문화'라고도 일컫기도 한다. 또한 소나무는 옛날부터 절개의 표상으로 시나 산수화의 단골 소재였다.

이 몸이 죽어가서 무엇이 될고하니
봉래산 제일봉의 낙락장송 되었다가
백설이 만건곤할 제 독야청청하리라

사육신 중에 한 명인 성삼문이 태종 이방원에게 지조를 굽히지 않겠다고 말하면서 소나무를 거론한 것도 소나무야말로 선비의 지조와 정절을 뜻한다고 생각했기 때문이다. 특히 강원도 영월에 있는 단종의 능에 있

단종의 능을 향해 굽어 있는 소나무

는 소나무는 모두 능을 향해 읍을 하듯 굽어져 있어 소나무가 왕의 죽음에 대한 충절과 애도의 표시라는 증거로도 자주 설명된다. 같은 맥락으로 경기도 남양주시의 사릉思陵에 있는 소나무는 동쪽으로 뻗은 가지가 유달리 많은데 그것은 사릉의 주인공인 단종 왕비 송씨의 애절한 뜻을 알고 그 나무 가지들이 영월의 단종 능을 향하고 있다고 풀이할 정도다.[1]

역대 최고의 문인화로 사랑 받고 있는 추사 김정희의 세한도歲寒圖, 오늘도 복원작업이 계속되고 있는 조선의 정궁正宮 경복궁, 그리고 한국인이면 누구나 귀에 익은 십장생, 완전히 이질적으로 보이는 이 세 가지가 갖고 있는 공통점은 바로 소나무다. 조선의 궁궐은 오직 소나무만으로 지어졌다. 이 땅의 나무 중에서 가장 쉽게 얻을 수 있는데다 가장 강한 목재이기 때문이다. 이같은 전통 때문에 경복궁 복원 공사에는 소나무만이 재목다운 재목으로 대접을 받고 있다. 십장생은 모두 장생長生 또는 장수를 기원하기 위한 것으로 소나무는 해, 달, 구름, 산, 내, 거북, 학,

추사 김정희의 세한도

사슴, 불로초와 더불어 생명의 나무로 인식되었다.

소나무는 추위에 잘 견디고 엄동설한에도 잎이 떨어지지 않기 때문에 장생과 장수를 상징한다. 중국인들이 고대 풍속에 따라 묘 주위에 소나무를 심는 것도 이와 관련이 있다. 소나무는 진시황제가 자신의 능묘 위에 심은 후 황제 전용의 나무로 정한 품위 있는 나무로 대접 받은 것으로도 유명하다. 진시황제의 무덤은 봉토 형식으로 되었고 그 위에 소나무

경복궁 벽에 있는 십장생

를 심었으며, 소나무를 황제 전용의 나무로 한다는 명도 있었다. 그 후 제후는 잣나무, 대부大夫는 버드나무를 심는 것이 중국 왕릉의 한 형식이 되었다.[2]

사람에게 인격이 있듯이 나무에게도 저마다 수격樹格이 있다. 그런데 '솔' 이라는 말 자체가 으뜸을 뜻하는 '수리〉술〉솔' 로 된 것으로 한자의 '소나무 송松' 자도 이를 파자破字하면 목공木公이 된다. 소나무의 별호를 목공으로 부르는 이유다. 우리나라는 소나무를 특히 중요시했는데 줄기가 붉은 소나무赤松를 신수神樹로 여겨 마을의 보호수로 가꿨다. 여기엔 유래가 있다. 소나무처럼 기품이 있는 나무를 찾기 어렵고 소나무 수피의 갈라진 껍질이 용의 비늘 같다고 해서 나무 중의 왕으로 대접했다. 궁궐을 짓는 궁궐재는 소나무 이외는 사용할 수 없도록 법으로 정했다. 궁궐의 가구도 모두 소나무 춘양목春陽木으로 만들었는데 우리나라 기와집의 처마가 하늘로 약간 처든 것도 소나무의 수형 때문이었다는 말도 있다. 경복궁을 복원할 때 도편수 신응수 옹이 강원도에서 소나무 재목을 채집할 때 '어명이오' 를 3번 외치고 도끼로 소나무 밑둥을 내리 찍었다는 이야기는 유명하다. 100~200년 수령의 소나무는 신성한 것이어서 어명이 아니고서는 벨 수가 없다는 것이다. 우리나라에서 가장 좋은 소나무 재료는 설악산 기슭 양양에서 자란 속이 붉은 강송剛松을 꼽는다. 강송은 바닷바람을 맞으며 자라기 때문에 강도가 높고 뒤틀림이 적다. 생육조건이 나빠서 송진이 많고 속이 붉다. 경복궁 복원에 사용한 소나무 역시 양양군, 명주군, 삼척에서 자란 강송이 대부분이다.

지역에 따라 다른 나무 종류

최근 산림청에서 실시한 산림에 대한 의식조사 결과에 의하면 우리 국민이 가장 좋아하는 나무는 소나무로 10여 년 전에 실시한 조사결과와 같았다. 소나무는 이 땅에서 가장 흔하게 볼 수 있는 나무다. 그러나 소나무가 한국에만 있는 것은 아니다. 소나무는 3억 년 전 지구에 태어나서 지금까지 진화상으로는 전혀 변하지 않은 식물이다. 다시 말해 세계의 여러 식물들 중에서 가장 성공적인 식물로 전 세계에 100여 종이 남아 있다. 1994년 호주의 울레미 국립공원에서는 쥐라기시대의 야생소나무가 발견되어 주목을 끌었는데 현재 전문가들이 가지 · 잎 · 씨앗 등의 배양을 통해 그 자손을 늘리는 중이며 한국에도 도입되어 자라고 있다. 소나무는 우리 생활에 밀접해 있는데 사실 삼국시대 이전에는 우리 문화에서 소나무가 주는 아니었다. 소나무가 우리 생활에 접목되기 시작한 것은 그리 오래되지 않았다. 어떤 나무를 사용할지는 주거 건축과 관련이 있기 때문이다.

구석기 문화유적지로 유명한 석장리에서 발굴된 나무들은 상수리나무, 느티나무, 단풍나무, 소나무 등이었고 일산 신도시지역에서 출토된 신석기시대의 나무는 대부분 오리나무였다. 반지하 형태로 살던 선사시대의 사람들이 건축재로 이 나무들을 사용한 것은 잘 썩지 않고 단단한 재질의 나무가 필요한데 이런 목적에 부합하는 것이 앞에 설명된 나무들이다. 고구려 · 백제 · 신라 중에서 소나무를 본격적으로 사용한 국가는 고구려다. 이는

호주 울레미 국립공원에 있는 쥐라기시대의 야생소나무

소나무의 특성과 삼국의 지형을 생각하면 충분히 이해할 만하다. 삼국시대가 시작되고 주거 형태가 차츰 지상으로 올라오기 시작하면서 과거 통나무를 그대로 사용하는 형태에서 벗어났다. 적어도 왕궁이나 집권자들이 사는 건축에는 나무의 껍질을 벗기고 가공하여 사용했다. 특히 당시 철제 도끼나 톱 등을 사용함으로써 나무를 다듬는 가공이 훨씬 손쉬워진다. 그러므로 각국에서 잘 자라는 나무들을 사용해 건축재로 사용하였음은 당연한 일이다.

소나무는 햇볕을 좋아하는 나무다. 자라는데 햇빛이 들어올 넉넉한 공간이 필요하므로 우거진 숲에서는 크게 번성하지 못한다. 학자들은 북방민족이 남하하면서 나무가 서식하는 환경에 일대 변혁이 일어났다고 지적한다. 숲에 불을 질러 농경지를 넓히고 집짓기와 난방에 필요한 나무들을 베어내니 소나무가 좋아하는 삶의 터전이 확보된 것이다.[3] 이런 사실은 『삼국사기』를 통해서도 알 수 있다. 『삼국사기』 〈고구려본기 제1〉 '유리왕 원년(기원전 1년)' 을 보자.

> 아버지(주몽)가 떠날 때 나에게 말하기를 '만약 당신이 아들을 낳으면, 나의 유물이 칠각형의 돌 위에 있는 소나무 밑에 숨겨져 있다고 말하시오. 만일 이것을 발견하면 곧 나의 아들일 것이오' 라고 했다. 유리가 이 말을 듣고 바로 산골로 들어가 그것을 찾았으나 실패하고 지친 상태로 돌아왔다. 하루는 유리가 마루에 앉아 있는데, 기둥과 주춧돌 사이에서 무슨 소리가 나서 가보니 주춧돌이 칠각형이었다. 그는 기둥 밑을 뒤져서 부러진 칼 조각을 찾아냈다. 그는 마침내 이것을 가지고 옥지 · 구추 · 도조 이 세 사람과 함께 졸본으로 가서 부왕을 만나 부러진 칼을 바쳤다. 왕이 자기가 가졌던 부러진 칼 조각을 꺼내어 맞추어 보니 하나의 칼로 이어졌다. 왕이 기뻐하여 그를

태자로 삼았는데 이때에 와서 왕위를 잇게 된 것이다.

이는 소나무가 건축물의 기둥으로 사용되었다는 최초의 기록인데 그만큼 소나무가 고구려지역에서 많이 자랐다는 증거다. 반면 백제와 신라의 경우 산악지대가 많고 사람의 수가 적어서 숲이 울창한 편이다. 소나무가 잘 자랄 수 있는 넓고 양지바른 곳을 찾기 힘들다. 따라서 활엽수가 주로 산을 점령했다. 『삼국사기』〈잡지 제2〉'옥사'에 다음과 같이 집의 크기를 제한하는 글이 있다.

진골은 방의 길이와 폭이 24자, 6두품 21자, 5두품 18자, 4두품 이하는 15자를 넘지 못한다.

더불어 5두품과 4두품 이하는 느릅나무 재목이나 당기와를 사용하지 못한다고 아예 나무 종류까지 규제하고 있다. 이를 역으로 생각해보면 귀족들이 집을 지을 때 느릅나무를 널리 이용했음을 알 수 있다. 『삼국유사』〈의해〉'원효불기'에도 이를 증명하는 글이 있다.

이때 요석궁瑤石宮에 과부 공주가 있었는데 왕이 궁리宮吏에게 명하여 원효를 찾아 그를 맞아들이게 했다. 궁리가 명령을 받들어 원효를 찾으니, 그는 이미 남산에서 내려와 문천교(蚊川橋, 사천沙川을 문천이라고 한다. 또 다리 이름을 유교楡橋라 한다)를 지나다가 만났다. 이때 원효는 일부러 물에 빠져서 옷을 적셨다. 궁리가 원효를 궁에 데리고 가서 옷을 말리고 그곳에 쉬게 했다. 공주는 과연 태기가 있더니 설총薛聰을 낳았다.

이글을 보면 원효대사가 남천에 있는 유교에 일부러 떨어져 요석공주와 인연을 맺게 되는데 유교는 느릅나무 다리다. 『삼국사기』〈열전 제5〉 '온달'에도 느릅나무 이야기가 나온다. 울보 평강공주가 청혼하러 온달의 집을 찾아가자 온달의 노모는 다음과 같이 말한다.

> 내 아들은 가난하고 보잘 것이 없으니 귀인이 가까이할 만한 사람이 못 됩니다. 지금 그대의 냄새를 맡으니 향기가 보통이 아니고, 그대의 손을 만지니 부드럽기가 솜과 같으니 필시 천하의 귀인인 듯합니다. 누구의 속임수로 여기까지 오게 되었소? 내 자식은 굶주림을 참다못하여 느릅나무 껍질을 벗기려고 산 속으로 간 지 오래인데 아직 돌아오지 않았소.

평강공주가 집을 나와 산 밑에 이르렀을 때 온달이 느릅나무 껍질을 지고 오는 것을 보았다. 신라지역에서 느릅나무가 흔했으므로 고급 건축재로 널리 사용되었음을 알 수 있다. 한편 백제는 다소 달라 느티나무가 많이 사용되었다. 『삼국사기』〈백제본기 제6〉 '의자왕 19년(659년)'을 보자.

> 19년 대궐 뜰에 있는 느티나무槐木가 사람이 곡하는 소리처럼 울었으며 밤에는 대궐 남쪽 행길에서 귀신의 곡소리가 들렸다.

이는 궁궐에 느티나무가 많았음을 설명해준다. 또한 궁남지에서도 느티나무, 참나무, 밤나무, 소나무 등이 출토되었다. 고려에 들어와서도 비슷한 경향으로 추정하는데 현재 남아 있는 영주 부석사나 해인사 팔만대장경판 보관건물인 장경각의 경우 기둥만을 볼 때 주로 느티나무며 참나무가 보조로 사용되었다.

바위에서도 자라는 소나무

조선시대에 사용된 건축재는 대부분 소나무였다. 현재 우리나라는 전 산림면적의 약 40%를 소나무가 차지하고 있어 소나무 천국이라 불릴 정도다. 그런데 박상진 교수는 건축재라는 용도에서 볼 때 소나무보다는 느티나무가 더 유용하다고 지적했다. 느티나무가 소나무보다 세 배 정도 오래갈 만큼 잘 썩지 않고 더 단단하기 때문이다. 그런데도 불구하고 느티나무로 기둥을 쓸 수 있는 나무가 많지 않아 주로 소나무를 사용했다. 조선왕조에서 소나무의 활용도는 갈수록 높아지는데 이는 소나무의 생존 특성 때문이다.[4] 소나무가 우리에게 가장 깊은 인상을 주는 것은 소나무가 한국과 같이 저온저습, 고온다습한 기후 조건과 계절간의 기온 차가 큰 대륙성 기후에서도 잘 자라는 침엽수이기 때문이다. 척박한 땅에서 자라던 소나무를 기름진 땅에 옮겨 심으면 오히려 죽는다.

소나무는 바위로 된 산이나 자갈 땅, 건조한 땅, 산성이 강한 흙이나 뿌리내리기 어려운 비탈진 곳에서도 다른 나무보다 잘 산다. 소나무는 특히 햇빛을 좋아해서 산불이나 산사태로 숲이 망가진 민둥산에도 잘 자란다. 수분에 대한 요구도가 낮아 산림면적의 2/3가 풍화되기 쉬운 화강암이나 화강편마암으로 구성돼 있는 한반도 토질 위에서도 잘 자랄 수 있다. 토양과 지형에 따라서 변형이 용이한 뿌리를 가졌기 때문에 항상 환경에 잘 적응한다.

소나무는 소나무속에 속하는 상록교목으로, 처음에는 '솔나무'라고 했다가 음운변화로 소나무가 되었다. 솔잎은 바늘 모양으로 2~3개씩 뭉쳐난다. 나무껍질의 빛깔은 개체에 따라 차이는 있지만 토종 소나무는 대체로 위쪽은 붉고 아래쪽은 흑갈색이다. 공기주머니를 가진 꽃가루에 의해 수정되면 다음해 가을에 솔방울이 된다. 소나무는 다른 식물이 자라기 어려운 북극이나 사막 부근에서도 자라지만 고산지대에서는 잘 자라지 못한다. 소나무는 고도 1,300m 높이에도 자라지만 일반적으로 해발 500m 내외의 지대에 집중적으로 분포돼 있다. 소나무가 인적이 가까운 낮은 곳에 분포되어 있다는 것은 우리와의 밀접한 관계를 의미한다.

소나무를 우리 민족의 나무라고 불러도 될 만큼 전 국토를 석권할 수 있었던 이유는 여러 가지가 있다. 수렵의 떠돌이 생활을 버리고 한반도에 정착한 우리 조상들이 거주했던 주변은 원래 활엽수림이 무성했다. 그러나 한곳에 무리 지어 정착해 농사를 짓기 위해서는 농경지의 지력 유지가 선결과제다. 경작지의 지력 유지 수단으로 사람의 배설물, 아궁이의 재가 퇴비로서는 적격이나 그 양이 얼마 되지 않았다. 그래서 자연스럽게 야산의 풀이나 인가 주변의 산에서 자라는 활엽수의 잎들을 채취해 퇴비로 만들었다. 결국 난방과 농경에 필요한 퇴비 생산을 위해서 활엽수들을 채취한 결과 활엽수가 자라던 곳의 지력도 쇠퇴하고 도태하기 시작했다. 그러자 나쁜 토양조건 하에서도 살아갈 수 있는 소나무가 점차 활엽수 지역을 차지하게 되었다.

한편 꽃가루 분석 결과 1,400여 년 전부터 소나무가 한반도에서 주도적인 위치를 차지했음을 보여준다. 이 시기는 삼국시대로 인구가 급증하고 각 분야에서 비약적인 발전이 이뤄지고 있었으므로 산림의 변화가 심화되었다. 그럼에도 불구하고 변모한 인가 주변의 숲이 유독 소나무 숲, 즉 소나무 단순림으로 유지될 수 있었던 원인으로 전영우는 다음 두 가지를 든다. 첫째, 한국의 지역적인 생태적 특수성이다. 한국은 예로부터 호랑이, 표범 등 맹수가 많이 살고 있던 지역이다. 그런데 소나무는 하상

식물이 타 수종의 숲에 비해 극히 빈약하기 때문에 맹수의 은신처가 되기에는 부적합하다. 이것을 알게 된 사람들이 인가 부근에 소나무 숲을 조성했다. 둘째, 소나무의 이용가치가 더욱 증가하고 확대되자 고려시대부터 정부가 규제에 나섰고 조선시대부터는 국가의 제도로 자리 잡았다. 소나무는 궁궐이나 가옥을 짓는 건축재는 물론이고, 가장 중요한 선박을 건조하는 데도 사용했기 때문에 조선은 소나무의 원활한 공급을 유지하는데 심혈을 기울였다. 조선은 송목금벌松木禁伐이라는 소나무 보호정책을 대표적인 산림시책으로 삼은 대신 소나무 외의 수종은 잡목으로 취급했다. 이 결과 일반 백성들은 잡목으로 취급된 활엽수를 자유롭게 채취할 수 있었다. 따라서 소나무 숲에서 자라는 활엽수를 지속적으로 제거하는 인간의 간섭으로 소나무 숲이 지속적으로 단순림으로 유지될 수 있었던 것이다.

소나무를 설명하는데 연리지連理枝 소나무를 설명하지 않을 수 없다. 연리지란 어떤 특정한 나무 이름이 아니라 밑둥이 다른 두 나무가 자라면서 가지가 서로 이어져서 하나로 된 나무를 말한다. 또한 '연리목連理木'은 흔히 나무를 심을 때 너무 가까이 심은 탓에 세월이 지남에 따라 지름이 굵어진 줄기가 맞닿아 생기는 현상이며 연리목은 연리지보다 다소 많이 발견된다. 연리지는 두 나무가 가지를 통하여 하나로 되는 것이므로 두 몸이 하나로 된다는 뜻으로 부부간이나 연인간의 사랑을 비유하여 '사랑나무'라고도 한다. 반면에 두 나무 사이에는 성장이 좋은 나무와 발육이 부진한 나무가 서로 양분을 지원해주므로 연리지 자체를 나무들의 '나눔의 지혜'로 풀이하기도 한다. 연리지로 유명한 것이 당나라 시인 백낙천의 〈장한가長恨歌〉다.

하늘에서는 우리 둘이 비익새가 되어 살고지고

땅위에서는 우리 둘이 연리나무 가지가 되어지고

천지는 영원한 것이라고 하지만 어느 땐가 마지막 날이 오는데

그러나 이 슬픈 사랑의 한스러움은 길이길이 다할 날이 없으리.

〈장한가〉는 당나라 현종과 중국 4대 미인 중에 한 명인 양귀비(나머지 세 명은 서시, 왕소군, 초선)와의 사랑이야기를 쓴 것이다. 그 당시 장안의 기생들은 '저는 백낙천의 〈장한가〉를 전부 암송하고 있답니다. 그러니 다른 여자와 같은 화대로 저를 부를 수 없습니다' 라고 할 정도로 이 시가 유명했다고 한다. 연리지에 대해서는 『삼국사기』에도 나온다. 〈신라본기 제3〉 '내물이사금 7년(356년)' 여름 4월 시조묘 뜰에 있는 나뭇가지가 맞붙어 하나가 되었다는 기록이 있고, 『삼국사기』〈고구려본기 제7〉 '양

충북 괴산군 청천면 송면리에 있었던 연리지

원왕 2년(546년)' 봄 2월 서울에 가지가 서로 맞붙은 배나무가 있었다는 기록이 있다. 연리지나 연리목이 워낙 특이한 현상이므로 『고려사』 '광종 24년', '성종 6년'에도 연리지에 대한 기록이 있다.

강원도 홍천군 남면 유치2리에 있는 연리목
(최화섭 제공)

지금도 우리나라에 소나무로 된 연리지가 있는데 가장 유명한 것이 충북 괴산군 청천면 송면리에 있는 연리지다. 송면리의 연리지는 두 개의 소나무가 서로 껴안듯이 가지가 하나로 되어 있는데 발견자인 연상흠 씨는 이 연리지 부근에서 산삼 세 뿌리를 캤다고 한다. 인근 사기막리에서는 연리목도 발견되는데 이 나무가 있는 마을은 지금까지 단 한 쌍도 이혼한 부부가 없다고 알려지며 부부가 이 나무 사이를 손잡고 돌면 부부간에 금슬이 좋아지는 것으로 알려져 많은 사람들이 찾아왔다고 한다. 그런데 필자가 2010년 5월 송면리 연리지를 찾아갔을 때 불행하게도 연리지는 고사한 상태였다. 이유는 알 수 없지만 최근 죽었다고 하는데 실망할 필요는 없다. 경북 청도군 운문면 지촌리, 충북 괴산군 청천면 송면리 용추폭포, 경주 남산에서도 소나무 연리지가 발견되며 근래 강원도 홍천군 남면 유치2리 육군 부대 안에서 연리목이 발견되었다.[5]

소나무의 활용도는 무궁무진

오늘날 소나무처럼 푸대접받고 있는 나무는 거의 없다. 소나무는 굽은 형태 때문에 재목으로 쓰기보다는 조경수로 적합한 것으로 인식되고 멋대로 굽은 소나무가 오히려 대접을 받고 있다. 더구나 솔잎혹파리를 위시한 병충해에 약한 나무로 인식되어 있다. 그래서 망국수亡國樹라는 불명예스러운 이름도 갖고 있을 정도다. 그럼에도 불구하고 소나무가 국민들로부터 많은 사랑을 받은 것은 실용적인 면에서 소나무를 따를 수 있는 나무가 없기 때문이다. 소나무는 공업용 · 식용 · 약용 · 관상용으로 널리 쓰이며, 껍질 · 꽃가루 · 잎 · 뿌리 등은 식용 · 약용으로 이용한다. 허준의 『동의보감』에서 소나무의 약효에 대해 자세하게 적었다.

- 솔방울은 성질이 따뜻하고 맛은 달며 독이 없다. 풍비와 허해서 야윈 것, 기가 부족한 데 주로 쓴다.
- 솔잎은 풍습창에 주로 사용하며 머리카락과 털을 자라나게 하고 오장을 안정시키며 배고프지 않게 하고 수명을 늘린다.
- 소나무 마디는 백절풍, 다리가 저린 것, 관절이 아픈 것에 주로 사용한다. 술을 빚으면 다리가 연약한 것을 치료한다.
- 솔꽃은 송황이라고도 하는데 몸을 가볍게 하고 병을 치료한다. 노란 꽃가루인데 약효가 껍질 · 잎 · 종자보다 낫다
- 소나무 뿌리의 흰 껍질은 곡기를 끊어도 배고프지 않게 하고 기를 보하며 오로五勞를 보한다.
- 소나무 가지를 태워 받은 즙은 소나 말의 개창에 주로 사용한다.
- 송진은 성질이 따뜻하고 맛은 쓰고 달며(평平하다고도 한다) 독이 없다. 오장을 편하게 하고 열을 없앤다. 풍비와 죽은 살을 치료하고 온갖 악창, 머리

의 창양, 머리가 허옇게 빠지는 것, 개소에 주로 쓴다. 죽은 살을 없애고 귀가 먹은 것과 치아에 벌레 구멍이 생긴 것을 치료한다. 온갖 창瘡에 붙이면 새살이 자라나고 통증을 멎게 하며 벌레들을 죽인다.[6]

또한 껍질로는 솔기 떡을, 꽃가루로는 송화다식松花茶食을 만들어 차와 함께 음용하기도 한다. 송진은 민간요법에서 고약의 재료로 이용했고 솔잎 술은 관절이 아플 때 효험이 있다고 알려졌다. 특히 소나무를 태운 그을음으로는 한국이 세계적으로 자랑하는 좋은 먹을 만들었다. 송편은 우리의 전통 떡이다. 송편을 찔 때는 솔잎을 솥에다 깔고 찐다. 솔잎을 까는 이유는 송편을 오래 보존하기 위해서다.

그런데 솔잎 속에 방부제 성분인 터펜타인이 들어 있다는 사실이 최근 밝혀졌다. 소나무에서 추출한 시토스타놀이란 성분은 식품 속에 든 콜레스테롤의 인체 흡수를 막고 간이 심장혈관 경색을 일으키는 지방을 자체적으로 생산하지 못하도록 한다. 시토스타놀 성분을 섞은 마가린은 핀란드에서 일반 마가린에 비해 6배나 비싼 값임에도 불구하고 잘 팔린다고 한다. 소나무에서 뽑아낸 항균물질을 이용한 천연방부제로 과일주스·육류·어류 등의 식품을 저장할 경우 2~3개월이 가능하지만, 천연방부제를 사용하지 않을 경우에는 이들 식품의 평균 저장기간이 겨우 1주일에 불과했다. 소나무의 속껍질은 흉년이 들었을 때 백성들을 먹여 살린 구황식품이었다. 소나무가 없었다면 수많은 전란 동안에 농사를 짓지 못해 우리나라 국민 대다수가 굶어 죽었을지도 모른다. 소나무의 활용도는 무궁무진하며 인간이 지속적으로 관리하는 한 큰 도움을 줄 것이다.

한국인들이 소나무를 고마워해야 하는 것은 신선한 공기를 제공하기 때문이다. 30년생 소나무 다섯 그루가 한 사람이 하루 동안 필요한 산소를 공급해준다고 한다. 1천만명의 서울 사람들이 좋은 공기를 마시려면 적어도 30년생 소나무 5천만 그루가 있으면 충분하다. 물론 소나무만 산소를 공급해 주는 것은 아니다. 서울에 소나무가 많았으면 좋겠지만 현실은 그렇지 못하다. 소나무를 가꾸고 지키기 위한 적절한 조처 없이 수백 년 동안 약탈식 벌채만 계속됨에 따라 소나무 숲의 균형이 깨지고 있다. 더구나 소나무는 옆가지를 쳐주면 곧게 잘 자라는 속성을 갖고 있기 때문에 인구 밀집지역의 소나무 숲에서 재목으로 쓸 수 있는 것은 모두 베어냈다. 소나무에 대한 지속적인 관리 없이 굽은 나무들만이 살아남게 되자 소나무에 대한 인식도 변했다. 학자들이 우려하는 것은 한국의 산이 우거지기 시작하면서 소나무가 점점 사라지기 시작한다는 점이다. 100년이 지나면 소나무를 식물원에서나 봐야 할 정도로 희귀한 나무가 될지도 모른다.

황금 소나무

우리를 즐겁게 하는 일도 있다. 강원도 삼척군 가곡면 동활리에서 자생하고 있던 단 한 그루의 황금소나무가 다시 부활된 것이다. 잎이 푸른 소나무와는 달리 황금색인 황금소나무는 엽록소가 일반소나무의 2/3에 불과해 생긴 희귀목이다. 황금소나무 잎은 5월부터 6월까지 황금색이었다가 여름부터 초가을까지 다시 황록색으로 바뀐 후 늦가을부터 겨울까지는 다시 황금색으로 바뀐다. 그런데 단 한 그루 남아 있던 황금소나무가 고사되기 직전 가지를 꺾어 접목해 번식에 성공하여 동활리 마을회관 옆 현지에서 자라고 있다. 황금소나무는 성장이 느리므로 매년 군청에서 벌초를 해주는 등 집중적으로 관리하지만 아직 크게 자라지 않았고 증식에는 성공하지 못했다고 한다.

강원도 삼척군 동활리에 있는 황금소나무

황금소나무가 가진 상징성 때문인지 여러 지역에서 황금소나무가 서식하고 있다는 발표가 잇따랐다. 2003년 1월에는 동활리에만 서식하고 있다는 황금소나무가 충청북도 지역 백두대간에서 산림청 임업연구원에 의해 발견되어 주목을 받았다. 해발 400m, 40~45도 경사지에서 키 12m, 가슴높이 지름 18cm 정도의 황금소나무가 자생하는 것을 발견했다. 특히 삼척군의 소나무는 고립목인 반면 충북에서 발견된 소나무는 숲 속에서 자라는 것이 특징이라고 설명했다. 특히 2004년 3월 〈히스토리채널〉에서는 임목육종연구소의 김규식 박사가 황금소나무 14그루를 증식하는데 성공했다고 방영했다. 사람들이 황금소나무에 큰 관심을 보이는 것은 천기목天氣木이라 하여 잎의 색깔을 보고 앞으로의 날씨를 예상할 수 있다는 이야기가 있고 행운을 가져온다는 속설이 있기 때문이다. 그러므로 행운을 갖고 오는 황금소나무가 한반도에서 사라지지 않는다면 한국인들의 사랑을 듬뿍 받을 날도 그리 머지않을 것이다.

참고로 앞에서 설명한 쥐라기 공룡시대에 번성했던 울레미아 소나무는 경기도 포천시 소흘읍 산림청 국립수목원에서 자라고 있다. 그동안 화석에서만 존재가 확인된 울레미아 소나무는 2억 년 전 공룡과 함께 지구상에서 멸종된 것으로 알려졌다가 1994년 호주 시드니 블루마운틴 지역 내 울레미아 국립공원에서 100여 그루가 발견되었다. 이후 호주 왕립 식물원은 울레미아 소나무 가지를 잘라 꺾꽂이를 한 묘목을 재배, 약 300여 그루를 경매를 통해 판매했다. 국립수목원 명예의 전당 앞에 심은 높이 20cm의 울레미아 소나무는 국내의 한 수목 관련 업체가 호주에서 구입하여 국립수목원에 기증한 것이다.[7]

06 살아있는 종이 한지

지난 20세기 동안 인류사에서 가장 중요한 사건 중 그 첫 번째를 뽑는다면? 1997년 시사주간지 《라이프》는 지난 천 년 동안 인류사에서 가장 중요한 사건 중 그 첫 번째로 구텐베르크가 금속활자를 발명하여 성경을 찍어낸 것을 꼽았다. 당시 귀족과 성직자들의 전유물이었던 성경이 그의 인쇄기를 통해 일반인들에게 보급되면서 결국 서양문명이 현재 세계를 지배하게 되는 중요한 계기가 되었기 때문이다. 이는 한국인의 문화적 자존심을 한껏 높여주는 증거도 된다. 현존하는 세계 최고의 목판 인쇄물인 『무구정광대다라니경』(751년)과 구텐베르크보다 70여 년 앞서 금속활자로 찍은 『백운화상초록불조직지심체요절』(1377년)을 한국의 선조들이 만들었기 때문이다. 지난 천 년간 가장 위대한 발명 또는 세계를 변화시킨 100대 사건 중 가장 중요한 사건으로 인쇄술이 언급될 때마다 우리들은 선조들이 일구어낸 눈부신 인쇄술 덕분에 더 높은 자긍심을 가질 수 있다는 것은 의심할 여지가 없다.

그러나 세계 최고의 목판과 금속 인쇄물을 발명한 사실은 내세우고 있지만 그에 비견하여 결코 떨어지지 않는 우리 종이에 대해서는 잘 모르고 있다. 구텐베르크의 성경은 발간된 지 550년밖에 되지 않았음에도 종이 보관에 문제가 있어 열람조차 불가능한 암실에 보관되어 있다. 반면에 한지는 천 년 세월을 견뎌낸 것은 물론 삭지도 않고 썩지도 않는다.

한지의 역사

호모사피엔스사피언스들이 동굴 벽에 들소와 매머드를 그리기 시작한 이래 인간은 자신의 생각을 기록할 이상적인 매체를 부단히 찾았다. 중국에서는 짐승의 뼈에 그림문자를 새겼고, 그리스인들은 동물 가죽으로 만든 양피지에 글을 적었으며, 고대 이집트인들은 나일강 기슭에서 자라는 파피루스 줄기를 여러 겹 눌러 붙여서 그 위에다 글을 썼다. 다년생 초본인 파피루스 줄기를 일정한 길이로 자른 다음 얇게 쪼개어 가로 세로 격자상으로 겹쳐 쌓고 그 위에 물을 부어 돌로 눌러 놓아 섬유조직을 발효, 연화, 점착시켜 시트 모양으로 만든 후 말려 글을 쓸 수 있게 만들었다. 고대 남태평양의 여러 섬과 중남미 각국에서는 식물의 내피內皮를 두드려 늘인 다음 물을 뿌려 발효시켜서 얻은 부드럽고 얇은 평면에다

파피루스

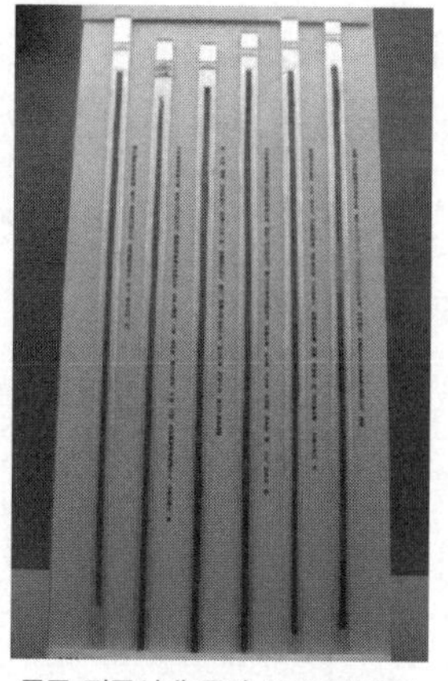
중국 전국시대 죽간 (호북성 박물관)

중국 전한시대 종이

글을 썼는데 이것이 바로 타파tapa다. 그러나 엄밀한 의미에서 파피루스나 타파는 섬유를 해리하여 재구성한 것이 아니기 때문에 종이로 간주하지 않는다.[1]

그런데 중국에서 고대부터 나무나 대나무, 천에 글을 쓰던 죽간竹簡 시대를 거쳐 획기적인 재료가 발명되었다. 종이는 양피지보다 제작비가 덜 들며 대량 생산이 가능하고 파피루스나 나무껍질에 비해 인쇄가 용이하다.[2] 종이는 『후한서』 환관열전에서 "105년 환관 채륜이 나무껍질, 마 등을 원료로 종이를 만들어 황제에게 바쳤다"는 글을 근거로 채륜이 서기 105년에 나무껍질, 마, 창포, 어망 등 식물 섬유를 원료로 하여 만들었다고 알려져 있다. 채륜의 종이 발명 연대는 고구려 태조왕太祖王 53년, 백제 기루왕己婁王 29년, 신라 파사왕婆娑王 26년에 해당한다.[3] 그렇지만 1933년 이래 많은 고고학적 발굴로 전한시기에도 종이가 있었다는 것이 밝혀졌다. 출토된 종이 중 가장 오래된 것은 감숙성 천수시 방마탄의 전한 고분에서 나온 방마탄지防馬灘紙로 기원전 180~142년대의 것으로 판명되었고 이밖에 기원전에 제작된 유물이 여러 곳에서 발견되었다.[4] 학자들은 종이가 한나라 시대에 이미 만들어졌으나 채륜이 기존의 종이 제작기술을 더욱 향상시킨 것은 물론, 채륜의 상소에 의해 종이가 본격적으로 보급되기 시작한 것으로 추정한다.

한반도에서 종이가 언제부터 사용되었는지는 정확하지 않다. 북한사회과학원은 1965년 평양의 정백동 2호 고분에서 기원전 14년경의 마섬유 조각을 출토했다고 발표했으나 아직 확인된 것은 아니다.[5] 종이가 중국의 문물과 함께 한반도에 전해져 큰 영향을 미쳤지만 종이와 제지술이 언제, 누구에 의해 전래되었는지는 알려지지 않았다. 다만 2~7세기 사이에 전래된 것으로 추측한다. 『삼국유사』나 『삼국사기』를 보면 곳곳에 종이에 관한 기록이 나온다. 우선 『삼국사기』 〈신라본기 제4〉 '진흥왕 6년(545년)' 에 다음과 같이 국사편찬사업에 대한 기록이 있다.

> 6년 가을 7월 이찬 이사부가 왕에게 "나라의 역사라는 것은 임금과 신하들의 선악을 기록하여, 좋고 나쁜 것을 만대 후손들에게 보여주는 것입니다. 이를 책으로 편찬해놓지 않는다면 후손들이 무엇을 보겠습니까?" 라고 말했다. 왕이 깊이 동감하고 대아찬 거칠부 등에게 명하여 선비들을 널리 모아 그들로 하여금 역사를 편찬하게 했다.

위의 내용을 볼 때 종이에 국사를 편찬했음이 틀림없다. 『삼국유사』 〈의해〉 '원효불기' 에도 종이에 대한 기록이 나온다.

> 원효는 진평왕眞平王 39년(617년)에 태어났다. 그는 일찍이 분황사芬皇寺에 살면서 〈화엄경소華嚴經疏〉를 지었는데, 제4권 십회향품十廻向品에 이르러 마

침내 붓을 그쳤다. 일찍이 송사訟事로 인해서 몸을 백송百松으로 나눴으므로 모든 사람들이 이를 위계位階의 초지初地라고 말했다. 또한 바다 용의 권유로 노상에서 조서詔書를 받아 〈삼매경소三昧經疏〉를 지었는데, 붓과 벼루를 소의 두 뿔 위에 놓았으므로 각승角乘이라 했다. 이것은 본시이각本始二覺이 숨어 있는 뜻을 나타낸 것이다. 대안법사大安法師가 이것을 헤치고 와서 종이를 붙였는데 이것은 지음知音하여 서로 창화唱和한 것이다.

가장 명확하게 종이의 사용이 활발했음을 보여주는 것은 『삼국유사』에 나오는 '월명사도솔가月明師兜率歌' 이야기다. 월명사도솔가 이야기에는 종이돈, 즉 지전紙錢이 나오는데 당시에 이미 신라에서 종이돈을 사용할 정도로 종이의 사용도가 높았다는 것을 의미한다. 도솔가는 경덕왕 19년(760년) 이후에 지어졌다.

바람은 종이돈 날려 죽은 누이동생의 노자를 삼게 하고,
피리는 밝은 달을 일깨워 항아姮娥가 그 자리에 멈추었네.
도솔천兜率天이 하늘처럼 멀다고 말하지 말라,
만덕화萬德花 그 한 곡조로 즐겨 맞았네.

종이는 6세기인 진흥왕 이전에 신라에서 널리 사용되었는데, 학자들은 삼국시대에 종이가 이른 시기부터 도입되었다고 추정한다. 가장 빠른 것은 중국에서 종이가 제작된 직후, 즉 중국의 채륜이 종이를 발명한 후 얼마 안 되어 곧바로 도입되었다는 것으로 2세기로 거슬러 올라간다. 2세기에 전래되었다는 설은 현재까지 한지의 주원료인 닥에 대한 음운론적 접근에서 비롯된 것이다. 닥은 한자로 '저楮'로 쓰이는데 중국에서는

기원전 2세기부터 기원후 2세기 사이에 'tag' 혹은 'tiag' 라는 음으로 읽혔다고 한다. 그러므로 닥은 '저楮' 의 음이 '닥' 으로 읽고 있던 시기에 종이 원료로 우리나라에 들어왔을 것이라는 추정이다.

3세기 설은 1931년 조선고적연구회에서 발굴한 낙랑시대의 유적지인 평남 대동군 남정리 채협총에서 권자본卷子本의 질통帙筒으로 보이는 채문칠권통彩紋漆卷筒과 먹가루墨粉가 묻어 있는 벼룻집, 오수전五銖錢, 화천, 동경銅鏡 등이 발견됨으로써 당시에 종이를 사용했을 것으로 추측했다. 그러나 당시에 사용된 종이가 중국에서 수입해온 것인지 아니면 국내에서 생산했는지는 알 수 없다. 또 다른 설의 근거는 백제의 아직기阿直岐가 284년에 왕인을 통해 일본에 『논어』와 『천자문』을 전해주었는데 이 책을 종이로 만들었을 것으로 추정한다. 아직기는 근초고왕近肖古王 때 왕명으로 일본에 건너가 일본 왕에게 말 2필을 선사한 후 말 기르는 일을 맡아보았는데 그가 경서經書에 능통한 것을 보고 태자太子인 토도치랑자菟道稚郎子의 스승으로 삼았는데, 그가 백제의 왕인王仁을 초빙하여 일본에 한학漢學을 전하게 하였다. 이 사실은 채륜이 종이를 만든 지 180년 뒤의 일이므로 한반도에서 이미 종이를 만들었을 것으로 추측한다.

4세기 설은 3세기 말부터 4세기 말까지 중국 대륙에서 난리를 피해 우리나라로 온 이주민들이 많아 이들 가운데 종이 만드는 기술자가 있었으리라고 짐작하는 것이다. 4세기 말이라는 견해는 동진의 마라난타가 384년 백제에 불교를 전파했는데 이때 많은 책과 제지술도 함께 전해졌을 것이라는데서 비롯된다.

6세기 말~7세기 설은 우선 6세기에 신라에서 많은 유학생과 승려가 당으로 유학을 가는 등 교류가 많아 먹 · 붓 · 종이 만드는 법이 전해졌을 가능성이 높다는 것이다. 실제로 영양왕 21년(610년)에 고구려의 담징이

종이 · 먹채색 · 맷돌을 전해주었다는 『일본서기』의 기록이 있고, 불국사의 석가탑에서 발견된 두루마리 『무구정광대다라니경』이 발견되었기 때문이다. 두루마리는 석가탑이 완성된 751년에 넣어진 것으로 생각되므로 이때 이미 종이를 만드는 기술이 있었다는 것이다. 이 시기에 중국에서는 맷돌 등을 이용해 섬유를 잘게 갈아 종이를 만들었으므로 담징이 함께 전했다고 하는 맷돌은 종이와 관련한 도구로 추측된다. 따라서 우리나라의 제지에도 맷돌을 사용하였고 이를 통해 우리나라의 제지법이 중국의 종이 기술과 동일하다는 것을 추측할 수 있다.

또한 610년 전후는 우리나라 한지韓紙와 중국의 화지華紙가 구별되는 시기라는 점도 주목할 만하다. 우리나라에 현존하는 8세기 이후의 종이는 중국처럼 섬유를 잘게 갈아서 만든 종이가 아니고 두드려서 종이를 만든 것이기 때문이다. 평양에 소장되어 있는 우리나라 종이로서 가장 오래된 고구려의 『묘법연화경妙法蓮華經』은 섬유를 자르지 않고 두드려서 고해叩解한 것으로 추정되는데, 이 제조기법은 오늘날까지 그대로 이어져 내려오고 있다. 한편 그보다 후대에 제작된 『법화경』의 종이 품질이 우수한 것으로 보아 7세기 이전에 이미 상당한 기술이 축적되었음이 분

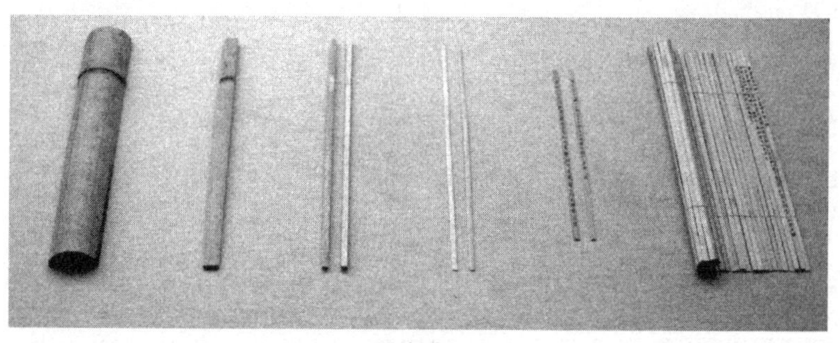

죽간 재료

명하다. 즉, 우리나라의 제지술은 훨씬 이전에 중국의 것을 모방하던 시기에 들어왔다고 본다.[6] 위의 사실을 종합해보면 2세기에서 늦어도 4세기까지는 우리나라에 종이와 그 제조술이 전래되었다고 보는 것이 대세이고, 아무리 늦어도 7세기 이전에 이미 상당한 기술의 축적이 이루어진 것으로 추정된다.

채륜이 종이를 만들기 전까지 사용된 죽간竹簡을 대나무로 만들 때는 '살청殺靑'이라 하여 대나무의 푸른빛을 없애는 것이 기본이다. 푸른색을 없앤 후 얇고 기다랗게 잘랐는데 길이는 당시 표준으로 1척(23cm), 폭은 1cm, 두께는 2～3mm다. 죽간을 주로 1척으로 만들었으므로 이를 '척독尺牘'으로 부르며 2척을 '격檄'이라 했다. '격'은 군령 등을 적을 때 주로 사용되었기 때문에 '격을 띄운다'라는 말이 생겼다. 또한 황제의 조서는 약간 크기가 달라 보통 1촌의 길이에 썼다. 여기에서 생겨난 말이 '척일尺一의 조詔'다.[7]

중국 황제의 진적은 고려 종이로

종이 제조에 사용되는 원료는 식물성 섬유가 주로 쓰이는데, 이 섬유는 다시 목질섬유와 비목질섬유로 나뉜다. 목질섬유는 목본식물의 목부(木部, xylem)를 구성하는 세포조직에서 얻은 것을 말하며, 비목질섬유는 초본류草本類나 목본식물의 사부(篩部, phleom)에서 얻는다. 오늘날 우리가 사용하는 종이의 종류는 상당히 많고 다양하지만 뜨는 방법인 초지(抄紙, sheet forming)에 따라 발mould을 써서 손으로 일일이 뜨는 수록지手麓紙와 전 공정을 기계로 하는 기계지機械紙로 나뉜다. 따라서 한지란 목질섬유를 원료로 이용하는 서양의 기계지, 즉 양지洋紙에 대응하는 말로 비목질섬유를 주원료로 하여 전통 기법에 따라 일일이 손으로 만든 수록지를 의미한다.[8] 이러한 기법으로 만든 우리나라의 종이는 예로부터 명성이 자자했다. 송나라 손목孫穆이 지은 『계림지鷄林志』에 "고려의 닥종이는 윤택이 나고 흰 빛이 아름다워서 백추지라고 부른다"고 하였다. 『고반여사考槃余事』에는 다음과 같이 적혀 있다.

> 고려 종이는 질기고 두터울 뿐만 아니라 뒷면의 광택까지도 앞면과 같아 양쪽 면을 모두 사용할 수 있다. 누에고치 솜으로 만들어져 종이 색깔은 비단같이 희고 질기기는 비단과 같은데 글자를 쓰면 먹물을 잘 빨아들여 종이에 대한 애착심이 솟구친다. 이런 종이는 중국에는 없는 우수한 것이다.

중국인들은 고려 종이의 품질이 뛰어나 누에고치로 만든 줄 오해했다. 중국에서 진귀하게 여겨졌던 신라의 백추지 혹은 경면지鏡面紙는 긴 섬유의 종이를 몇 겹으로 붙여서 이를 두드려 광택을 낸 것이다. 백추지는 두드려 만든 하얀 종이라는 뜻이며, 경면지는 두드려 거울처럼 빛나게 한 종이라는 뜻이다. 중국에서 질긴 것이 요구되는 우산, 부채, 책 표지 등의 용도에 우리나라의 종이가 인기가 있었고 그림이나 글씨에는 두드려서 광택이 나는 것을 즐겨 사용했다. 중국 역대 제왕의 진적을 기록하는데에 고려의 종이만 사용했다는 기록도 있다. 고려 종이

고려 종이 (강원도 고성군 온정리 신계사터에서 출토)

의 명성은 조선으로 이어져 한지가 중국과의 외교에 필수품으로 여겨졌다. 한지의 질이 명주와 같이 정밀해서 중국인들은 이것을 비단 섬유로 만든 것으로 생각했다. 그래서 한지는 중국과의 외교에서 조공품으로 강요되었다. 천연염료로 물들인 색지도 생산됐는데, 황벽나무로 물들인 종이는 병충해가 생기지 않아 불경 용지로 사용됐다.[9] 한지의 또 다른 특징은 쪽, 치자, 홍화, 황벽 등과 같은 천연염료에 대한 염착성이 뛰어나다는 점이다.[10] 쪽으로 물들인 푸른 종이에는 금색으로 글을 적어 화려한 불경을 만들기도 했다.[11]

문종 34년(1080년) 고려가 송나라에 보낸 국신물國信物 중에는 대지大紙 2천 폭과 먹 4백 정이 들어 있으며 송나라로의 수출품 중에는 백지와 송연묵이 많았다. 그 뒤 원나라에서도 고려지를 불경지佛經紙로 쓰기 위해 구했는데 한 번에 10만 장이라는 막대한 양의 종이를 수입했다는 기록도 있다.[12] 조선 영조 때 서명응(1716~1787년)이 지은 『보만재총서』에는 "송나라 사람들이 여러 나라 종이의 품질을 논하면 고려지를 최고로 쳤다. 우리나라의 종이가 가장 질겨서 방망이로 두드리는 작업을 거치면 더욱 고르고 매끄러웠던 것인데 다른 나라 종이는 그렇지 못하다"라고 적고 있어 한국 종이의 우수성을 짐작해볼 수 있다. .

요긴한 닥나무

고려시대의 종이가 다른 것에 비해 질이 좋았던 이유는 종이의 원료로 닥나무를 사용했기 때문이다. 전통적으로 종이의 원료로는 채륜의 예에서 보는 것처럼 나무껍질이나 솜, 마 등 여러 가지가 사용됐다. 그러나 마麻 섬유로 된 종이는 필기하는데 껄끄러운 감이 있어서 종이 재료로는 널리 사용되지 않았다. 그래서 우리 조상들은 과학적인 사고를 통해 다른 종이 재료를 찾게 되었고 그것이 바로 닥이었다.

닥나무 재배에 대한 최초의 역사적 기록은 『고려사』에서 찾을 수 있지만 『무구정광대다라니경』(751년)에 사용된 종이도 닥나무로 만들었다. 당시 중국에서는 맷돌로 갈아서 종이를 만든 반면 신라에서는 닥나무 섬유를 두드려 만들었다. 그러므로 당시의 종이도 섬유가 균일하고 질기므로 세계인들을 놀라게 했는데, 사실 당대의 종이 제조기법이 오늘날까지 그대로 이어지고 있다고 볼 수 있다.[13] 신라에 이어 고려시대는 사찰과 유가에서 서적 출판(『대장경』, 『삼국사기』 등)이 성행했기 때문에 종이가 대량으로 사용되었다. 『고려사』에는 인종 23년(1145년)에서 명종 16년(1186년)에 종이 생산에 필요한 닥나무를 전국에 재배할 것을 명했다고 적혀 있다.

조선시대에도 제지업을 중요시하여 많은 지방에 닥나무 밭을 만들게 하고 닥나무를 재배했다. 또 중국에 제지공을 파견하여 제지술을 배워오도록 하여 국내 제지술 발전에 도움이 되도록 하였다. 조선시대 후기에 와서는 종이의 수요가 늘어남에 따라 나라에서는 사찰에서도 종이를 만들어서 바치도록 하였다. 태종 15년(1415년)에 서울에 제지 공장이라고 볼 수 있는 조지소造紙所를 설치했다. 『동국여지승람』을 보면 조지소에서 종이를 만드는 일에 1,000명이 종사했다는 것을 알 수 있는데 이는 조선이 세계적인 종이 생산국이라는 것을 뜻한다. 조선은 제지 기술공들을 법적으로 우대받도록 규정하고 그들에게 생활을 보장해주는 특권도 부여했다. 국보 제196호 신라 『백지묵서대방광불화엄경白紙墨書大方廣佛華嚴經』(755년경)의 종이를 조사한 일본인 오오가와는 다음과 같이 보고하고 있다.

종이는 매우 희고 광택이 있으며 표면은 평활하고 강한 광택이 있다. 티라든가 풀어지지 않은 섬유 덩어리도 적은 아름다운 종이다. 얇은 종이임에도 불구하고 먹이 번지지 않는다. 비추어보면 전체적으로 조화로우며 만지면 파닥파닥하며 치밀하고 밀도가 높은 종이로 보인다. 종이의 색이 매우 하얀 것을 보면 하얀 종이를 만들기 위해 꽤 노력을 했을 것으로 생각된다. 종이의 밀도는 0.64g/cm³으로 보통 닥나무 종이의 2배 정도이며 표면에 먹이 스며드는 것을 관찰하면 종이 표면에 먹의 침투를 막기 위한 무엇인가를 바르고, 다듬이질 · 문지름 등의 가공을 했다고 생각된다. 이 종이는 원료의 닥 껍질에서 최종 가공까지 일관되게 정성들여 만든 것으로 보이며 제지 기술의 뛰어남을 볼 때 고대 한국에서 만든 종이로 보인다.

한지 제조의 정확한 유래에 대해서는 별다른 기록이 없지만 상술한 『백지묵서대방광불화엄경』에는 한지 제작 과정을 말미에 이렇게 적어놓았다.

절에서 쓸 종이를 마련하기 위해 닥나무를 재배할 때는 그 나무뿌리에 향수를 뿌리며 정결하게 가꾸고, 그것이 여물면 껍질을 벗겨 삶아 찧어 종이를 만든다.

이는 닥나무의 껍질로 한지를 만들었음을 알려주는 단서다. 한지를 만드는데 없어서는 안 될 닥나무는 우리나라 어느 곳에서나 자랄 수 있다. 닥나무는 뽕나무과에 속하는 낙엽성 관목으로 학명은 브루소네티아 카지노키다. 크기는 3m 정도이며 밭 가장자리, 길가, 둑 등 다른 나무를 심기 어려운 곳에서도 잘 자라서 비탈에 흙의 붕괴를 막기 위해 심기도 했다. 낙엽성 관목인 닥나무는 여러 해 동안 매년 줄기를 잘라내도 계속해 새 줄기를 만들 수 있는 나무다. 또한 어미 나무의 뿌리에서 많이 생겨나는 맹아를 포기나누기나 삽목으로 번식시킬 수 있으며, 추위에 강하며, 햇볕이 잘 들고 부식질이 많은 곳에서 잘 자란다. 특히 직물의 원료로 한 번 사용된 후 버려야 하는 일년생 풀인 마보다는 재료 공급 면에서도 뛰어나다. 한지의 원료로는 보통 3년이 지난 줄기를 사용하는데, 옮겨 심은 후 5~7년이 지난 줄기에서 가장 많은 섬유를 얻을 수 있다.

한지를 만들기 위해 우선 11월~2월 동절기에 닥나무 가지를 베어낸 다음 다발로 묶어 가마솥에 세운다. 이때가 닥껍질의 섬유질이 잘 생성되어 있을 때이고 닥껍질의 수분도 적당하여 껍질을 벗기기 쉽다. 그리고 그 위에 직경 1.5m, 높이 2m 정도의 나무통을 씌워 2~3시간 찐다. 쪄진 닥나무 가지를 하나씩 꺼내어 껍질을 벗겨내 생피生皮를 얻는다. 이 생피를 햇볕에 말려 건조시킨 것을 조피粗皮, 황피黃皮, 흑피黑皮라고 하는데 그 수율收率은 15% 정도다. 검은 겉껍질 부분을 떼어내기 위해 흑피를 하룻밤 동안 찬물에 담가 불린 다음 나무판에 놓고 닥칼로 일일이 긁어내 맑은 물로 깨끗이 씻어 햇볕에 말리면 흰색의 내피 부분만 남는데 이를 백피白皮라 부른다. 백피의 수율은 9% 정도다.[14]

천년의 비밀

한지가 천 년을 견뎌내는 이유는 무엇일까? 국립중앙과학관 과학기술사연구실 정동찬 실장의 『전통 과학기술 조사 연구』에 의하면 다음과 같다.[15] 첫째는 닥나무를 콩대, 메밀대 등을 태운 여러 종류의 잿물에 넣어 삶아낸 섬유나 그 섬유소$C_5H_{10}O_5$의 굵기가 균일하기 때문이다. 또한 국산 한지의 경우 중국 닥을 사용하여 만든 한지나 중국 수입 화선지, 일본

화지에 비하여 섬유의 폭이 작게 나타남을 알 수 있다. 한지의 경우 다른 나라의 종이와는 달리 섬유의 조직 방향이 서로 90도로 교차하고 있는데 이러한 이유 때문에 전통 한지가 질기다. 왜냐하면 종이에 방향성이 존재하는 경우 종이가 잘 찢어지는 방향은 섬유의 방향과 같으므로 종이의 강도는 방향성이 없을 때보다 떨어지기 때문이다. 닥나무 인피섬유의 화학적 조성은 목재섬유와는 달리 리그닌 함량이 1.70%로 극히 낮으며 펙틴pectin이 8.72%로 높은 것이 특징이다. 또한 홀로셀룰로스 holocellulose 함량도 86.03%로 높다.[16]

둘째는 독특한 불순물 제거 방법이다. 제지 과정에 불순물의 제거는 질 좋은 종이의 생산에 필수적인 과정이다. 제지 원료에 들어있는 전분, 단백질, 지방, 탄닌 같은 불순물을 충분히 제거하지 않으면 세월이 흐름에 따라 종이가 변색되거나 품질이 저하된다. 한지는 화학 펄프에서 사용하는 산성 화학 약품을 쓰지 않기 때문에 중성지의 성격을 띠고 있다. 알칼리성에 강한 섬유의 특성을 충분히 살려 알칼리성 용재인 나뭇재나 석회를 불순물 제거제로 사용했다. 그래서 한지는 산성을 띤 펄프지처럼 화학반응을 쉽게 하지 않는 중성지의 성질을 갖고 있다. 신문지나 오래된 교과서가 누렇게 변색되는 이유는 사용된 펄프지에 약간의 불순물이 섞여 있기 때문이다. 그런 불순물 중에 화학식은 정확히 알려져 있지 않지만 $C_{18}H_{24}O_{11}$과 $C_{40}H_{45}O_{18}$로 추정되는 고분자물질 리그닌lignin이란 성분이 있는데, 셀룰로스가 화학적으로 안정한 반면 리그닌은 불안정하기 때문에 대기 중 산소 · 수분 · 자외선과 쉽게 반응해 퀴논quinone과 같은 물질로 변하면서 색도 노랗게 변한다. 일반적으로 이런 불순물을 가진 종이를 산성지라고 부르는데, 변색을 막으려면 책이 자외선이나 수분에 노출되지 않도록 주의해야 한다.[17]

한지의 지질을 향상시킨 셋째 요인은 식물성 풀에서 찾을 수 있다. 한지는 섬유질을 균등하게 분산시키기 위해 독특한 식물성 풀을 사용했다. 황촉규(닥풀)라는 식물의 뿌리에서 추출된 점착제는 한지의 원료에 점성을 준다. 이 점착제는 종이를 뜰 때 섬유의 배열을 균일하게 해주고 건조되면 점성이 소실되는 특성이 있어서 낱장으로 종이를 말리는데도 안성맞춤이었다. 한지는 닥풀의 뿌리에서 추출된 점액을 사용함으로써 섬유의 배열이 양호해졌고, 강도가 증가했으며 광택도 좋아졌다. 또한 닥풀 덕분에 종이를 얇게 뜰 수 있게 되었고 습지의 분지도 용이해졌다. 세종 15년에 편찬된 『향약집성방』 85권에 종이 뜰 때 점제로 사용하는 닥풀에 관한 언급이 나오고 있어 1433년 이전에 이미 닥풀을 사용했음을 알 수 있다. 펄프만을 사용해 만든 종이는 흡수성이 좋아 필기나 인쇄 시 잉크가 번진다. 이를 방지하기 위해서 종이를 만들 때 펄프에 내수성이 있는 콜로이드 물질을 혼합해 섬유의 표면이나 섬유 사이의 틈을 메우게 되는데 닥풀이 이러한 작용을 한다.

넷째는 표백 방법이다. 순백색의 우량 종이를 제조하기 위해서는 잡색을 띤 비섬유 물질을 완전히 제거하는 것이 중요하다. 이 과정을 표백이라고 하며 전통 한지는 천연 표백제를 사용했다. 냇물 표백법이 그 대표적인 방법으로 옛날부터 한지를 생산하는 곳에는 맑은 물이 항상 필요했다. 천연 표백법은 섬유를 손상시키지 않고 섬유 특유의 광택을 유지하면서 그 강도를 충분히 발휘시킬 수 있게 만들어준다. 주로 표백 단계에서 제거되는 성분은 냉수, 온수, 알코올 - 벤젠, 당류, 분자량이 적은 탄수화물 등이다. 이 중에서 당류 성분을 제거하는 것이 가장 중요하다. 당류가 많으면 종이가 햇빛에 노출되었을 때 변색되기 쉽고 완성된 종이의 강도가 약하며 벌레가 생기기 쉬워 종이의 수명이 짧아지기 때문에 가능한 한 당의 함량을 낮추는 것이 좋다. 전통 한지의 수명이 오래가는 이유는 두 번에 걸친 표백으로 닥나무에 존재하는 당류가 거의 모두 빠져 나오기 때문이다.

한지의 질을 더 높여주는 조상들의 비법은 또 있다. 한지 제조의 마무리 공정인 도침搗砧이 그것이다. 도침은 종이 표면이 치밀해지고 평활도를 향상시키며 광택을 내기 위해 풀칠한 종이를 여러 장씩 겹쳐놓고 디딜방아 모양의 도침기로 골고루 내리치는 공정을 말한다. 이는 무명옷에 쌀풀을 먹여 다듬이질하는 것과 동일한 원리다. 이 도침 기술은 우리 조상들이 세계 최초로 고안한 종이의 표면 가공 기술이다.

이와 같은 여러 공정을 거쳐 한지는 세계에서 가장 우수한 종이로 빛을 발한다. 한지의 강한 특성은 한지를 몇 겹으로 바른 갑옷에서도 볼 수 있다. 옻칠을 입힌 몇 겹의 한지로 만든 지갑(紙甲, 갑옷)은 화살도 뚫지 못한다고 한다. 한지가 이렇게 강한 이유 역시 닥나무 껍질의 인피 섬유를 사용하기 때문이다. 화학 펄프로 사용하는 전나무, 소나무, 솔송나무 같은 침엽수의 섬유 길이(3mm)나 너도밤나무, 자작나무, 유카리 같은 활엽수의 섬유 길이(1mm)보다 훨씬 긴 섬유 길이(약 10mm)를 닥나무의 인피 섬유가 갖고 있기 때문이다.

신라시대부터 우리나라의 한지 기술이 탁월했다는 것은 문화재청이 2000년에 『무구정광대다라니경』의 영인본과 해제본을 전통 한지 기법으로 만들었으나 결과는 신라 종이의 정교함을 따를 수 없었다는데에서도 알 수 있다. 한지를 직접 만들었던 기술자도 제품이 마음에 안 들어 물에 여러 번 풀며 도침도 7번이나 했음에도 보푸라기가 유난히 많이 일어났다고 실토했다. 닥풀이나 닥나무 같은 당시의 재료가 현재와 다른 면도 있겠지만 신라시대의 종이를 만들지 못한 것은 또 다른 면에서 선조들의 기술이 탁월했음을 보여준다.

외국에서는 우리 한지를 최고의 종이로 인정하고 있는 반면에 우리들은 오히려 질이 좋지 않은 종이라 천시하고, 한지에 비해 질이 떨어지는 외국의 펄프 종이가 좋다고 여기는 잘못을 저지르고 있다. 세계적으로 잘 알려져 있는 일본의 화지는 한지에 비해 거칠고 강도도 떨어진다는 사실과 외국의 값싼 닥나무를 수입하여 아무리 전통 한지 흉내를 내려고 해도 실패한다는 사실에서도 한지의 우수성을 알 수 있다.

07 아날로그-디지털 변환기 자격루

시간이란 환상인지 아니면 실재하는 것인지 명확하게 정의 내릴 수 없을 정도로 참 이상한 것이다. 학자들이 시간이야말로 우리가 가장 이해하기 어려운 자연현상 가운데 하나로 간주하면서도 시간이 얼마나 중요한 것이라는 점을 이해시키는 데는 어려움이 없다. 모든 사건은 어떤 시간 범위 내에 존재한다. 추리소설이나 범죄사건에서 범인인지 아닌지를 추적하는데 알리바이를 제일 먼저 제시하라고 하는 것은 동일 시간에 범죄 장소가 아닌 다른 장소에 있었다면 범행을 저지를 수 없다고 생각하기 때문이다.

가장 일반적인 설명은 아침을 먹고 출근한 후 일정한 시간이 지나면 배가 고파진다. 점심을 먹고 퇴근한 후 밤에 잠을 자면 어김없이 아침이 된다. 이것을 우리는 당연하다고 생각한다. 연속되는 감각에 의해 조금 있으면 뭔가가 일어난다고 생각하는 것에 어떠한 의심도 품지 않는다. 그러나 인간은 자신의 연속 감각이 상황에 따라 다르다는 사실을 잘 알고 있다. 고된 일을 하거나 지루한 강의를 들을 때는 애인과 함께 있는 시간보다 훨씬 길다. 일주일이나 하루가 상황에 따라 길어질 수 있다는 것을 뜻한다. 이런 의미에서 시간은 원래 심리학적 개념으로 연속하는

조선 후기 거북이형 앙부일구

감각이라고 알려졌다.

하지만 이런 감각이 문제가 있다는 것은 당연하다. 자신에게는 짧게 느껴지는 연속된 시간이 다른 사람에게는 길게 느껴지며 또 다른 사람에게는 전혀 차이를 느끼지 못한다면 불합리한 점이 일어나기 십상이기 때문이다. 그래서 인간은 모든 사람에게 유용한 방법을 만들어냈다. 바로 '시간'이라는 개념을 창조한 것이다. 그런데 아인슈타인과 같은 학자에게 가면 시간은 우리의 생각과 다소 다르다. 그는 공간과 시간이 한 가지 동일한 사물의 양면과 같다고 생각했다. 그에 따르면 시공이란 약 140~145억 년 전 우주 대폭발(빅뱅)과 함께 생성되었으며 그 이전에는 시간이라는 것도 공간이라는 것도 없었다. 즉, 대폭발에 의해 우주가 탄생했고 그와 동시에 시간이 흐르기 시작했으며 자연의 구성 요소가 되었다는 것이다.[1]

인간은 각자 느끼는 시간이 감각에 따르지 않고 연속임을 강조한다. 일정한 객관적인 물리현상을 사용하여 시간을 단지 측정시스템의 한 방법으로 여기도록 만든 것이다. 이런 방법으로 가장 먼저 도입된 것이 해시계다. 그러나 해시계는 간단하여 누구나 쉽게 이용할 수 있지만 흐린 날이나 밤에는 사용할 수 없다. 이런 불편 때문에 모래시계나 불시계도 만들었지만 이것들은 모두 정밀하게 세분하는데 한계가 있었고 정확도가 그리 높지 않았다. 이런 문제점의 대안이 물시계다. 물시계는 인간이 문명시대로 들어간 초창기부터 개발되었는데 학자들은 적어도 기원전 2000년경에 이집트나 바빌로니아에서 사용되었다고 추정하며 그리스 시대에도 보급되었다. 한국인으로 물시계라면 생각나는 사람이 있을 것이다. 바로 장영실이다.

한국인이 가장 보고 싶은 사람

우리나라 사람들이 가장 보고 싶어 하는 두 사람은 누구일까? 난센스 퀴즈라고 볼 수 있는 이 질문은 만 원짜리 지폐를 보면 금방 알 수 있다. 만 원짜리 지폐에는 세종대왕과 자격루가 도안되어 있다. 5만 원짜리 지폐에는 신사임당이 있지만 아직도 보편적으로 사용되는 것이 만 원짜리 지폐이므로 장영실과 세종대왕이 더 친근하다. 초등학생부터 성인에 이르기까지 한국 최고의 발명가로 장영실을 꼽는데 주저하는 사람은 드물 것이다. 실제로 우리나라의 과학 관련 분야 곳곳에서 장영실 이름 석 자를 찾아보기란 어렵지 않다. 5월 19일을 발명의 날로 정한 것은 1442년 세종대왕이 측우기 발명을 공포한 날을 기념한 것으로, 우리나라는 서양보다 무려 200년이나 앞서 강우량을 측정할 수 있는 기구를 발명했다.

15세기는 우리 역사에서 과학기술이 가장 발전한 시기로 그 중심에 장영실이 있었다. 현재에도 우수성을 인정받고 있는 자동물시계 자격루와 옥루를 비롯한 각종 천문기구와 금속활자는 모두 그의 손을 거쳤다. 노비 출신이라는 신분적 한계를 극복하고 과학기술자로서 큰 업적을 남긴 입지전적 삶은 후세에 귀감이 된다. 그러나 자격루는 장영실의 전유물이 아니다. 장영실보다 거의 700년 전인 삼국시대에도 자격루가 있었기 때문이다. 한국의 시계 역사도 오래되는데 671년에 백제인의 협력으로 일본에서 처음으로 물시계漏刻가 만들어졌다는 기록을 보아도 알 수 있다. 그 구조는 다음과 같다. 물 항아리가 4개 있고, 바닥에 뚫린 구멍으로 물이 흘러나와 밑에 있는 항아리에 고인다. 맨 아래에 있는 항아리에 시각을 재는 화살을 띄워 이것이 떠오르는 높이로 시각을 잴 수 있다. 물시계에 대한 기록은 『삼국사기』에서도 발견할 수 있다. 『삼국사기』〈신라본기 제8〉 '경덕왕 17년(758년)' 에도 물시계에 대한 기록이 있다.

> 17년 3월 지진이 있었다. 여름 6월 황룡사 탑에 벼락이 쳤다. 처음으로 누각(漏閣, 물시계)을 만들었다.

『삼국사기』〈신라본기 제9〉 '경덕왕 8년(749년)' 에는 구체적으로 물시계를 운용한 실무자에 대한 기록이 있다.

> 8년 봄 3월 폭풍이 불어 나무가 뽑혔다. 3월 천문박사天文博士 1명과 누각박사漏刻博士 6명을 두었다.

단편적인 기록이기는 하지만 이들 기록보다 훨씬 전부터 물시계가 있었던 것으로 추정된다. 그러나 이 당시의 물시계는 하루에 한 번 또는 두 번 물을 갈아주어야 할 뿐만 아니라 사람이 꼭 지키고 서서 시간을 보아야 했고 시간마다 종을 쳐서 몇 시가 되었다는 것을 일일이 알려야 하는 등 불편한 점이 한 둘이 아니었다. 자동으로 움직이는 물시계의 필요성이 대두되었지만 당시의 과학기술 수준이 이에 못 미치는 실정이었다. 그 문제점을 해결한 사람은 신라시대보다 한참 후대인 조선 초기 인물인 장영실이지만, 기본 틀에서는 삼국시대의 물시계 역시 장영실의 자격루와 유사한 원리에 의해 작동되었을 것으로 추정한다.

노비에서 상호군이 된 기술자 장영실

장영실이 과학기술계에서 유명한 사람 중에 한 명이지만 그의 탄생은 결코 화려하지 않았다. 그는 관청에 소속된 기녀의 아들로 태어나 관청에 딸린 노비로 자랐다. 그럼에도 불구하고 오직 자신의 재능 하나로 노비 신분에서 벗어나 정3품 상호군上護軍까지 올라간 입지전적인 사람이다. 장영실이 동래현의 관노가 된 것은 장영실의 아버지가 원나라 때 고려로 귀화한 사람이기 때문으로 추정한다. 부산 동래는 중국의 항주와 밀접한 관계를 갖고 있으며, 아라비아와 중국을 연결하는 해상 실크로드로 볼 수 있는 동시에 고려 말에 극성을 부린 왜구의 침입을 막는 국방의 요지였다. 따라서 장영실의 가문은 중국에서 귀화한 사람으로 동래현에 파견된 군사 기술자였을 가능성이 높다. 남문현 교수는 '당시 병기 기술자들은 비교적 지위가 높은 군인 신분으로 주로 왜구를 격퇴하는데 필요한 병기의 제작과 화포를 수리하기 위해 동래현 같은 국방 요지에 파견되었다' 며 장영실의 어머니가 관기(기생)였기 때문에 관노로 편입되었을 것으로 추정했다.

장영실의 본은 충청남도 아산으로 아산 장蔣씨의 세보世譜에는 송나라 대장군 장서가 시조다. 장서는 금나라의 침입에 맞서 주전론을 주장하다가 좌절되자 가족들을 이끌고 고려의 아산에 도착한다. 고려 예종(1079~1122년)은 그에게 아산을 식읍으로 주고 우대했으며 이후 후손들은 고려조에서 무인으로 높은 벼슬을 지냈다. 아산시가 시민의 날인 10월 26일을 장영실 기념일로 삼는 것도 이같은 인연에서 비롯됐다. 장영실의 아버지 이름은 성휘로 5형제 중 셋째이며 고려 때 장관급인 전서 벼슬을 했다고 하나 이를 입증할 만한 기록이 없다. 다만 족보에 나타난 아산 장씨의 15대손 장명원이 1550년 동래부사로 임명되어 현직에서 사망한 것을 볼 때 장영실은 조선왕조에서 발탁되기 어려운 서자 출신으로 추정한다(장영실의 사촌 여자 동생이 당대의 천문학자 김담(金淡, 1416~1464년)에게 시집간 것으로 볼 때 장영실이 노비 출신이 아니라는 주장도 있다). 동래현에서 병장기 등을 고치며 지내던 장영실은 관노 출신이라는 신분적인 제약에도 불구하고 특출한 재능 때문에 세종의 신임을 얻어 상호군까지 승진한다. 상호군은 정승 · 판서에 비할 바는 아니지만 정3품의 자리이므로 관노로서는 대단한 출세라 할 수 있다. 기술자를 우대하려는 세종의 배려가 엿보이는 대목이다.

물시계를 만들어라

물시계의 기본은 간단하다. 물을 일정한 용기에 넣고 이를 규칙적으로 흘러내리게 하여 그 양으로 시간을 재는 것이다. 그러므로 물시계는 누호, 누전漏箭, 전주箭舟로 구성되어 있다. 누호에는 설수형泄水形과 수수형受水形이 있다. 설수형은 누호로부터 흘러나간 물의 양으로 시간을 측정하며 고대 바빌로니아에서 널리 사용되었다. 수수형은 누호에 흘러 들어온 물의 양으로 시간을 측정하는 것으로 중국에서 많이 사용되었으며 이집트는 설수형과 수수형을 모두 사용했지만 후대에는 수수형을 주로 사용했다. 중국의 수수형은 밑바닥에 구멍이 뚫린 그릇으로, 떠오르다가 일정한 시간이 지나면 가라앉는 장치였다. 한漢 초부터는 눈금 있는 자막대가 붙어 있는 부표를 사용했는데 처음에는 저수통이 하나만 있었지만 수위가 내려감에 따라서 수압이 낮아져서 물방울이 떨어지는 속도가 느려지므로 정확한 시간을 기록할 수 없는 단점이 있었다.

그러므로 이런 문제점을 해결하기 위해 두 가지 방법이 사용됐다. 첫째는 저수통과 수수통 사이에 하나 이상의 물통을 배치하는 것으로 중간의 물통이 수압이 낮아지는 것을 보정하는데 6개 이상의 물통을 사용한 기록도 있다. 둘째 방법은 저수통과 수수통 사이에 있는 물통의 수위를 일정하게 유지하거나 넘치게 하는 것이다. 물시계 자체의 이론은 간단하지만 위와 같은 시간을 재는 물시계는 장난감 정도로 만들 수 있는 것은 아니다. 더구나 정교해야 하므로 어떤 고대 기구나 장치보다 거대했다.

고대 전제국가에서 왕의 중요한 임무 가운데 하나는 백성들에게 일할 시간과 쉬는 시간을 알려주고 이를 규제해 사회생활의 질서를 유지하는 것이다. 왕은 하늘의 뜻을 받들어 백성들을 교화시키는 것이 중요한 임무라고 인식했기 때문이다. 특히 조선왕조가 채택한 유교적인 왕도정치에서는 하늘의 움직임을 정확히 측정해 백성에게 알리는 것이 왕권과 질서의 상징이고 수단이었다. 유교는 왕정의 근원을 천도天道 실현에서 찾고 일월성신日月星辰의 천문 변화를 관찰하는 것 자체를 천도 실현의 첫걸음으로 간주했다. 삼라만상의 생장 자체를 생명이 있는 것을 살게 하는 하늘의 큰 덕으로 보아 하늘로부터 천명을 받은 군주는 이 대덕大德을 본받아 백성을 다스려야 한다고 인식했다. 그러므로 하늘의 뜻을 헤아리는 차원은 물론 백성들에게 농사를 잘 짓도록 독려하는 차원에서 정확한 시간을 언제든지 알 수 있는 시계를 개발하여 백성들에게 일할 시간과 쉬는 시간을 알려주고 이를 규제해 사회생활의 질서를 유지하는 것은 중요한 일이었다. 이런 방법으로 가장 먼저 도입된 것이 해시계다.

조선이 건국되고 한양으로 도읍을 옮기자 정부는 청운교 서편에 종루를 지어 종을 걸어 울림으로써 백성들에게 시간을 알려 주고 생활의 리듬을 규제하는 수단으로 삼았다. 종소리에 의해 해가 지면 성문을 닫고 새벽이 되면 성문을 열었는데 이때 정확한 시간을 알려주는 시계가 경점지기였다. 『세종실록』에 의하면 세종 6년(1424년)에 청동제 물시계인 '경점지기'를 장영실이 만들었다. '중국의 체제를 참고하여 만든 기계'로만 적혀 있고 그것이 어떤 구조의 물시계인지를 설명하지 않고 있지만 『연려실기술』에는 자동으로 시간을 알리는 시계라고 적고 있다. 장영실은 이때의 공으로 노비의 신분에서 벗어나 '실검지'로 제수되어 물시계를 관장하게 된다.

경점지기는 맨 위의 물 항아리에 물을 채우고 그 물을 아래의 통으로 차례로 흐르게 하여 맨 밑의 물 받는 항아리에 일정하게 흘려 넣어 그 안에 띄운 잣대가 떠오르면, 잣대에 새긴 눈금을 읽어 시각을 알아내는 수수형 물시계다. 그러나 이러한 물시계는 밤낮으로 사람이 지키고 있다가 잣대의 눈금을 읽어 종치는 사람에게 알림으로써 비로소 시간을 알릴 수 있는데 만약 관리가 깜빡 잠이라도 들어 시각을 지나치면 포도청에 불려가 곤장을 맞기 일쑤였다. 그러므로 세종은 장영실에게 사람이 물시계 잣대의 눈금을 일일이 읽지 않고 '때가 되면 저절로 시각을 알려주는 자동시보장치가 달린 물시계'를 만들라고 명하였다. 장영실은 김빈과 함께 자동물시계로 '자격루自擊漏'를 만들었고 경회루 남쪽에 보루각報漏閣을 세워 설치했다. 루漏란 글자는 물이 샌다는 뜻이지만 여기에서는 물시계를 뜻한다.

아날로그 – 디지털 변환기

장영실의 자격루는 수수형 물시계로 파수호播水壺 넷과 수수호受水壺 둘로 만들어졌다. 물을 흘려보내는 파수호가 네 개인 것은 최상의 수위 제어를 통해 일정한 양의 물을 흘리기 위해서다. 이 중 제일 위의 제물통은 물을 저장하고 공급하는 용도이며, 그 다음은 파수호의 수위 변화를 미소 변화로 완화시키기 위한 용도이며, 세 번째는 평수호에서 만류overflow 방식으로 수위를 일정하게 유지하여 계량호인 수수호로 일정 유량을 흘려보낸다. 평수호에서 넘친 물은 제4의 물통에 유입된다. 수수호가 두 개인 것은 매일 번갈아 가며 시간을 재기 위함이다. 하루가 지나는 동안 수수호 하나에 물이 가득 차면 유로를 옆의 수수호로 옮겨 시간을 재고 가득 찬 물을 갈호로 뽑아내어 다음 날을 대비하는 식으로 운용되었다. 평수호로부터 일정 유량의 물을 하루 종일 받아들이는 동안 수수호 안에서 부표가 떠오르며, 부표 위에 꽂힌 잣대가 수수호 위로 올라오면서 잣대 면에 새겨진 눈금이 지침을 통과할 때 시간을 읽을 수 있다고 한영호 박사는 설명했다.

그러나 자격루를 정확하게 설명하는 것은 어렵다. 『세종실록』에 실린 김돈의 〈보루각기〉와 김빈의 〈보루각명병서〉에 자격루의 제작 동기, 외관, 구조, 작동 과정 등이 설명되어 있지만 이해하기 어려우므로 자격루를 실험적으로 재현하는데 성공한 남문현 박사의 '보루각기' 설명에 의한 시보장치의 작동 과정을 인용한다.[2]

① 파수호에서 수수호로 물이 주입된다.

② 시간의 잣대가 왼쪽 동판기구를 밀어 올린다.

③ 작은 구리구슬 하나가 동판의 구멍에서 굴러 나온다.

④ 수수호 위에 놓은 그릇(구멍이)에 떨어져 넓은 연결판(광판) 위를 거쳐 동통에 굴러 들어간다.

⑤ 통기구에 뚫린 첫 번째 구멍을 빠져 나와 숟가락 기구를 젖히면, 숟가락 기구의 둥근 쪽 반대편에 걸쳐 있던 큰 쇠구슬이 떨어진다.

⑥ 시보인형과 연결된 숟가락 기구를 작동시키면 횡목의 한쪽 끝을 누르고 있던 쇠구슬이 굴러 떨어지고, 동시에 지렛대의 남단이 낮아지면서 앞선 시의 시패를 들고 있던 시보인형은 밑으로 내려온다.

⑦ 숟가락 기구와 연결된 기구가 시보인형의 팔뚝을 건드리면 종이 한 번 울린다.

⑧ 숟가락 기구를 작동시킨 쇠구슬은 떨어지면서 횡목의 한쪽 끝을 눌러 횡목의 남단에 대기하고 있는 시보인형의 발을 들어 올리면 평륜이 돌고 다음 시에 인형이 올라가는 위치에 대기한다.

⑨ 동판이 위로 열리면서 인형이 위로 올라가고 방금 울린 종소리에 해당하는 시패를 전시한다.

자격루는 물시계만 폭이 3m, 높이 5.3m, 세로가 2m가량 되며 시보장치의 가로와 세로가 각각 2m, 높이가 6m나 되는 거대한 기계다. 남 박사는 자격루가 부력에 의해 얻은 힘으로 제일 먼저 시보용 시간 신호를 발생시킨 후, 곧바로 기계적인 2차 구동 신호를 발생시켜 12시 시계와 밤시계의 시보장치를 동작하게 하는 자동시계장치로서, 아날로그식 물시계와 디지털식 시보장치를 연계시켜주는 아날로그—디지털 변환기라고 설명했다. 이를 위해 물시계와 시보장치의 접속 부분에 액면의 높이, 즉 측정된 시간 간격을 시보용 시간 신호로 변환해주는 시보용 신호 발생 장치를 두었는데 이 에너지는 쇠구슬의 위치에너지를 적절히 활용한 기계적인 힘에 의해 얻어진다고 추정했다.

최종적인 시보는 타격 기구와 연결된 인형이 말단 기구(종, 북, 징)를 작동시켜 청각적으로 이루어진다. 아울러 회전식 수평바퀴에 설치한 인형이 차례에 따라 교대로 도약하여 시의 진행을 전시한다. 시보장치는 역학적 원리를 기본으로 하여 초보적인 제어용 장치와 디지털 기술을 이용한 전형적인 자동 시보장치라고 평가했다. 이때 시간의 단위는 1일 12시 100각법이다. 100각법은 하루를 100등분하여 시간을 재는 것으로 1각은 현재 시각으로 14분 24초다. 12시법은 자정부터 다음 자정까지 십이지十二支의 이름을 붙여 나눈 것이다. 그러나 시는 초初와 정正의 두 부분으로 분할해 오늘날의 24시간과 같이 썼다. 자시子時는 밤 11시부터 새벽 1시이지만 자초(子初, 11시)와 자정(子正, 12시)으로 구분했다.

장영실이 만든 자격루는 삼국시대 이래 전래된 우리 고유 기술에 역대 중국 물시계와 이슬람의 자동 시보장치 원리를 가미한 혁신적 기기였다. 장영실은 송나라 소송의 수운의상대(1206년), 원나라 곽수경의 대명전등루(1276년), 순제의 궁루(1354년) 등을 참고했다. 그러나 중국 물시계의 항아리는 대부분 네모난 궤짝 모양인데 반해 자격루는 청자나 백자항아리 모양의 청동 물항아리였다. 자격루에서 공이 굴러가서 시간을 알리는 방법은 13세기 아랍의 알 자자리가 만든 10개의 물시계(1206년) 가운데 제3(보트), 제4(코끼리) 시계에서 영감을 얻은 것으로 추정했다.

특히 부력을 이용해서 1차 신호를 얻고 이것을 증폭시켜 시보장치를 작동시키는 추진력(2차 신호)을 얻는 방식은 알 자자리의 제7(촛불)시계에서 아이디어를 따온 혁신적인 방법이다. 제7시계는 촛불이 타면 그 무게만큼 가벼워져 양초의 받침대가 올라가고 이때 아래쪽의 공부터 차례로 떨어지면서 신호를 내는 방식으로, 이 시계는 항상 불을 관리해야 하

알 자자리의 자동물시계 그림

는 번거로움이 있는데 장영실은 부력을 이용한 독특한 방식으로 바꾸었다.

공을 이용해서 시보장치를 가동시키는 메커니즘의 핵심인 숟가락 기구는 비잔틴의 필론과 헤론의 자동장치에 사용됐던 것이다. 평륜을 이용한 십이지 인형의 사용방법도 특이하다. 소송의 수운의상대는 회전식 디스크 위에 인형을 고정식으로 배열했다. 그러나 자격루의 인형은 시간이 되면 위로 올라가는 점프 방식으로 근본적인 차이가 있다. 한영호 박사는 자격루의 물시계 부분에서는 중국의 전통 방식을 그대로 따랐지만 시보장치에서는 지신상의 교체를 위한 평륜의 회전 기구에서도 톱니바퀴를 쓰지 않는 등 중국 천문시계의 운동 전달 방식을 철저하게 배제했다고 적었다. 굴러 내리는 구슬에서 얻은 힘으로 지렛대를 움직이는 방식으로 모든 작동이 완료되도록 했기 때문이다.

장영실의 물시계가 중국보다 우수한 것은 시간 측정의 정밀도다. 중국 물시계의 잣대 길이는 50~60cm 정도로 눈금 간격을 1각(15분) 단위밖에는 매길 수 없었다. 그래서 세밀하게 측정하기 위해 수수호의 물을 하루에 네 번 바꾸어 한 눈금 간격을 4분 정도로 높였다. 이럴 경우 항아리의 물을 빼고 잣대를 갈아 끼우는 동안에는 하는 수 없이 시간 측정이 중단되었으므로 연속적으로 측정하는데 문제가 생긴다. 장영실은 이 문제

덕수궁에 있는 자격루

복원된 자격루 (국립고궁박물관 소장)

해결을 위해 수수호의 높이를 중국 것의 4배 정도 키우고 잣대의 길이도 4배로 길게 만들었다.

문제는 이 방법으로도 정밀도가 완전하게 해결되지는 않았다. 수수호 한 개로 하루의 시간을 측정할 경우, 하루가 지나면 항아리가 가득 차게 되어 더 이상은 시간 측정이 곤란하므로 수수호의 물을 비우고 새로 물을 받아 시간 측정을 시작해야 했다. 장영실의 아이디어는 수수호를 2개 만들어 교대로 사용하는 것이다. 잣대 길이는 거의 2m나 되었는데 눈금 단위는 약 1분 정도로 중국의 것보다 10배 이상 세밀하게 시간을 측정할 수 있었다.

자격루는 여러 번 수리되기도 하고 새로 제작되기도 했다. 세종 16년(1434년)에 만든 자격루는 1455년에 자동 시보장치가 고장이 나자 예종 원년(1469년)에 수리하여 사용했다. 연산군 11년(1505년)에는 창덕궁으로 이관되었다가 다시 경복궁으로 옮겨졌으며 임진왜란 때인 1592년 소실된 것으로 추정된다. 중종 29년(1534년)에 새 자격루를 제작하기 시작하여 중종 31년(1536년)에 완성했는데 현재 덕수궁에 있는 자격루는 이 때 제작된 것이다. 장영실의 것을 본떠서 제작했는데 인경(초경에 28번의 종을 침)과 파루(5경에 33번의 종을 침)까지도 자동적으로 알려주었는데 현재 만 원짜리 지폐에서 볼 수 있는 물시계가 바로 그것이다. 그러나 덕수궁에 있는 시설만 볼 때 이것을 물시계라고 부르기에는 미흡하다. 시계라면 당연히 시각을 알려주는 장치가 있어야 하는데 그런 것은 없고 물통 다섯 개만 놓여 있으므로 이들만 보고 어떻게 시간을 쟀는지를 알아낸다는 것은 불가능한 일이라고 볼 수 있다.

학자들이 자격루가 어떻게 생겼는지를 확인할 수 없는 차에 다행스럽게도 1920년대에 창경궁에 보존되어 있을 때의 사진이 발견되어 학자들의 궁금증을 해소하는데 결정적인 자료가 되었다. 남문현 박사팀이 이를 토대로 복원하여 현재 국립고궁박물관에서 전시하고 있는데 이를 보면 자격루가 얼마나 웅대한 모습을 갖고 있었는지 알 수 있다.

08 주인과 함께하는 순장

최근 가야와 신라 김씨의 선조가 흉노, 즉 북방 기마민족이라는 주장이 한국을 후끈 달구고 있다. 그것도 한국인이 그동안 비하하던 흉노의 후손이란다. 이는 과거에 한국인들이 인식하고 있던 고대사에 관한 상식을 일거에 무너뜨린다. 그동안 과학적인 발굴과 사료 연구에 따라 『삼국사기』와 『삼국유사』에 기록된 내용들에 대한 재검토가 활발해졌고 과거에는 다룰 수 없었던 역사에 대한 인식이 변했기 때문이다. 그런데 가장 놀라운 것은 후대에 경주 김씨로 칭하게 되는 신라 김씨의 유래가 소호금천씨小昊金天氏는 물론 흉노계인 김일제, 김알지로 이어진다는 것이다. 사실 소호금천씨와 김알지의 연관에 대해서는 『삼국사기』에 분명하게 나와 있다. 『삼국사기』〈백제본기 제6〉'의자왕'에 김부식은 저자의 견해라며 다음과 같이 적었다.

> 신라 고사에는 '하늘이 금궤를 내려 보냈기에 성을 김씨로 삼았다'고 하는데, 그 말이 괴이하여 믿을 수 없으나 내가 역사를 편찬함에 있어서 이 말이 전해 내려온 지 오래되니 이를 없앨 수가 없었다. 또한 듣건대 "신라 사람들은 스스로 소호금천씨의 후손이라 하여 김씨로 성을 삼았다고 한다. 국자박

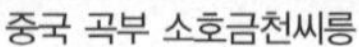

중국 곡부 소호금천씨릉

중국 서안 김일제릉

사國子博士 설인선薛因宣이 지은 김유신비金庾信碑와 박거물朴居勿이 글을 만들고 요극일姚克一이 글씨를 쓴 '삼랑사비문三郎寺碑文'에 보인다.

『삼국사기』〈열전 제1〉'김유신'에도 소호금천씨의 이야기가 나온다.

김유신은 경주 사람이다. 12대조 수로는 어느 곳 사람인지 모른다. 그는 후한 건무 18년 임인에 귀봉에 올라가 가락의 구촌을 바라보고 마침내 그곳으로 가서 국가를 건설하고, 국호를 가야라 했다가 후에 금관국으로 고쳤다. 그 자손이 대대로 이어져 9대 자손인 구해에 이르렀다. 구차휴라고도 하는 구해는 유신에게는 증조부가 된다. 신라인들은 스스로 소호금천씨의 후예라고 생각하여 성을 김이라 한다고 했고, 유신의 비문에도 '헌원軒轅의 후예이며 소호의

소호금천씨 부조

종손少昊之胤' 이라 하였으니, 남가야 시조 수로도 신라와 동성이다.

신라 김씨 외에도 금관가야 건국 시조 김수로에서 시작된 김유신 가문의 가락 김씨(김해 김씨) 또한 그 뿌리를 같은 소호금천씨에서 찾고 있음을 알 수 있다. 헌원은 중국이 시조로 인식하는 황제黃帝를 뜻하는데 소호少昊는 황제의 아들이자 후계자로서 금덕金德으로 나라를 다스린 까닭에 소호금천씨라 불렸다는 설도 있지만 일반적으로 동이족의 선조로 황제와는 다른 사람이다.[1]

소호금천씨는 기원전 3000여 년을 거슬러 올라가므로 실재 인물이 아니라 전설상의 인물이라는 지적도 있어 가야 신라 김씨 선조가 이들까지 올라간다는 점에 의문을 품기도 하지만, 국립경주박물관에 보관중인 문무왕文武王의 능비문陵碑文을 보면 문무왕의 혈통이 정확하게 적혀 있다. '문무대왕릉비문' 이라고 불리는 능비문은 1796년(정조 20년) 경주에서 밭을 갈던 농부에 의해 발견되었고 당시 경주부윤이던 홍양호(洪良浩, 1724~1802년)가 이를 탁본해 당시 지식인들에게 공개했다. 또한 비석의 탁본이 청나라 금석학자 유희해(劉喜海, 1793~1853년)에게 전해져 그가 쓴 『해동금석원海東金石苑』에 비문 내용이 실렸다. 이 비의 건립연대는 대체로 문무왕이 사망한 681년 또는 그 이듬해로 추정된다. 비문의 내용은 대체로 앞면에는 신라에 대한 찬미, 신라 김씨의 내력, 태종무열왕과 문무왕의 치적, 백제 평정, 문무왕의 유언, 장례, 비명 등이 적혀 있다. 능비문에 적힌 부분 중에서 주목되는 내용은 다음과 같다.

신라 선조들의 신령스러운 영원(靈源, 투후가 된 김일제가 받은 땅이라는 해석도 있음)은 먼 곳으로부터 계승되어온 화관지후火官之后니 그 바탕을 창성하게

문무대왕릉비문

하여 높은 짜임이 융성하였다. 종宗과 지枝의 이어짐이 비로소 생겨 영이한 투후秺侯는 하늘에 제사지낼 아들로 태어났다. 7대를 전하니 거기서 출자出自한 바다.

이 내용을 보면 문무왕은 화관지후(火官之后, 기원전 2330년)의 후예라는 뜻인데 화관지후는 중국이 자랑하는 순임금을 뜻한다. 순임금이 소호보다 후대 사람이므로 신라 김씨는 소호금천씨, 순임금을 이어 투후인 김일제, 김알지로 이어졌다는 설명이다. 이들 설명을 증빙하는 또 다른 자료인 재당 신라인 후손 '대당고김씨부인묘명大唐故金氏夫人墓銘'이 부산외국어대학교 권덕영 교수에 의해 최근 공개되었다. 함통咸通 5년(864년)에 작성된 이 묘지명에 의하면 정통 신라 김씨는 시작이 소호금천씨이며 김일제는 그 후손이라고 적혀있다. 묘비의 주요 내용은 다음과 같다.

태상천자太上天子께서 나라를 태평하게 하시고 집안을 열어 드러내셨으니

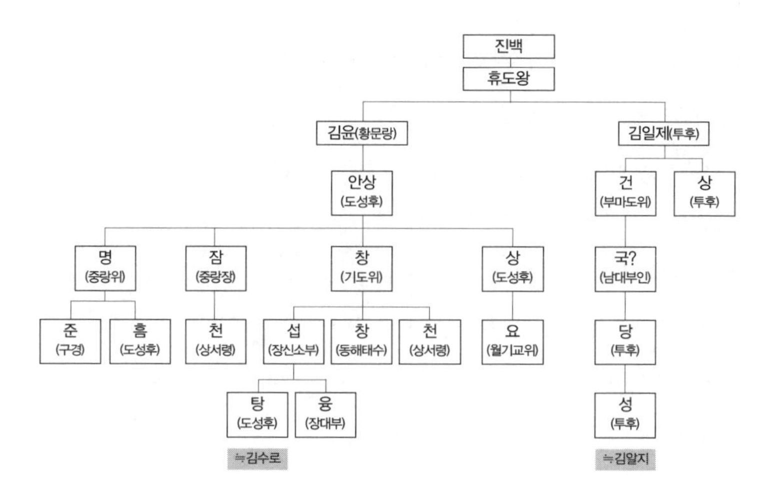

김알지 가계도

이름하여 소호씨금천少昊氏金天이라 하니, 이분이 우리 집안이 성씨를 받게 된 세조世祖시다. 그 후에 유파가 갈라지고 갈래가 나뉘어 번창하고 빛나서 온 천하에 만연하니 이미 그 수효가 많고도 많도다. 먼 조상 이름은 일제日磾시니 흉노 조정에 몸담고 계시다가 서한西漢에 투항하시어 무제武帝 아래서 벼슬하셨다. 명예와 절개를 중히 여기니 (황제께서) 그를 발탁해 시중侍中과 상시常侍에 임명하고 투정후秺亭侯에 봉하시니, 이후 7대에 걸쳐 벼슬함에 눈부신 활약이 있었다. 이로 말미암아 경조군京兆郡에 정착하게 되니 이런 일은 사책에 기록되었다. 견주어 그보다 더 클 수 없는 일을 하면 몇 세대 후에 어진 이가 나타난다는 말을 여기서 징험할 수 있다. 한漢이 덕을 드러내 보이지 않고 난리가 나서 괴로움을 겪게 되자, 곡식을 싸들고 나라를 떠나 난을 피해 멀리까지 이르렀다. 그러므로 우리 집안은 멀리 떨어진 요동遼東에 숨어 살게 되었다. 문선왕(文宣王, 공자의 시호)께서 말씀하시기를 "말에는 성실함과 신의가 있어야 하고 행동에는 독실하고 신중함이 있어야 한다"고

했다. 비록 오랑캐 모습을 했으나 그 도道를 행하니, 지금 다시 우리 집안은 요동에서 불이 활활 타오르듯 번성했다. (중략) 연이어 병을 앓아 무당과 편작扁鵲 같은 의원도 병을 다스리지 못하다가 함통咸通 5년(864년) 5월 29일 영표嶺表에서 돌아가시니 향년 32세다. 단공(端公, 시어사의 별칭으로 김씨 부인의 남편)은 지난날의 평생을 추모하여 신체를 그대로 보전하여 산을 넘고 강 건너기를 마치 평평한 땅과 작은 개울 건너듯 하며 어렵고 험함을 피하지 않고 굳은 마음으로 영구靈柩를 마주 대하며 마침내 대대로 살던 고향으로 돌아왔다.

문무대왕릉 비문은 일찍이 파손돼 비문의 내용을 자세히 알 수 없는 반면, 김씨 부인 묘지명은 소호금천씨가 가문 시조이며 김일제는 중시조가 된다는 것을 명백하게 언급하고 있는데 이는 『삼국사기』의 기록과 일치한다. 또한 묘지명에는 김일제로부터 후손이 번창했는데 7대 때 중국이 전란으로 시끄러워지자, 그 후손들이 요동으로 피난해 거기에서 번성했다는 기록도 있다. 여기에서 후손들이 요동으로 피난했다는 지역은 과거 고구려 영역이자 지금의 만주 일대를 말하지만, 묘지명의 문맥으로 보건대 신라를 말하고 있음이 분명하다.[2,3]

중요한 것은 김일제 후손의 신라 도래 시기가 전한 말기 혹은 왕망의 시대인데 이는 역사적인 사실로도 충분히 증빙된다. 이는 중국의 전한을 멸망시키고 신新을 세운 왕망과 김일제의 후손이 서로 밀접하게 연계되기 때문이다.[4] 그런데 신라 김씨의 시조로 알려진 김일(김일제)은 중국과 혈투를 벌였던 흉노匈奴 제국 휴저왕休屠王의 황태자였다는 점이다. 즉, 신라 김씨는 흉노의 후손이라는 뜻이다. 물론 문무왕릉의 비문 등을 근거로 신라와 가야 김씨의 출자出自를 단정하는 것은 위험하다는 시각도 있다. 그동안 견지된 역사를 현존하는 일부 사료에 전적으로 의존한다는 문제점을 지적한 것이다. 사실 비문들의 내용을 면밀히 검토해보면 많은 부분이 역사적인 사실과 다르거나 과장되어 있음을 알 수 있다. 문무대왕릉비문의 글을 액면 그대로 믿는 것은 무리라는 지적이다.

그러나 이들 김씨가 유목 기마민족과 친연성이 깊다는 증거는 문무대왕릉비문만이 아니다. 경주 대릉원의 적석목곽분(積石木槨墳, 돌무지덧널무덤) · 금관 · 무덤에서 수없이 발견되는 각배 등도 유목 기마민족을 가리키는 징표인데, 이 중에서도 순장제도와 동복은 가야와 신라 김씨가 북방 기마민족의 후예임을 여실히 보여준다. 이 장에서는 현대인으로서는 다소 이해하기 힘든 순장에 대해 설명하고 다음 장에서 동복을 다룬다.

고대세계에서 보편적인 순장

현대인들에게 가장 금기시되는 행동은 살인이다. 어떠한 경우라도 살인은 정당화되지 않는다는 것은 자살을 엄밀한 의미에서 살인으로 간주하는 것으로도 알 수 있다. 그만큼 일단 태어난 생명은 어느 누구라도 함부로 빼앗을 수 없다는 인식을 기반으로 한다. 그러나 이러한 현대인들의 상식적인 생각이 과거에도 통용된 것은 아니다. 가장 잘 알려진 것이 살아있는 사람을 죽여서 무덤에 묻은 순장이란 제도인데 이러한 풍습을 지역에 따라 아름다운 미풍양속으로 여기기도 했기 때문이다.

근대까지 잘 알려져 있는 풍습은 인도의 순장이다. 인도에서는 남편이 죽으면 아내가 따라 분신자살하여 순장되는 '사티' 라는 풍습이 있었는데 1829년 법으로 금지되었지만 아직도 일부 지역에서 시행되고 있다. 이 습속은 원래 의례적으로 왕을 죽이는 습속과 왕이 죽은 뒤 왕비도 따라 죽음으로써 두 사람이 저승에서 다시 부활한다는 신화와 연결되어 있다. 이와 같이 죽은 사람을 위해 산 사람을 함께 매장한다는 것은 죽은 뒤에도 피장자被葬者의 평상시 생활이 재현된다는 믿음에서 나온 것으로 고대세계에서는 익숙한 풍습이다.

순장의 발상지는 고대 오리엔트로 추정된다. 신석기시대인 기원전 7000년경의 예리코Jericho 유적에서 발견된 남자 시체가 순장된 것이라는 주장도 있지만, 대체로 기원전 3000년경 메소포타미아 지역에서 본격적으로 시행되었다고 추정된다. 예를 들어, 유프라테스강 하류의 우르 유적의 왕묘에서는 59인의 순장자가 발견되었는데, 그 중 6인은 완전무장한 병사, 9인은 화려한 장신구를 가진 여자였다.

오리엔트의 고대문명은 다른 지역으로도 파급되었는데 유럽에서는 고대 갈리아(지금의 프랑스)인 · 아일랜드인 · 불가리아인 · 슬라브인에게서도 순장 또는 순사(자원하여 묻히는 것) 풍습이 있었던 것으로 알려졌다. 특히 스키타이를 비롯하여 북방 기마민족들은 후대까지 순장 풍습을 유지했는데 이 부분은 뒤에서 다시 설명한다.[5]

아프리카에서도 순장이 성행했다. 서아프리카의 아샨티족은 왕의 자매인 경우, 왕의 허락만 있으면 비록 신분은 비천하더라도 미남이기만 하면 남편으로 맞이할 수 있었다. 그런데 비천한 신분의 남편은 아내가 죽거나 외동아들이 죽으면 함께 순장되었다. 또한 북아메리카의 나치토체스족도 왕족의 여인과 혼인한 남자는 아내가 죽으면 순장되었다고 알려진다. 인도네시아의 보르네오 · 셀레베스 등지에서는 추장이 죽으면 노예를 죽여서 순장하는 습속이 성행했다. 보르네오의 카얀족은 죽은 사람의 가족 가운데 여자가 먼저 창으로 노예에게 상처를 입히면, 이어 남자 가족이 이를 찔러 죽였는데 이들 노예를 죽이는 이유는 주인에게 죽어서도 봉사하라는 의미였다. 많은 지역에서 장례 때 사람들의 머리를 베어 오는 인간 사냥 풍습도 순장과 관련이 있는 것으로 추정된다. 오세아니아의 피지섬에서도 지역 사회의 유력자가 죽으면 처첩 · 친구 · 노예가 교살絞殺되어 순장되는 것이 관례였다.

반면 이집트의 경우는 일반인들이 알고 있는 것과는 다소 다르다. 학자들은 이집트의 경우 먼 과거에는 순장 풍습이 있었다고 본다. 또한 이집트에서는 기원전 2500년경의 조세르 피라미드 주변에서 궁녀 273인, 신하 43인을 순장한 묘가 발견되었는데 이후 순장 풍습이 보이지 않는다. 학자들은 다른 지역에서 순장이 상식적이라고 볼 수 있는 기원전 2500년경에 이미 순장제도가 사라졌기 때문이라고 설명했다. 가장 잘 알려진 기원전 2500년경인 기자의 대피라미드(쿠프의 피라미드)를 건립할 때부터 사후세계를 위해 미라를 만들고 그가 생전에 사용하던 물건들을 모두 부장했지만 사람들을 순장하지는 않았다. 이집트인들에게 노예제도가 없었던 탓도 있겠지만(이집트에서 노예란 말은 가사노동을 하는 사람을 뜻

이집트 조세르 피라미드

함) 원칙적으로 이집트에서 사형제도가 없기 때문이다. 그러므로 다른 국가에서 사람들을 순사시킬 때에도 산 사람을 죽여서 매장하지 않고 벽화로 대신했다.

고대 중국에서는 순장제도가 지도자에 따라 생겼다가 없어지는 일이 반복됐다. 중국에서 순장이 성행한 시기는 상나라(은나라)와 서주西周 시대였다. 보통 한 무덤에 백 명 가까운 사람들이 순장됐는데 순장자의 수만큼이나 묻힌 방법이 다양하다. 두개골만 매장된 구덩이가 있는가 하면 꿇어앉은 채 살해된 순장자들도 있다. 한 구덩이 안에서 수십 명씩 포개져 매장된 순장자도 발견된다. 순장 풍습은 서주 이후 급격히 감소하는데, 사마천의 『사기』에는 진秦나라 무공 20년(기원전 678년)에 66명을 순장했다는 기록이 있다. 학자들에 따라 이 기록을 순장 기록의 시초라고 간주하지만 중국의 하건민何健民 박사는 서주 선왕(宣王, 기원전 827~781년)대에도 순장 기록이 있다고 주장했다.[6]

순장제도는 진나라 헌공 원년인 기원전 385년에 폐지됐는데, 진시황이 죽고 난 뒤 즉위한 2대 황제 호해 때 다시 등장했다. 다소 과장되었다는 지적도 있지만 그는 시황제의 첩과 지하 황릉을 만든 기술자들을 포함하여 무려 1만여 명을 생매장한 것으로 알려졌다. 그 후 한나라부터 원나라까지는 순장제도가 사라졌는데 명대에 부활한다. 명나라 태조 때 많은 궁인들이 순사했고 성조 · 인종 · 선종 때도 순장했다. 청나라 때도 세조가 사망하자 후궁 30명이 순장되었고, 성조聖祖때도 40명의 궁녀를 순장하려다 성조가 심히 싫어하여 금지했다는 기록이 있다. 일본의 경우도 순장이 성행했다. 『고사기』에 죽은 사람이 능묘 주위에 담 구실을 한다는 기록이 있을 정도이며, 『일본서기』에는 순사자들을 생매장하였는데 이를 고풍古風이라고 적었다. 이는 순장이 일본에 성행했다는 뜻이다.

한국의 순장

고대사회에서 순장은 전 세계적으로 거의 통용되는 풍습이라고도 볼 수 있는데, 한국에서 순장에 대한 기록은 다음 4가지 예에 지나지 않을 정도로 적다.

①『삼국사기』〈신라본기 제4〉 '지증마립간 3년(502년)'

3년 봄 3월 순장을 금하는 명령을 내렸다. 이전에는 국왕이 죽으면 남녀 각각 다섯 명씩을 순장했는데 이때에 와서 폐지되었다. 왕이 직접 신궁에 제사를 지냈다.

②『삼국사기』〈고구려본기 제5〉 '동천왕 22년(248년)'

22년 가을 9월 왕이 별세했다. 시원에 장례를 지내고 호를 동천왕이라 하였다. 백성들이 왕의 은덕을 생각하고 그의 죽음을 슬퍼하지 않는 자가 없었다. 근신 중에는 자살하여 순장되기를 바라는 자가 많았으나, 새로 등극한 왕이 예가 아니라 하여 허락하지 않았다. 그러나 장례일에 왕의 무덤에 와서 자결한 자가 아주 많았다. 백성들이 섶을 베어 그들의 시체를 덮어주었기 때문에 그곳을 시원이라고 불렀다.

③『삼국지』〈위지동이전〉 '부여조'

장사를 치를 때 여름에는 얼음을 쓰고 사람을 죽여 순장하는데 많게는 몇 백에 이른다.

④『진서』〈사이전〉 '부여조'

산 사람을 죽여 순장한다.

위의 예를 보면 신라의 지증마립간(500~514년)은 514년에 사망했으므로 그 이전의 20여 명의 왕의 경우 10여 명씩 순장시켰다. 즉, 순장은 신라에서 최소한 500년 이상 장례 풍습으로 간주되었다.

순장 방법은 크게 두 가지다. 시체가 정연하게 묻혀있는 경우는 사전에 죽여서 함께 묻은 것이고, 현장에서 한꺼번에 죽여서 마구잡이로 주검을 집어 던지거나 산채로 묻는 경우도 있다. ①의 경우 순장임이 분명하지만 살아있는 사람을 순장하는 것인지 죽여서 순장하는지가 분명하지 않고, ②의 경우는 자살한 사람을 주인공인 동천왕의 묘에 매장하지 않고 별도의 장소(자살한 곳)에 매장한 것을 볼 때 순장이 아니라 순사로 추정한다. 반면 ③의 경우 산 사람을 죽여서 순장한다고 분명하게 적혀 있고, ④의 경우는 사람을 죽여서 순장하는 것이 아니라 산 사람을 직접 주인공의 묘에 묻었다는 것을 보여준다.

한반도에서의 순장에 대한 기록은 적지만 순장에 대한 실질적인 증거는 상당히 많다. 이 부분은 KBS 역사스페셜 팀과 강인구의 글에서 주로 인용한다.[7] 가야 지역인 양산군 양산읍 북정리 부부총은 1920년에 발굴조사되었는데 분구는 직경 27m, 높이 3m이고 내부구조는 출입구가 서쪽으로 나있는 횡혈식 석실분으로 묘실은 동서 5.5m, 남북 2.3m, 높이 2.6m 크기다. 묘실에는 1인용의 높은 관대棺臺를 설치하고 좌측(북쪽)에 낮은 관대를 부설하여 부인을 안치했다. 그리고 출입구쪽 서반부에 시상屍床을 마련하고 3인의 인골을 안치했다. 이 고분의 연대를 5세기로 추정하는데 중요한 유물로는 금동보관, 금제이식 은제과대, 금동신 환두대도 등 다량의 부장품이 발견되었다.

1982년에 우연히 발견된 경상북도 경산시 조영동(임당) 고분군은 대형 고분만 해도 수십여 기로 작은 옹관묘까지 합하면 모두 1,700여 기가 발견되었다. 대형고분은 대체로 지름이 약 20m, 높이 2~3m나 된다. 무덤에서 발견된 유물은 대부분 3~6세기 사이의 것인데 이곳에서 순장의

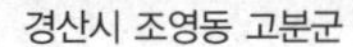

경산시 조영동 고분군

경주 대릉원 고분군

증거가 나타났다. 한 무덤의 경우 다섯 명의 인골이 발견되었는데 주인공이 묻혀 있는 주곽主槨과 옆에 부곽이 따로 있다. 임당동 고분은 5세기에 축조되었는데 이 당시 신라 경주에서는 대릉원 고분군이 만들어질 때인데 이들은 적석목곽분을 사용한 흉노계열이다. 물론 경주 고분군에서도 순장자들이 확인된다.[8]

금관가야의 대성동 고분군에서만 1호분 주곽主槨에서 5명, 3호분 3명, 7호분 5명, 8호분 5명, 11호분 2명, 13호분 3명, 13호분 3명, 23호분 4명, 24호분 2명, 39호분 2명 등의 순장殉葬이 확인되었다. 학자들은 인골의 잔존 상태가 좋지 않아 이보다 더 많은 순장 인골이 있었을 것으로 추정한다. 특이한 것은 1호분의 경우 우마牛馬의 머리를 베어 목곽 위에 놓은 형태가 훈족을 포함한 북방 유목민족의 동물 희생행위와 완전히 일치하고 있다는 점이다. 흉노가 무덤에 말을 순장하는 것은 영혼이 말을 타고 하늘나라로 갈 수 있도록 배려한 것으로, 학자들은 대성동 고분이 북방 기마민족의 직접적인 영향을 받은 것으로 추정한다(반면 경성대학교 최종규는 영남에서의 순장이 이 지역에서 자생한 것이라고 주장했다). 순장은 도질토기의 출현과 동시에 낙동강 하류 지역에 출현하는데 의성 탑리, 창녕 계성리, 순흥 읍내리 등에서 순장의 증거가 발견된다.

김해 대성동 고분군 발굴 현장

김해 대성동 고분박물관 내에 복원된 고분

유명한 경주의 황남대총의 경우 고분의 구조상 적석목곽분은 추가장이 불가능한데, 15세 전후의 여성 이빨 16개와 150cm 미만의 키를 가진 여성의 뼈가 관 밖에서 수습되었다. 반면 60세 전후의 남성 머리뼈와 이빨 12개가 관 안에서 수습되었다. 그것은 분명 순장殉葬의 흔적이다. 그런데 최근 발굴단은 순장된 사람이 단 한 사람이 아니라 대략 8~9명에 이르는 순장 흔적이 드러났다고 발표했다. 애초 발굴단은 순장자가 1명이라고 발표했으나, 1990년대에 유물과 발굴 당시 도면 등을 정리하는 과정에서 무려 10구 가까운 순장자가 있었음이 뒤늦게 밝혀졌다.[9]

고령 지산동 대가야 고분군에서 발견된 순장은 매우 특이하다. 지름 27m, 높이 6m에 이르는 고분군 가운데서도 가장 큰 44호분은 대가야 최고 지배자의 무덤으로 알려져 있다. 지산동 고분군의 경우 무덤의 주인공은 화려한 장신구들을 착용하고 있다는 점도 학자들의 주목을 끌었다. 그런데 금동으로 만든 귀걸이 두 쌍이 여자 순장자들에게서도 발견되었다. 순장자는 일반적으로 노예나 전쟁포로로 추정했지만 이것은 순

황남대총 발굴 모습

황남대총 목곽 내부

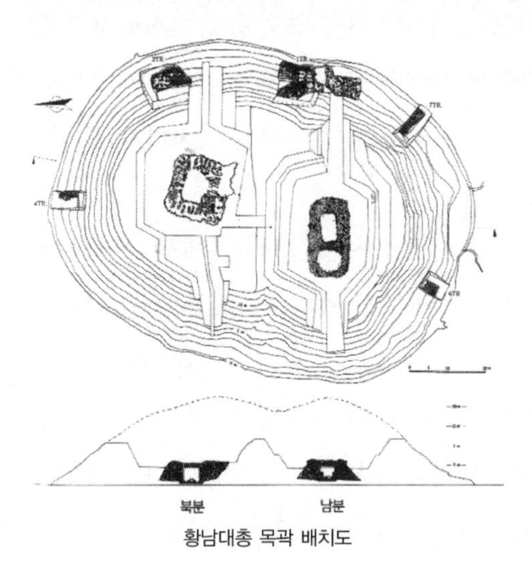

황남대총 목곽 배치도

장자들이 착용하기에는 너무나 화려한 장신구였다. 순장자가 주곽이 아닌 부곽에서 발견된 것으로 미루어 보아 주인공의 부인이나 첩일 가능성은 높지 않다. 따라서 학자들은 시녀나 시동으로 추정하는데 이들의 나이는 열세 살과 예닐곱 살에 지나지 않는다. 더욱 놀라운 것은 44호 고분의 경우 부장품이 들어 있는 부장곽에는 평소 부장된 물건을 지키거나 사용하던 사람들이 순장되었다는 점이다. 각자 자신의 순장곽에 유물과 함께 묻혀 있었다.

순장의 형태도 여러 가지다. 일반적으로 사람의 시신 전체를 주피장자와 함께 묻지만 영덕 개시동 고분군에서는 머리만 순장한 사례가 보고되기도 했다. 신라문화권이 아닌 4~5세기 백제문화권 사례이긴 하지만, 원주 법천리 고분군에서는 인체 각 부분 뼈를 한 곳에 모아 항아리에 담아둔 사례도 있다. 이는 세골장洗骨葬이라 해서 시신을 썩힌 다음 남은 뼈만을 추려서 장사를 지냈기 때문에 빚어진 현상이다.

순장자들은 어떻게 죽임을 당했을까도 의문이다. 외국의 경우 칼과 같은 무기로 살해하는데 동천왕의 경우 순장자들은 자발적으로 죽음을 요청했으므로 무덤에 산 채로 들어간 후 영원히 주피장자와 함께 매장되었을 가능성이 있다. 이러한 자발적 자살이 아니라면 가능성은 타살밖에 남지 않는다.

2007년 12월 경남 창녕 송현동 14호분에서 순장 인골 4구가 발견됐다. 이는 문화재청 국립가야문화재연구소 등이 실시한 고대 순장인골 복원연구사업 중에 발굴된 것인데, 남녀 두 쌍이 한 무덤에서 나왔지만 이미 도굴된 상태라 신분을 가늠할 자료는 없었다. 이들의 정체를 알아내기 위해 고고학 · 법의학 · 해부학 · 유전학 · 화학 · 물리학 등 각 분야 전문가들이 모여 컴퓨터 단층촬영과 3차원 정밀 스캔, DNA 분석 등 각종 최첨단 검사를 거쳤다. 그 결과 이들은 1500년 전 함께 순장되었는데 사인은 중독 또는 질식사였다. 넷 중 여자 인골은 사랑니도 채 자라지 않은 키 152cm의 16세 소녀였는데 서민석 박사는 인골 출토 정황으로 보아서는 목이 졸리거나 독극물을 마시고 죽었을 가능성이 크다고 말했다.[10]

또한 넓은 얼굴에 팔이 짧은 이 소녀는 정강이와 종아리뼈의 상태를 볼 때 무릎을 많이 꿇는 생활을 한 것으로 밝혀졌다. 함께 무덤 속에 매장된 다른 인골들은 팔다리 뼈 정도만 남아 있어 자세한 사정은 알기가 어렵지만 잡곡보다는 쌀 · 보리 · 콩 · 고기 등을 많이 먹어 영양 상태는 양호했다. 두 남자는 DNA 분석결과 외가쪽이 같은 혈통인 것으로 밝혀졌다. 한편 이들 인골을 통해 아직 풀리지 않은 미스터리가 제기되었다. 남자 한 명은 엄지 · 새끼를 뺀 나머지 발가락마다 뼈마디가 하나씩 더 발견됐기 때문이다. 학자들은 처음에 기형이 아닌가 생각했지만 사슴뼈로 판명되었다. 사슴뼈가 왜 발가락 사이에서 나왔는지는 아직 알려지지 않았다. 그런 전례도 없고 알려진 풍습도 없기 때문이다. 이들 문제는 앞으로의 연구에 의해 밝혀질 것으로 생각된다.[11]

인간이 아닌 대용품으로 변경

신라 지증왕이 순장을 공식적으로 금함으로써 늦게까지 순장 풍습이 있던 신라에서 순장이 사라졌다. 이후 중국에서는 명 · 청대에 순장이 다시 살아나기도 했지만 한국에서는 삼국시대 이후 완전히 사라졌다. 관련 학자들은 한국이 중국 문화의 영향을 많이 받았지만 비인도적인 방법으로부터 일찍 벗어났다든 것은, 한국인이 정신적으로 큰 진보를 했음을 의미한다고 주장한다.[12]

물론 신라에서는 순장이 폐지된 이유를 생명을 중요시하는 인도적인

토용

의미보다는 현실적인 점을 꼽아야 한다는 설명도 있다. 학자들은 지증왕이 순장을 폐지한 이유로 국가적 경제 개혁인 우경을 든다. 우경은 소를 이용하여 농업 생산력을 늘리겠다는 것인데 농업을 기본으로 하려면 노동력이 확보되어야 한다. 지증왕 입장에서 보면 순장으로 인적자원이 낭비되는 것을 막고 국가경제를 살려야 한다는 실리가 앞섰기 때문이라는 설명이다. 그러나 순장 풍습을 금지했다고 해서 고대인들의 사후세계관이 사라지는 것은 아니다. 고대인들은 순장의 대용품을 찾기 시작했다. 순장 대신에 부장품으로 여러 가지 명기(토용) 등 대용물을 사용했다.

이것은 무덤의 규모에서도 나타난다. 순장이 발견되는 적석목곽분은 규모가 크고 금관이나 화려한 장신구들이 부장되었지만 토용이 발견되는 횡혈식 석실분은 규모도 작고 유물도 거의 출토되지 않는다. 부장품으로 발견되는 토용도 20cm 정도다. 토용의 형태는 다양하여 문관이나 무사, 일반 백성에 이르기까지 다양한 계층을 나타낸다. 토용의 모습도 현실적이다. 죽음을 애도하는 듯 무릎 꿇고 있거나 엎드려 울고 있는 형태도 있다. 음악으로 애도를 표하는 악사도 있고 옷깃으로 눈물을 훔치는 여인들도 있다. 이런 사실로 미루어 볼 때 흙으로 만든 토용은 무덤의 주인공과 함께 순장된 시녀나 시종의 또 다른 모습이다.

특히 지증왕의 순장 폐지령이 발표된 지 20여 년 후인 법흥왕(528년) 때 불교가 공인되면서 자비를 중시하는 새로운 가치관이 등장했다. 이후 고대국가로서의 기반을 다진 신라는 비약적인 발전을 거듭하며 고령의 대가야를 정복하고 마침내 삼국을 통일했다. 삼국이 통일된 사회는 이전과 완전히 다른 세상이 되었다. 사회를 이루는 개개의 인간이 존중될 때 비로소 역사가 진일보한다는 예로 순장의 폐지를 거론하는 학자들이 있다.[13] 한편 천마총에서 말 대신 마구를 묻은 예가 있고 이밖에 상복을 입거나 몸에 상처를 내고, 머리를 자르는 풍습도 순사殉死의 간략화라고 인식된다. 순장이 사라져야 하는 필요충분조건은 순장이 폐지된 지 180년이 지난 『삼국사기』〈신라본기 제7〉 '문무왕 21년(681년)'의 문무왕 유언으로도 잘 나타난다.

21년 가을 7월 1일 왕이 별세했다. 시호를 문무라 하고 여러 신하들이 유언에 따라 동해 어구 큰 바위에 장사지냈다. 속설에는 왕이 용으로 변했다고 전했다. 이에 따라 그 바위를 대왕석이라고 불렀다. 왕은 다음과 같이 유언했다. (중략) "옛날 만사를 처리하던 영웅도 마지막에는 한 무더기 흙이 되어, 나무꾼과 목동들이 그 위에서 노래하고, 여우와 토끼는 그 옆에 굴을 팔 것이다. 그러므로 헛되이 재물을 낭비하는 것은 역사서의 비방거리가 될 것이요, 헛되이 사람을 수고롭게 하더라도 나의 혼백을 구제할 수 없을 것이다. 이런 일을 조용히 생각하면 마음 아프기 그지없으니, 이는 내가 즐기는 바가 아니다. 숨을 거둔 열흘 후 바깥 뜰 창고 앞에서 나의 시체를 불교의 법식으로 화장하라. 상복의 경중은 본래의 규정이 있으니 그대로 하되, 장례의 절차는 철저히 검소하게 해야 할 것이다. 변경의 성과 요새 및 주와 군의 과세 중에 절대적으로 필요하지 않은 것은 잘 살펴서 모두 폐지할 것이요, 법령과 격식에 불편한 것이 있으면 즉시 바꾸고, 원근에 포고하여 백성들이 그 뜻을 알게 하라. 다음 왕이 이를 시행하라!

고대인들의 사후세계관

일반적으로 순장당하는 사람들은 집권자들로 보아 중요하지 않은 노예나 포로이며, 지배자들이 이들을 강제적으로 순장했다는 것이 정설이다. 그런데 대부분의 순장에 대한 기록은 왕들에 관한 것이므로 순장자들은 거의 궁인 · 처첩 · 친속 · 기타 주종관계의 인물로 구성되어 있다. 이와 같이 현대인들의 상식과 다소 어긋나는 순장자들의 성격은 고대인들의 사후세계에 관한 믿음과도 관련된다. 고대인들은 대부분의 경우 자신이 죽은 후에도 내세에서 현세와 동일하게 살 수 있다고 생각했다.

그런데 왕과 같은 지배자들의 경우 죽어서도 현세와 동일한 신분을 계속 유지할 수 있다고 믿었으므로 무덤에 주인공이 사용하던 물건들을 함께 묻었다. 이들 부장품들을 무덤에 묻는 것으로 모든 것이 해결되는 것은 아니다. 주인공은 생전에 귀한 신분이므로 많은 부장품을 갖고 묻혔지만 이들 부장품들이 죽은 주인공에게 제공되지 않으면 의미가 없었다. 이것은 주인공이 죽어서 매장되었을 때 사후에 누가 그를 보좌하고 섬겨주느냐로 귀결된다. 당연히 이들 부장품을 주인공을 위해 제공할 사람들이 필요한데 주인공 관점에서 생각한다면 자신이 살았을 때 지근에 있었던 처첩이나 신하들이 직접 관리해준다면 더할 나위 없다고 생각했을 것이다. 그러므로 학자들은 주인공과 함께 매장된 순장자는 노예나 포로 등 주인공과 직접적인 관련이 없는 사람들이 아니라, 주인공과 가장 가까운 사람이며 신분상 집권층이라고 추정한다. 김정배 박사는 순장자가 몇 백에서 몇 천 명에 달하는 경우 노예일 경우가 많지만 몇몇 사람에 한정할 경우 노예일 가능성이 낮다고 지적했다. 여기에서 주목할 것은 중국의 『서경잡기』에 피장자는 남자 1인인데 100여 명의 순장자 모두 여자라고 기록되어 있다는 점이다. 이것은 주인공인 왕에게 수많은 처첩들이 있었는데 이들을 거의 모두 순장시켰다는 것을 의미한다.[14]

이와 같은 설명은 현대인의 기준으로 볼 때 죽은 뒤에도 살아있을 때의 생활이 그대로 지속된다는 고대인의 내세관이 순장이라는 고약한 풍습을 낳았다는 것으로 귀결되기 십상이다. 당연히 순장당하는 사람들이 슬픔과 고통으로 마지못하여 죽음의 길로 들어섰다고 생각한다. 그러나 이런 현대인의 시각은 옳지 않다는 지적도 있다. 당시의 지위와 신분이 사후세계에서도 이어진다면 어차피 죽어서도 현재의 주인에게 봉사해야 한다고 생각하는데, 그렇다면 주인을 따라 죽는 것이 오히려 유리하거나 당연하게 생각했을지도 모른다는 것이다.

그동안 사라졌던 '문무대왕릉비문' 의 상단부가 2009년 9월 초 발견됐다. 경북 경주시 동부동의 한 주택 수돗가에서다. 한 여자 수도검침원의 신고로 현지조사 결과 '문무대왕릉비문' 의 상단부로 밝혀졌다. 비편碑片은 높이 66cm, 너비 40cm 크기로 앞면에만 200여 자의 글자가 확인되었다. 그동안 하단부만 발견되어 현재 국립경주박물관에 소장돼 있는데 상단부는 하단부가 발견된 지점에서 불과 120m 떨어진 곳에서 발견되었다. 오영찬 국립경주박물관 학예연구관은 '원래 사천왕사에 세워졌던 비석이 경주 관아로 옮겨졌다가 사라진 것으로 보인다' 고 했다. 학자들은 윗부분은 표면이 훼손되고 가장자리 등 일부가 심하게 마모됐지만, 비문의 전체 내용을 읽을 수 있다는데 큰 기대를 건다. 탁본으로만 전해진 『해동금석원海東金石苑』의 미확인 부분의 일부 글자도 실제 비석과 비교하면 추가로 판독할 수 있다는 것이다. 알려지지 않은 비문이 확인되면 그동안 미스터리로 알려진 신라 · 가야의 시조들에 대해 많은 정보를 제공해 줄 것으로 기대된다.

09

유목민의 상징 동복

신라 · 가야 김씨가 북방 기마민족의 후예로 거론되는 결정적인 증거 중에 하나로 동복(銅鍑, cup cauldron)을 거론할 정도로 동복은 기마민족과 깊은 관계가 있다. 기마로 생업을 유지하던 기마민족에게는 자신들만의 특성, 생존법, 의식이 있기 마련이다. 그 중 가장 잘 알려진 것이 말에 갖고 다니는 동복이다. 동복은 기원전 7~8세기 무렵에 출현하여 기원후 5~6세기 무렵에 소멸되는데 유목민족의 특성상 넓은 지역에 걸쳐 발견된다. 원래 동복은 유목민들의 상징적인 유물로도 간주되며 유목 부족장들에게 바치는 것이었다. 동복의 원래 용도는 정화의식을 행할 때 고기를 삶는데 쓰는 대형 화분 형태의 동제용기로 무리 중에서 족장으로 추대되면 동복을 받아 항상 말안장에 얹어 놓고 다녔다. 일반적으로 30cm 정도의 작은 항아리처럼 생겼는데 대형 동복의 경우 높이는 50~60cm이고 무게는 50kg이 넘는 것도 있다.

그러나 동복이 정화의식용으로만 사용된 것은 아니다. 적벽대전에서 조조 수군이 방통 등의 연환계에 의해 유비와 손권의 연합군에 패배하자 조조가 화용도華容道로 달아나는데 손권 · 유비 연합군의 추격이 매서웠다. 유비 측에서는 관우, 장비, 조자룡 등이 추격하고 손권 측에서는 육손 등이 합세하여 조조를 추격하므로 절체절명의 위기가 찾아와 도망가는데 바빠 식량을 챙길 수도 없었다. 굶고서는 도망도 간단한 일이 아니다. 결국 조조는 인근의 촌락으로 몰려가 양식을 수탈하지 않을 수 없었다. 그동안 장병들에게 도둑질을 하지 말라고 추상같이 호령을 내리던 조조지만 생존을 위해서는 어쩔 수 없다고 나관중의 『삼국지연의』에 적혀 있을 정도다. 이러한 위기에 이전과 허저가 나타나 조조를 구하는데 이때 군사들의 말안장에 얹어 놓은 동복으로 촌락에서 훔쳐 온 쌀로 밥을 짓고 말고기로 배를 채웠다. 『삼국지연의』에서 이전과 허저의 군대에 동복이 있다는 것은 이들 군대가 전형적인 북방 기마민족의 추장급으로 편성되어 있다는 것을 의미한다.

한국에서는 동복이 두 가지 형태로 발견된다. 첫째는 금관과 함께 한국의 대표적인 유산으로 간주되는 국보 제91호의 도제기마인물상이다. 도제기마인물상은 경상북도 경주시 노동동 금령총에서 1924년에 출토

국보 제91호 도제기마인물상

되었는데 높이 23.5cm, 길이 21.5cm다. 기마상의 주인이 말을 타고 있는데 뒤쪽에 동복이 있다. 말 엉덩이 위에 솥처럼 생긴 것이 동복이다.

세계를 누빈 북방 기마민족의 증거

동복은 기본적으로 스키타이식과 흉노식(훈식) 두 가지로 분류된다. 스키타이식 동복은 반구형 기체에 둥근 손잡이가 한 쌍 달려 있고, 손잡이에 작은 돌기가 있는 것이 특징이다. 반면 흉노식 동복은 심발형深鉢形 기체에 곧은 직사각형의 손잡이가 한 쌍 달려 있고 손잡이에는 작은 돌기가 있는 것과 복잡하고 화려한 장식이 있는 것이 있다.

동복은 내몽골의 오르도스 지방에서 다수 발굴되었고 기원전 1세기부터 기원후 1세기까지로 추정되는 몽골의 노인 울라 고분군(Noin Ula, 고분 212기가 발견된 노인 울라('왕후王侯의 산'이라는 뜻)는 몽골의 수도 울란바토르 북방 약 100km 지역에 있다)을 비롯한 북몽골 지대의 도르릭나르스, 알타이 산맥의 데레츠고에, 볼가 강 유역의 오도가와 그 지류인 가마 강 유역의 페룸, 서우랄의 보로쿠타 지방, 남러시아 돈 강 유역의 노보체르카스

스키타이식 동복

흉노식(훈식) 동복

크, 헝가리, 프랑스, 독일에서도 발견되었고 중국의 북부 초원지대에서도 발견되었다. 헝가리, 프랑스, 독일에서 동복이 발견되는 것은 게르만족 대이동을 촉발시킨 훈족이 이들 지역을 점령했기 때문이다.[1]

한국의 대표적 상징품으로 잘 알려진 도제기마인물상은 일반적으로 술이나 물 등 액체를 담는 용도였다. 가야지방의 무덤에서 술잔 등 수많은 일상용 토기가 발견되므로 도제기마인물상도 같은 용도였다. 반면 김원룡은 말 궁둥이에 있는 것은 솥이 아니라 '등잔형 주입구'라고 설명했고 김태식은 신라 지증왕 3년(502년) 순장제도를 금지하자 사람과 말을 순장하는 대신에 명기明器를 부장한 증거라고 주장했다. 명기란 장사지낼 때 시신과 함께 묻기 위해 따로 만든 것으로 지증왕 때부터 순장이 나타나지 않는다는 것을 그 예로 들었다.

존 카터 코벨은 도제기마인물상에 대해 주목할 만한 의견을 제시했다. 그녀는 상류층 사람들의 무덤에서 나온 부장품들로 술잔과 함께 말 모양 토기들이 많이 발견된다는 점에 주목했다. 도제기마인물상에서 가장 두드러진 것은 말 앞가슴에 나 있는 주둥이의 위치다. 말 잔등에 있는 배구로 액체를 부어 넣으면 말 앞가슴의 주둥이로 액체가 흘러나오게 된다. 말의 꼬리가 부자연스런 각도로 뻗쳐 있는 것으로 보아 이 부분이 손잡이로 조정된 것이 분명하다고 주장했다. 코벨은 시베리아의 무속에서 말을 제물로 바쳐 죽인 뒤 의례의 하나로 그 피를 받아 마시는 과정이 있다고 적었다.[2]

도제기마인물상이 특수하다는 것은 같은 유형으로 김해에서 반환추진 중인 국보 제275호 기마인물형토기와의 차이로서도 알 수 있다. 이 토기는 출토지가 명확하지는 않지만 5세기경 가야시대로 추정된다. 전체적으로 기마인물형이지만 국보 제275호는 나팔 모양의 받침대 위에 기마인물이 올라가 있는데 이것은 받침굽이 높은 가야시대의 고배高杯와도 모양이 유사하다. 또한 말의 엉덩이 부분에 국보 제91호처럼 동복이 있는 것이 아니라 한 쌍의 각배가 있다. 국보 제275호의 두드러진 점은 말 탄 무사의 복식과 마구가 국보 제91호보다 훨씬 상세하게 표현되어 있다는 것이다. 무사의 투구와 갑옷, 목을 보호하기 위해 두르는 경갑脛甲, 방패, 마갑 등 무구와 마구가 상세한데, 결정적인 차이점은 말 앞가슴에 주둥이가 보이지 않는다는 것이다. 이것은 국보 제91호와 제275호의 용도가 결정적으로 다르다는 것을 의미한다. 동복은 북방 기마민족들에게서는 족장급이 가질 수 있는 특권이므로 토기도 함부로 갖고 다닐 수 없었을지 모른다.

앞에서 설명했지만 동복은 북방 기마민족들에게서는 족장급이 가질 수 있는 특권이다. 조조가 위기에서 처했을 때 이전과 허저가 그를 구했

국보 제275호 기마인물형토기

는데 기마군사라고 모두들 동복을 갖고 있는 것은 아니다. 동복은 족장만이 가질 수 있으므로 엄격하게 관리된다. 즉, 족장이 평소에 자신의 지위를 나타내기 위해 항상 말에 휴대하고 다니는데 족장이 죽으면 무덤에 갖고 간다. 몽골의 도르릭나르스에서 발견된 동복 내부에는 소의 등뼈가 담겨 있었으며 부장시 동복의 입구를 비단으로 덮어 막았다. 이는 동복으로 소와 같은 가축을 조리했으며 비단을 덮을 정도로 중요하게 생각했음을 알려준다.

족장이 죽으면 그와 연계되는 사람들을 모두 초청하는데 장례기간 동안 동복에 말과 같은 희생물을 끓여 초청자에게 대접한다. 동복이야말로 사자와 함께하는 도구였다. 초청자들에게 동복으로 끓인 음식을 준 후 장례식 때 반드시 동복의 한 곳을 훼손한 후 매장한다. 이를 훼기毁棄라고 하는데 이는 북방 기마민족의 장례 과정에서 행해진 특별한 행위라 볼 수 있다. 매장품의 훼기는 동복에만 한 것은 아니다. 이들은 토기의 아가리 · 바닥 · 받침 등 일부를 의도적으로 떼어내거나 동검이나 청동거울 등을 깨뜨려 그 일부를 매납하는 경우도 있다. 철기를 구부려서 부장하거나 말갖춤새 등에 흠집을 내기도 한다. 이러한 훼기 풍습은 생명이 없는 물건인 토기 · 동기 · 철기에도 영혼이 존재할 것이라는 고대인들의 믿음에서 비롯된 것이다. 피장자를 위해 물건에 다른 영혼을 불어넣기 위해서는 어떤 변화를 주어야하는데, 북방 기마민족들은 물건을 훼손하는 것이 그런 목적에 적합하다고 생각했다. 이와 달리 죽은 영혼이 생전에 사용하던 물건에 대한 애착 때문에 다시 현세로 찾아올 것에 대한 두려움에서 유물을 의도적으로 훼손했다는 의견도 있다. 즉, 유물을 훼손함으로써 유물의 본래 기능이 없어져 영혼이 돌아오는 것을 방지할 수 있다는 것이다. 학자들은 이러한 훼기 행위를 통해 장례에서 부정不淨을

털어버리는 동시에 죽음에 대한 공포감으로부터 해방되고자 했던 것으로 파악한다.[3] 국내에서 발견되는 동복도 이와 같은 절차를 거쳤음은 물론이다.

동복은 북방 유목민족이 활동하던 세계 각지에서 발견되는데 동복에 있는 문양이 한반도에서 출토되는 유물의 문양과 유사하다는 것도 주목할 만하다. 흉노의 일족으로 375년 게르만족 대이동을 촉발시킨 훈족이 사용한 동복의 아가리에는 도형화된 나뭇잎이 섬세하게 세공되어 있으며, 훈족 귀족부인의 장식 머리띠와 관에도 비슷한 장식이 있다. 그런데 한국에서 발견되는 금관의 경우 나무 형상(출자형出字形 장식)과 녹각 형상(녹각형鹿角形 장식)이 주요 부분을 이루고 있다.[4] 녹각 형상은 스키타이 문화 등 북방 기마민족이 사용한 유물에서도 자주 나타나지만, 직각수지형 입식은 신라에만 나타나는 독창적인 형태인데 훈족의 동복에서도 같은 형태의 문양이 나타난다. 나무 형상의 입식立飾은 북방 초원지대의 자작나무를 형상화한 것으로 수지형樹枝形이라고 부르기도 한다.

북방의 유목민들은 우주 개념을 이해하는데 결정적인 존재로 순록사슴과 우주수목을 차용했다. 고대 신화에 의하면 우주 순록의 황금뿔 때문에 해가 빛난다고 하며 순록사슴은 그 존재와 함께 햇빛의 운행과정을 나타낸다. 경주에서 발견되는 금관을 보면 해신의 금빛 비상을 사슴뿔 형상으로 정교하게 옮겨 놓은 것을 알 수 있다. 이러한 방식은 527년 새로운 불교신화가 그 자리를 대체할 때까지 지속되었다. 또한 금관에 나타나는 나무는 평범한 자연의 나무가 아니라 영험한 힘을 가진 나무로 우주수목이라고 불린다. 우주수목은 지표에서 제일 높은 우주의 한 중심에 버티고 선 구조물로서 고대인들이 상상했던 하늘, 즉 천天을 향해 상징적으로 뻗어 오른 나무를 말한다. 코벨은 이들 나무가 북방지역에서 많이 자라는 흰자작나무라고 설명한다. 그녀는 남한지역이 북방지역과는 기후가 달라 흰자작나무가 잘 자라지 않는데도 흰자작나무를 금관의 중요 요소로 장식했다는 것은 제조자들이 북방지역에 살았던 흔적이라고 인식했다.

추운 기후에 잘 자라는 자작나무는 높이 20m에 달하고 나무껍질은 흰색이며 옆으로 얇게 벗겨지고 작은 가지는 자줏빛을 띤 갈색이며 지점脂點이 있다. 잎은 어긋나고 삼각형 달걀 모양이며 가장자리에 불규칙한 톱니가 있다. 뒷면에는 지점과 더불어 맥액脈腋에 털이 있다. 나무껍질이 아름다워 정원수 · 가로수 · 조림수로 심는다. 목재는 가구를 만드는데 쓰며, 한방에서는 나무껍질을 백화피白樺皮라고 하여 이뇨 · 진통 · 해열에 사용한다. 고대인들은 눈처럼 생긴 모양에 신통력이 깃들어 있다고 여겨 중요하게 생각했다. 즉, 자작나무가 모든 것을 보고 있다는 것이다. 그러므로 자작나무를 중요한 곳에 심었는데 유명한 일화가 돈황 주위에 있는 자작나무다. 그들은 자작나무가 돈황에서 일어나는 모든 일을 보고 있다고 생각했는데, 자작나무가 있는 데서 나쁜 짓을 하지 말라는 뜻이다. 도둑질은 엄두도 내지 말라는 것으로 돈황에 있는 많은 석굴들이 지금까지도 상당 부분 보존되어 있는 것은 자작나무의 효력 때문이라고 믿기도 한다.

한국에서 발견된 동복의 숫자는 적지 않다. 평양 동대원리 정오동 1호 무덤 · 소라리 토성 등 낙랑 고지에서 발견되며 경주 김해의 가야시대 고분인 대성동 29호분과 47호분, 양동리 235호분에서 동복이 각 1점씩 출토되었다. 그런데 동복은 남한의 백제 · 신라에서는 발굴되지 않았고 김해에서만 3점이 발견되었다. 또한 같은 형태의 철제품, 즉 동이 아니라 철복鐵鍑이 김해 양동 유적과 경주 사라리 유적에서 출토되었고 고구려

국립중앙박물관에 소장된 동복

김해시 대성동 고분박물관에 소장된 동복

의 첫 번째 수도로 알려진 오녀산성에서도 쇠솥이 발굴되었다.[5] 대성동 29호분과 양동리 235호분의 동복은 3세기말의 것이며 대성동 47호분의 것은 후세로 추정하는데 귀의 단면이 편볼록렌즈 형태다.[6] 이런 형태의 동복은 중국 길림성 북부의 노하심老河深과 흑룡강성 남부 일대, 한국인과 강력한 연계가 있다고 추정되는 시라무렌 강 연변의 오르도스 지역에서 출토된 것과 유사하다. 가야 · 신라의 지배족이 북방에서 내려왔다고 강력하게 주장되는 이유 중 하나도 우리나라의 남부 지역에서 발견된 이

동복으로 음식 만들기

동복으로 음식 만들기

들 동복 때문이다.

동복을 어떻게 사용하는지 궁금하지 않을 수 없어 한민족원류답사회 단장으로 고대 한민족의 터전이라고 불리는 요하문명의 유적지들을 답사할 때 내몽골 오한기박물관의 왕택王澤 연구원에게 동복을 어떻게 사용하는지 질문했다. 그랬더니 점심 때 보여주겠다고 한다. 그가 안내한 식당은 몽골 전통식당으로 한국으로 따지면 한국 전통음식을 제공하는 곳이다. 각 방의 중앙마다 큰 솥이 있고 주위로 손님들이 앉았다. 아궁이는 우리나라 부엌과 마찬가지로 나무로 때는데 불을 붙이는 불쏘시기는 자작나무를 사용한다. 자작나무는 화력이 좋아 곧바로 불이 붙는다. 식당에서 사용된 솥이 발굴된 유물 형태와는 다른 현대식이기는 하지만 과거에 유사한 형태로 요리했음이 틀림없다고 왕택 연구원이 말했다. 필자가 그동안 수없이 방문한 북방 초원 지역 여행 중에서 가장 특징적인 요리였고 맛도 일품이었다. 국립중앙박물관, 국립김해박물관, 김해 대성동고분박물관 등을 방문할 때 주의 깊게 동복을 감상하기 바란다.

10 금의 나라

금의 가치를 모른 서동, 왕이 되다

『삼국유사』〈기이(2)〉 '무왕'에는 선화공주와 서동에 관한 일화가 있다.

제30대 무왕의 이름은 장璋이다. 그 어머니가 과부가 되어 서울 남쪽 못 가에 집을 짓고 살았는데 못 속의 용과 관계하여 장을 낳았다. 어릴 때 이름은 서동薯童으로 재주와 도량이 커서 헤아리기 어려웠다. 항상 마薯를 캐다가 파는 것으로 생업을 삼았으므로 사람들이 서동이라고 이름 지었다. 신라 진평왕眞平王의 셋째공주 선화(善花 또는 善化)가 뛰어나게 아름답다는 말을 듣고는 머리를 깎고 서울로 가서 마을 아이들에게 마를 먹이니 이내 아이들이 친해져 그를 따르게 되었다. 이에 동요를 지어 아이들을 꾀어서 부르게 하니 그것은 이러하다.

선화공주님은
남 몰래 결혼하고
맛둥서방을

밤에 몰래 안고 가다.

동요가 서울에 가득 퍼져서 대궐 안에까지 들리자 백관百官들이 임금에게 극력 간해서 공주를 먼 곳으로 귀양 보내게 하여 장차 떠나려 하는데 왕후는 순금純金 한 말을 주어 노자로 쓰게 했다. 공주가 귀양지에 도착하려는데 도중에 서동이 나와 공주에게 절하면서 모시고 가겠다고 했다. 공주는 그가 어디서 왔는지는 알지 못했지만 그저 우연히 믿고 좋아하니 서동은 그를 따라가면서 비밀히 정을 통했다. 그런 뒤에 서동의 이름을 알았고, 동요가 맞는 것도 알았다. 함께 백제로 와서 모후母后가 준 금을 꺼내 놓고 살아나갈 계획을 의논하자 서동이 크게 웃고 말했다. "이게 무엇이오?" 공주가 말했다. "이것은 황금이니 이것을 가지면 백 년의 부를 누릴 것입니다." "나는 어릴 때부터 마를 캐던 곳에 황금을 흙덩이처럼 쌓아 두었소." 공주는 이 말을 듣고 크게 놀라면서 말했다. "이것은 천하의 가장 큰 보배이니 그대가 지금 그 금이 있는 곳을 아시면 우리 부모님이 계신 대궐로 보내는 것이 어떻겠습니까?" "좋소." 이에 금을 모아 산더미처럼 쌓아 놓고, 용화산龍華山 사자사師子寺의 지명법사知命法師에게 가서 이것을 실어 보낼 방법을 물으니 법사가 말한다. "내가 신통한 힘으로 보낼 터이니 금을 이리로 가져오시오." 공주가 부모에게 보내는 편지와 함께 금을 사자사 앞에 갖다 놓았다. 법사는 신통한 힘으로 하룻밤 동안에 그 금을 신라 궁중으로 보내자 진평왕은 그 신비스러운 변화를 이상히 여겨 더욱 서동을 존경해서 항상 편지를 보내어 안부를 물었다. 서동은 이로부터 인심을 얻어서 드디어 왕위에 올랐다.

위 내용은 삼국시대에 벌어진 여러 가지 놀라운 사실을 알려준다. 큰 틀에서 서동이 신라 진평왕의 셋째 공주 선화가 아름답다는 소문을 듣고 서라벌로 들어가 아이들에게 선화공주와 관련된 동요를 지어 부르게 한 것이 성공하여 왕까지 된다는 줄거리다. 현대로 치면 유언비어 유포죄로 체포되어 곤혹을 치렀을 것이 틀림없지만, 그가 공주와 결혼하자 여러 가지 일이 일어난다. 그런데 그가 신라 공주와 결혼하자마자 곧바로 왕이 된 것은 아니라는 게 이 설화의 한 축이기도 하다.

서동의 유언비어에 속아 진평왕은 선화공주를 왕궁에서 쫓아내는데 이때 선화공주는 왕비로부터 무려 한 말의 금을 받아 그 금을 서동에게 준다. 그런데 서동은 금을 보고 깜짝 놀라며 그녀가 갖고 온 금은 자신이 마를 캐던 곳에 셀 수 없을 정도로 많다고 말한다. 공주를 유언비어로 데려올 정도의 재치를 갖고 있는 서동이지만 금이 진귀한 물건이라는 것조차 알지 못한 무식쟁이 농사꾼에 지나지 않았다는 설명이지만, 그는 자신의 장인인 진평왕에게 근처에서 발견되는 금을 보낸다. 물론 서동이 금을 보낼 때 신통력을 발휘하는 스님이 현대판 퀵으로 보내주는데 금을

마룡지 및 서동 생가터

받아 본 진평왕은 그를 쫓아낼 때와는 달리 지극하게 생각한다. 황금에 진평왕의 눈이 멀었다는 말도 있지만 당대에 자신에게 그 많은 금을 보낼 수 있다면 서동이야말로 능력 있는 사위로 보았음이 틀림없다. 백제와 혈투를 벌이던 신라였으므로 서동이 왕이 되도록 만든 것은 정치적인 면도 고려했을 것이다. 서동이 계속하여 황금을 보내주지 않겠는가라고 생각했음직도 하다. 여기서 황금은 서동의 신분 상승을 위해 꼭 필요한 물건으로 등장하고 있다. 신라의 왕비가 쫓겨나는 선화공주에게 한 말의 금을 주고 서동은 이에 보답하기 위해 흙덩이처럼 쌓인 많은 금을 보내는데, 이는 우리나라에서 많은 금이 생산되고 있다는 것을 의미한다. 신라의 금이 얼마나 많은지는 『삼국사기』〈신라본기 제11〉 '경문왕 9년(869년)' 의 글로도 알 수 있다.

> 9년 가을 7월 왕자인 소판 김윤 등을 당에 보내 사은하고, 동시에 말 2필 · 부금 100냥 · 은 200냥 · 우황 15냥 · 인삼 100근 · 대화어아금 10필 · 소화어아금 10필 · 조하금 20필 · 마흔새 흰 세모직 40필 · 설흔새모시 40필 · 넉자 다섯 치짜리 머리털 150냥 · 석자 다섯 치짜리 머리털 300냥 · 금비녀, 오색 댕기, 반흉 각 10개 · 응금쇄선자병분삽홍도 20개 · 신양응금쇄선자 분삽오색도 30개 · 응은쇄선자 분삽홍도 20개 · 신양응은쇄선자 분삽오색도 30개 · 요자금쇄선자 분삽홍도 20개 · 신양요자금쇄선자 분삽오색도 30개 · 요자은쇄선자 분삽홍도 20개 · 신양요자은쇄선자 분삽오색도 30개 · 금화응삽령자 200과 · 금화요자령자 200과 · 금루응미통 50쌍 · 금루요자미통 50쌍 · 은루응미통 50쌍 · 은루요자미통 50쌍 · 계응비힐피 100쌍 · 계요자비힐피 100쌍 · 슬슬전금침통 30구 · 금화은침통 30구 · 바늘 1,500개를 바쳤다.

이 기록을 보면 당나라에 보내는 수많은 물건이 금 · 은으로 되어 있음을 알 수 있다. 이러한 사실은 동시대 세계 각지의 다른 문명과 비교해볼 때 우리나라의 금 공예품이 눈에 띄게 발달한 이유이기도 하다. 한국의 금이 외국인들에게 얼마나 경이롭게 보였는지는 『내셔널지오그래픽』 1890년 8월호 〈한국과 한국인들〉과 1883년 9월 10일자 《뉴욕헤럴드》의 〈금, 은 등 광물자원이 풍부한 나라〉라는 기사에서도 볼 수 있다. 특히 한국 지도에 금이 발견된 장소를 표시했는데 전국에서 골고루 금이 나오는 것을 알 수 있다.[1] 무왕은 예술적인 감각도 뛰어났다. 『삼국사기』 〈백제본기 제5〉 '무왕 35년(634년)'에 다음과 같은 기록이 있다.

> 35년 봄 2월 왕흥사가 준공되었다. 그 절은 강가에 있었으며 채색장식이 웅장하고 화려했다. 왕이 매번 배를 타고 절에 들어가서 향을 피웠다. (중략) 3월 대궐 남쪽에 못을 파서 20여 리 밖에서 물을 끌어 들이고, 사면 언덕에 버들을 심고 물 가운데 방장선산을 흉내낸 섬을 쌓았다.

궁남지

궁남지가 바로 이곳인데 학자들은 『삼국사기』의 기록을 보아 궁남지가 백제 무왕이 만든 왕궁의 정원으로 우리나라에서 가장 이른 시기에 만들어졌으며, 삼국 중에서 백제가 정원을 꾸미는 기술이 뛰어났음을 알려준다. 당대로서는 상상할 수 없는 재치로 선화공주를 얻은 무왕이 심미안까지 갖추었다는데 이론의 여지가 없을 것이다. 학자들은 무왕의 기록에 나오는 금의 생산지가 어디인지 궁금해 했다. 설화의 내용이 모두 사실을 의미하는 것은 아니지만 백제 무령왕릉에서 발견된 화려한 금제품을 볼 때 백제에서도 상당량의 금이 생산되었을 것이다. 그러나 무왕의 고향으로 추정되는 부여 인근 지역에서는 금이 나오지 않는다. 인근에서 가장 가까운 광산도 충남 부여군 외산면 만수산 무량사 인근에 있을 정도로 멀리 떨어져 있다. 최근 학자들은 서동이 황금을 흙덩이처럼 쌓아 두었다는 글을 근거로 광산보다는 사금을 추출했을 것으로 추정한다. 사금은 한국의 거의 모든 지역에서 출토된다.

세계적인 금 생산국

우리나라를 방문한 외국인들에게 국립박물관에 있는 유물을 관람하고 난 후 전시물 중 가장 인상 깊은 것을 물으면 대부분 정교한 금세공품을 꼽는다. 삼국시대의 현란한 금관을 보고는 한국인의 재주에 기가 질렸다고까지 말하는 외국인도 있다. 우리의 자랑스러운 유산 중에는 고려자기를 비롯하여 국보급 유물이 많은데, 귀고리와 팔찌 등 금세공품이 가장 인상적이었다는 반응에 그 이유가 무엇일까 생각했지만 정확한 답을 얻을 수 없었다. 금으로 만든 보석이기 때문이 아닌가 생각도 해보았지만 금세공품은 우리나라뿐만 아니라 거의 모든 나라에서 발견되기 때문에 적절한 답은 아니었다. 하지만 세계 각지의 박물관을 방문해보면 의문점은 쉽게 풀린다. 이집트 등 몇몇 고대 국가를 제외하고는 신라, 백제, 고구려 시대의 금세공품에 버금가는 유물을 발견할 수 없기 때문이다. 잘

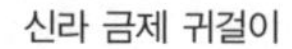

신라 금제 귀걸이

신라 금 목걸이

가야 금동관

알려져 있는 고대 그리스의 금세공품과 비교해보더라도 삼국시대의 금세공품이 얼마나 정교하고 우수한 솜씨로 만들어진 것인가를 알 수 있다. 엘도라도(황금의 땅 또는 황금 인간)라는 전설을 만들어낼 정도로 황금이 많았다는 잉카제국이나 마야문명의 금세공품을 보아도 마찬가지다.

1979~1981년 미국의 8개 박물관에서 '한국미술 5천년전'이 순회 전시되자 200만 명이 넘는 미국인들이 신라 금관이 보여주는 신비롭고 황홀한 세계에 감탄한 것도 결코 과장이 아니다. 금세공에 관한 한 고대 한국인의 기술은 타의 추종을 불허했다. 우리나라는 옛날부터 금 생산국으로 유명했다. 『일본서기』에 다음과 같은 글이 있다.

> 천황은 어찌하여 웅습이 불복하는 것을 걱정하시는가. 이는 여육의 공국입니다. 거병하여 토벌할 만한 것이 못 됩니다. 이 나라보다 훨씬 나은 보물이 있는 나라가 있습니다. 말하자면 처녀의 눈썹 같고 항구를 향하고 있는 나라가 있습니다. 눈이 부신 금, 은, 채색이 그 나라에 많이 있는데 이를 고금 신라국이라 합니다.

신라에 금이 많다는 것은 『고사기』에도 보인다.

> 황후의 몸에 옮긴 신이 일러 가르쳐 말씀하시기를 "서방에 나라가 있다. 금은을 비롯하여 눈이 부실 것 같은 여러 가지 진귀한 보물이 그 나라에 많이 있다."

일본이 신라 내물왕(356~402년) 시대로 주장하는 주아이 천황의 황후인 진구 황후의 신라 정벌 기록에도 다음과 같은 기록이 있다고 전용신은 적었다.

> 신라 왕은 진구 황후의 압도적인 군세를 보더니 싸우지 않고 항복했다. 황후는 신라에 들어가 먼저 '중보의 부고'에 봉인하고 이것을 빼앗고 내물왕의 아들 미사흔을 인질로 삼았다. 이리하여 금, 은, 채색 및 능, 라, 겸견(비단)을 가져와 80척의 배에 싣고 관군에게 복종했다. 이로써 신라의 왕이 항상 80척의 공물로써 일본국에 조공한다. 이것이 그 시작이다.

이는 신라에서 금은제품과 진귀한 보물이 많았다는 기록인데, 이희수는 845년에 아랍인 이븐 쿠르다드비가 편찬한 『왕국과 도로총람』에도 신라의 금에 대해 적었다고 설명했다.

> 중국의 맞은편에 신라라는 산이 많고 여러 왕들이 지배하는 나라가 있다. 그곳에는 금이 많이 생산되며 기후와 환경이 좋아 많은 이슬람교도가 정착했다. 주요 산물로는 금, 인삼, 옷감, 안장, 토기, 검 등이 있다.

마르코 폴로의 『동방견문록』 영문판 속표지

베네치아를 출발하는 마르코 폴로

이븐 쿠르다드비가 적은 시기는 통일신라시대지만 내용은 『일본서기』의 신라시대와 유사하다. 특이한 것은 신라의 중요 산물로서 금을 필두로 인삼과 견포가 있는데 안장을 비롯한 말갖춤을 거론했다는 점이다. 금과 같은 천연자원을 거론하는 것은 이해하지만 안장을 비롯한 말갖춤이 기록된 것은 이 당시 신라가 흉노계 북방 기마민족의 풍습이 많았다는 것을 우회적으로 보여준다. 신라의 특산물은 서방 사람들에게 대단히 매력적이었음은 분명하다. 이븐 쿠르다드비는 이 때문에 신라의 특산물을 겨냥하여 많은 이슬람인(아랍인)들이 신라에 정착해 상행위를 했다고 적고 있다. 중세 유럽인들이 황금에 열광하는 직접적인 계기가 되었던 마르코 폴로(1254~1324년)의 『동방견문록』에 나오는 지팡구(일본)가 한국을 의미한다는 것임은 이제 정설 아닌 정설이 되어버렸다.[2]

그러나 금관과 같은 금 세공품이 많이 출토된 경주지역에서도 금광이 알려져 있지 않다. 조선시대 지리지와 일제 강점기의 금광 조사 자료에도 경주 주변에는 금광이 없다. 그러나 경북 내륙지방 특히 상주에는 금광과 금맥이 집중되어 있다. 경북지역 금광인 봉화, 성주, 상주, 의성, 김천, 칠곡은 소백산맥에 가까운 내륙 지역에 위치하는데 학자들은 상주

지역의 분묘가 4세기 후반 경주 영향이 짙은 것을 토대로 신라의 금과 관련되어 있을 것으로 추정한다. 물론 사금의 채취도 많았을 것이다.

다시 쓰는 금 역사

이제까지 우리나라에서 발견된 금제품 중에서 고조선 말기, 즉 기원전 2세기 것이 가장 오래되었고 본격적으로 생산된 것은 삼국시대로 알려져 왔다. 그러나 이러한 금에 대한 역사도 다시 기록되어야 한다는 연구 발표가 나왔다. 북한 학자들의 연구 결과에 따르면 평양시 강동군 순창리 글바위 5호 무덤에서 기원전 25세기경의 금동 귀고리가 발견되었고, 평양시 강동군 송석리 문선당 2호, 3호, 8호 무덤에서 발견된 금동 가락지와 귀고리는 기원전 24세기로 거슬러 올라간다는 것이다. 순창리와 송석리에서 발굴된 금제품들은 모두 사람 뼈와 함께 발견되었다. 사람 뼈에 대한 절대연대 측정치는 글바위 2호 무덤의 것은 4,376(±239)년, 글바위 5호 무덤의 것은 4,425(±158)년, 문선당 2호 무덤의 것은 4,384(±565)년이었다. 특히 금동 귀고리나 금동 가락지의 제작 수준이 높은 것으로 보아 절대연대 측정치보다 훨씬 오래 전부터 금제품이 생산되었다고 추측된다.

이와 같은 사실은 많은 학자들을 놀라게 했다. 이집트의 나일강 유역과 남아메리카의 안데스 유역 원주민들은 신석기 시대 말부터 금을 가공하여 장신구를 만들었다. 인도에서는 5천 년 전의 유적에서 금목걸이를 비롯한 금제품이 나왔다. 따라서 우리나라에서의 금제품 제조가 이들 국가보다는 다소 늦었을지 모르지만 기원전 25세기에 이미 금제품을 생산했다는 것을 알 수 있다. 이는 삼국시대의 찬란한 금제품 제조가 우연이 아니라는 뜻이다.

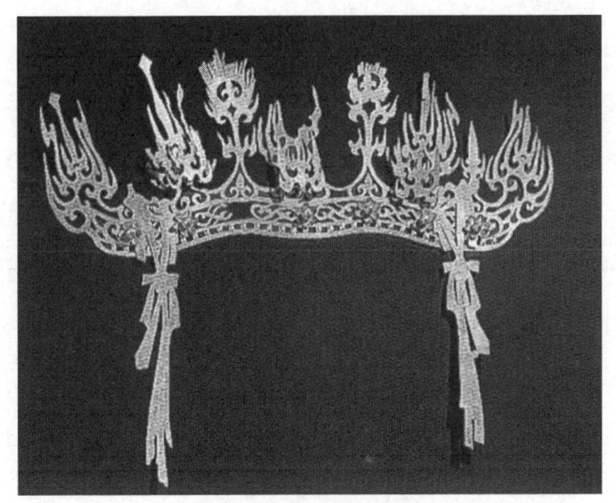

고구려 불꽃무늬 맞새김 금동관

고구려 금관은 이제까지 발견된 것이 단 한 점뿐이다. 평양 청암리 토성에서 출토되었는데 높이 26.5cm, 길이 33.5cm로 우리에게 익숙한 신라 금관과는 상당히 다르다. 얼핏 보면 화염무늬로 채워져 있는 것처럼 보이고, 양옆에 길게 내린 수식垂飾도 그다지 길지 않다. 일반적으로 고구려에 불교가 들어오기 전인 372년 이전에 제작된 것으로 추정하고 있지만, 정교한 금세공 기술은 신라나 백제에 결코 뒤지지 않는다.

금을 만드는 박테리아

학자들은 앞으로 금을 채굴할 수 있는 양이 4만 톤에 지나지 않는다고 추정한다. 현재 매년 금 생산량이 약 1,000톤인 것을 감안할 때 고작 40~50년이면 금이 고갈된다는 이야기다. 그런데 최근 놀라운 사실이 발견되었다. 광산에 매장되어 있는 금광을 모두 채굴한다고 해도 이 지구상에서 금이 고갈될 염려는 없을 것이라는 설명이다. 금을 양식할 수 있는 가능성이 보이기 때문이다.

학자들은 하천에서 발견되는 사금의 대부분이 페도미크로비움 pedomicrobium이라는 세균이 자기 몸의 주위에 순금 박막을 형성했기 때문에 생겼다는 것을 발견했다. 사금의 생성은 지질학적인 요인으로 만들어진 것이 아니라 생물과 관련이 있다. 사금은 자연금이 함유되어 있는 금광맥이 풍화작용으로 부서져 금의 작은 입자가 하상이나 해변에 집중적으로 퇴적된 것이라고 생각하던 기존 개념을 근본적으로 뒤엎는 것이다. 전자현미경으로 사금을 관찰하면 마이크론 단위의 둥근 물체가 가느다랗게 연결된 그물구조를 볼 수 있는데, 이 구조를 바로 세균이 만들었다는 것이다. 페도미크로비움은 발아라는 특이한 증식방법을 갖기 때문에 다른 세균보다 금을 모으는 성능이 뛰어나다. 새로운 세포는 짧은 자루로 모母세포와 결합된 채로 성장하기 때문에 모세포를 둘러싸고 있는 금의 구각으로부터 탈출하여 급속히 성장한다. 금의 입자가 눈에 보일 수 있는 정도의 크기로 성장하는 이유도 발아 증식으로 설명할 수 있다. 페도미크로비움은 절대로 흩어지지 않은 채 하나로 뭉치기 때문이다. 최근 과학자들은 유독성 쓰레기 청소방법을 실험하는 도중에 엑스트레모필extremophil이라는 미생물이 용해된 금을 흡입하여 견고한 금덩이로 바꾼다는 사실을 발견했다. 바다의 화산분기공, 온천 등과 같은 극단적인 환경에서 살고 있는 이 미생물은 용해된 금속을 미생물이 갖고 있는 효소를 통해 흡수한 후 견고한 상태로 배출한다.

바닷물 속에는 수십억 톤이나 되는 금이 함유되어 있다. 제1차 세계대전이 끝나자 독일은 노벨화학상 수상자인 프리츠 하버를 동원하여 연합국에 배상금을 지불하기 위해 해수에서 금을 추출하는 계획을 수립한 적도 있지만, 바닷물에 포함되어 있는 금의 농도가 너무나 낮기 때문에 채

산성을 맞출 수 없어 실패했다. 그러나 이들 미생물들을 이용하면 황금을 만드는 것이 어려운 일이 아니라고 보았다. 사실 많은 세균이 주위에 광물껍질을 형성한다. 페도미크로비움이나 엑스트레모필은 금 이외에도 용해광물이 풍부하게 존재하는 수력발전소 주위나 파이프 속에서 철과 망간산화물을 모을 수 있다. 유전학자들은 이들 세균이 갖고 있는 황금을 만드는 유전자를 증식시켜 다른 세포에 이식시킨다면 원하는 광물을 생산할 수도 있다고 추측한다. 이들 세균이야말로 고대의 연금술사들이 꿈꾸던 현자의 돌인지도 모른다.

11 편두와 금관

동아시아에 유래가 없는 금관

신라 고분에서 출토된 왕관은 중국식이 아니며 이웃 고구려나 백제에도 없었던 독특한 형식이다. 왜 신라 왕은 그처럼 동아시아에 유례가 없는 왕관을 썼을까?

신라 금관에 대해 주목할 만한 연구 자료를 발표한 사람은 이종선 박사다. 그는 신라 및 가야에서 출토된 금관, 은관, 금동관의 양식을 분류하여 이것들이 신분의 상하에 따라 구분되어 사용되었고 김씨 왕조의 왕족 이하 상급 귀족이 쓰는 상징적인 관이었다고 말했다. 그렇다고 왕관이 신라의 모든 고분에서 출토되는 것은 아니며 주로 대형 고분과 중요한 부장품이 많은 고분에서만 출토된다. 이러한 사실은 고분에서 출토된 왕관이 단순히 보관용이 아니라 왕의 상징성을 명확히 보여주는 것으로 볼 수 있다. 신라 왕릉에서 출토된 왕관은 형식상 일정한 통일성이 있다. 왕관의 기본 구성 요소는 수목형 입식立飾과 머리띠에 해당하는 다이아뎀diadem, 帶輪으로 이런 기본형은 결코 변하지 않았다. 수목형 왕관은 신라의 왕과 백성들에게 중요한 의미를 갖고 있었다.

금관총, 금령총, 서봉총, 천마총, 황남동 98호 북분과 고령 출토로 알려진 왕관은 전체적으로 금제 달개를 단 것과 삼면의 수목형 세움장식을 붙인 점은 모든 왕관에서 공통적으로 유지되고 있는 기본 구성이다. 솟은 장식에도 가지가 3단으로 마주보고 있는 형식과 4단으로 마주보는 형식(금관총, 금령총)이 있고, 달개 외에도 곱은옥을 붙인 형식과 그렇지 않은 형식(금령총, 교동 폐분)이 있다. 특이한 것은 금관이 출토된 각 고분에서 금동관이 출토되었다는 점이다. 황남동 98호 남분에서는 특수한 형식의 은관 1점 외에 크고 작은 금동관이 6점이나 출토되었다. 현재 경주 고분에서 출토된 왕관류는 무려 29점이나 된다. 물론 경주를 둘러싼 낙동강지역 등 가야지역을 포함한다면 왕관은 무려 50여 점에 이른다. 학자들은 신라 왕관의 원류가 어디인지 부단히 추적했다. 일본의 하마다 교수의 글을 먼저 인용한다.

> 서양에 지금도 잔존해 있는 왕관의 종류는 원래 페르시아와 기타 동방 국가들의 제왕들 사이에 성행하던 백색 머리띠(다이아뎀)와 그리스 · 로마의 화관이 융합하여 생긴 것이고, 항상 머리띠 부분과 꽃가지 모양의 부분 이렇게 두 가지로 이루어져 있다. 나는 이 점이 신라 왕관에도 적용된다고 생각한다. (중략) 중국에서는 아직 신라 왕관과 비슷한 형식의 관이 보이지 않는데 남러시아 알렉산드로폴의 고분에서 은제 관식이 발견되었다. 이는 인동덩굴 꽃가지 모양의 솟은 장식이고, 그 양 옆으로 난 잔가지의 뾰족한 끝에 둥근 달개가 한 개씩 부착되어 있다. 신라 왕관의 솟은 장식은 곡선적인 덩굴이 경화되어 직선으로 되었으며 똑같은 계통에서 볼 수 있는 것으로 생각한다. (중략) 요컨대 신라 왕관은 그리스풍의 꽃잎관 코로나와 페르시아식 머리띠 다이아뎀이 결합되어 성립된 서아시아 왕관 계통인데, 북아시아 남러시아의 스키타이계 문화의 영향을 많이 받은 것으로 여겨지며, 이에 한국에

서 발생한 듯한 관모와 깃털 장식에서 나온 새날개 모양의 장식이 붙은 내관이 합류되어 완성된 것으로 보는 견해가 가장 타당할 것이다.

한편 김원룡 교수는 북방원류설을 제창하면서 다음과 같은 결론을 내렸다. 삼국시대의 귀족은 남북을 불문하고 모두 삼각형 모자(비단, 자작나무 껍질제, 금속제 등)를 이용하고 고구려에서는 그 모자에 실물 또는 실물에 가까운 깃털을 장식하고 남부에서는 금속제 소뿔 모양 장식을 꽂았다. 지금까지 이러한 모자가 어디에서 발생했는지는 알 수 없지만 화피의 이용과 깃털의 샤먼적 의의를 고려하면 그러한 특수한 모자는 분명 중국 북동지방 · 몽고 · 시베리아 지방에서 시작된 것으로 추측할 수 있다. 따라서 한국의 삼국시대 관모는 원래 아시아 대륙지방에서 탄생한 모자에서 발전한 것이라고 볼 수 있다. 우리의 흥미를 끄는 것은 남러시아의 알렉산드로폴에 있는 사르마트족 고분에서 발견된 금제 관식이다. 이것은 꽃모양으로 휘어진 가지가 몇 개 있는데 머리띠 부분에 무언가를 붙여서 장식할 수 있게 만든 못의 흔적이 있을 뿐만 아니라 가지 끝에는 달개까지 매달려 있다. 이러한 관 장식은 같은 지방의 노보체르카스크에서 출토된 금관(기원전 1세기~서기 1세기경)의 형식을 간략하게 한 것임이 분명하다. 이 관은 남러시아 유목민족의 미술인 스키토-사르마트 요소와

아프가니스탄 시바르간 발굴 금관

스키타이 금관

흉노 금관

그리스 요소가 혼재된 것이다.

관의 머리띠 부분에는 자수정 · 석류석 · 진주 등이 박혀 있고 상부에는 사실적인 수목 두 그루와 사슴 세 마리가 있다. 이처럼 사슴과 수목을 배치하는 의장은 남러시아에서 이란 지방에 걸쳐 널리 퍼져 있는 도안이며, 이 수목은 생명의 나무인 성수로서 인도의 『리그베다』에도 기록되어 있다. 더구나 시베리아 · 예니세이 지방의 샤먼이 쓰는 모자에 사슴뿔 깃털 장식이 붙은 것이 있어 그런 느낌을 더욱 강하게 준다. 이미 벤체 교수가 지적했듯이, 신라 금관의 직접적인 원형이 되는 것은 그러한 시베리아 민족에게 퍼져 있던 관으로 여겨지며 내관과 마찬가지로 한국의 관은 북방적이라고 할 수 있다.

신라, 가야에서는 수목관 형식의 왕관이 많이 출토되지만 중국 문화권 나라들의 왕관으로 사용된 예는 전혀 없다. 중국의 옛 제왕들은 대례大禮 때 면冕이라는 관을 사용했다. 이런 관은 군주뿐만 아니라 신하도 사용했는데 천자의 대례 의장에 착용하는 곤면袞冕의 재질은 비단이었다. 면판(冕板, 머리 위에 놓는 검은 사각판)의 크기는 천자 이하의 것은 모두 넓이 7치, 길이 1자 2치로 판의 앞 끝은 둥글고 뒤쪽은 각이 졌다. 그리고 면판 윗면은 검은 비단을 붙이고 뒷면은 붉은색과 녹색의 두 가지 비단을 사용했다. 또한 면판 전후로 '유'라는 끈을 늘어뜨리고 거기에 구슬 장식을 꿰었다. 중국은 당 · 송대에 이르기까지 거의 이 형식이 계승되어 명백하게 신라의 수목관과 연계가 없음을 보여준다.

일본에서 약간의 예가 보이는데 이것은 신라에서 건너온 집단이 각 지역에 정착하면서 왕관을 사용한 것 같다고 요시미즈 츠네오는 추측했다. 이는 신라가 중국문화를 향유하지 않았던 나라라는 것을 명백하게 시사해준다. 요시미즈 츠네오는 수목관이 유럽세계의 독특한 왕관으로 그리스에서 이어진 서구의 전통을 계승한 왕관이라고 지적했다. 즉, 신라 왕관은 로마문화와 연관이 있으며 신라인들이 당시 로마문화(동로마 제국의 문화)를 수용하고 있음을 상징적으로 보여준다고 지적했다.

요시미즈 츠네오는 영국 왕실의 왕관은 물론 유럽 왕실의 왕관이 거의 전부 수목관 형태를 띠고 있음을 제시했다. 그 형식은 고대 그리스 신화에 묘사된 숲의 신 디아나에 대한 숭배에서 탄생한 성수 가지를 머리띠(다이아뎀, 신격 상징)에 꽂음으로써 신권을 부여받은 왕의 상징을 나타내는 머리장식(왕관)의 발단이 되었다. 특히 동로마 황제 유스티니아누스와 황후 테오도라의 왕관도 하나같이 수목관 형식이다. 유럽의 왕관은 로마시대 이후 수목관 형식이 엄격하게 준수되고 있었다. 이런 전통은 유럽의 전통 왕관 형식이 되어 오늘날까지 전승된다. 신라 왕관은 고대 유럽의 왕관과 공통된 요소가 있음에도 불구하고 유럽이나 남러시아 또는 지중해, 흑해 주변의 로마제국 영토와 식민지 등에서는 이러한 왕관이 출토되지 않는다. 이것은 신라에서 수목관의 전통을 계승하면서도 독자적으로 만든 것임을 보여준다.[1]

장신구의 꽃 금관

신라와 가야의 왕릉급 무덤에서 출토된 금관은 모두 7점(가야 1점)이다. 이 중에서 교동 금관을 제외한 황남대총 북분 · 금관총 · 서봉총 · 금령총 · 천마총 금관은 발굴조사에서 출토된 것이다. 학자들은 경주 일원에만 155여 기의 큰 무덤이 있는데 그 중 발굴된 것은 약 30여 기에 불과하므로 앞으로 발굴 여하에 따라 훨씬 많은 금관이 쏟아져 나올 것으로 추정한다. 지금까지 금관이 출토된 무덤은 5세기 후반부터 6세기 전반에 만들어졌다고 생각되는데 이 시기 신라왕은 차례로 눌지마립간, 자비마립간, 소지마립간, 지증왕 등 4명임에 비해 현재 출토된 금관의 수는 훨씬 많다. 이것이 왕비나 왕의 가족도 금관을 썼기 때문으로 추정하는 이유다.[2]

금관은 형태와 용도에 따라 의식용으로 추정되는 외관外冠, 일상용의 내관內冠으로 나누어진다. 가장 유명한 것이 1921년에 발굴된 금관총의 금관(국보 제87호)이다. 총 높이 44cm의 이 금관은 얇은 금판을 늘려 외관과 내관을 만들었는데, 외관은 원형의 대륜臺輪을 두고 그 위에 '출出' 자 모양의 금판으로 만든 세 개의 아름다운 장식을 정면과 측면에 세웠다. 일부 학자들은 이것이 나무 형상이라고 해석한다. 정면의 '출' 자 모양의 금판 좌우에는 사슴뿔 장식이 하나씩 달려 있다. 내관은 삼각뿔 모자 모양이며 화려한 금판으로 되어 있다. 여기에 내관 · 외관 모두 푸른 옥고리와 둥근 금제 영락瓔珞을 규칙적으로 금실에 매달았다. 금관총의 특징을 든다면 외관은 머리에 쓴 상태로 발견되었고 내관은 관 밖에서 따로 출토되었다는 점이다. 일반적으로 금관은 내관과 외관으로 이루어진다고 생각되었으나 천마총에서도 내관 · 외관이 분리되어 발견됨으로써 내관 · 외관을 평상시 함께 썼는지에 대해서는 아직 학계에서 일치된 의견이 없다.

금관총에서 출토된 금관

경주 황남리 155호의 금관(국보 제191호)은 외관 높이가 32cm이고 대륜 직경은 20cm이며, 58개의 비취옥으로 된 곡옥과 수백 개의 둥근 금알로 된 구슬

금령총에서 출토된 금관

이 달려 있다. 2개의 금관 장식은 새 날개 모양과 나비 모양으로 되어 있는데, 새 날개 모양의 장식품은 금판에 당초무늬를 도려내어 새기고 구슬을 달았다. 금관의 총 높이는 45cm이고 양쪽 날개 사이의 폭은 40cm이며 금판으로 된 나비 형태의 장식품을 매달았다.

이들 금관 외에도 금령총(보물 제338호)이나 서봉총의 금관들도 유명하다. 이 가운데 서봉총은 1926년에 발굴되었는데 스웨덴의 황태자이자 고고학자였던 구스타프 안드로프가 참관한 것을 기념하여 스웨덴瑞典의 '서瑞' 자와 금관에 있는 봉황 장식의 '봉鳳' 자를 따서 서봉총이라 했다. 서봉총 금관은 두 개의 좁은 띠를 안쪽 머리 위의 중앙에서 직교시켜 내모內帽 모양으로 만들고, 꼭대기에는 금판을 오려 만든 봉황형 장식을 붙인 특이한 모양이다. 특히 서봉총 금관의 꼭대기에는 나무에 다소곳이 앉은 3마리의 새가 있다. 금관에 새가 표현되어 있는 예는 앞에서 설명한 아로시 유적의 흉노 금관에서도 발견된다. 신라인들이 금관에 새를 표현한 것은 단순한 장식적 의미를 넘어서서 나뭇가지나 사슴뿔처럼 새가 이승

서봉총에서 출토된 금관

과 저승, 하늘과 땅을 연결하는 매개자로 여겼기 때문으로 추정한다.[3]

백제의 나주군 신촌리 9호분에 묻혔던 금동관은 상단에 영락을 달고 중앙부에는 7엽葉의 화문을 9개 배치했는데 이러한 현상은 신라 금관에서도 보인다. 특히 널리 알려진 무령왕릉은 1971년 송산리 5호분과 6호분의 침수 방지공사 도중 우연히 발견된 것으로 백제 고분으로는 드물게 완전한 원형 보존 상태로 발견되어 학계의 주목을 받았다. 금으로 만든 왕의 관모 장식은 시신의 머리 부위에서 거의 포개진 상태로 출토되었는데 모두 순금판을 도려내어 줄기와 꽃잎을 나타내고 있다. 원형의 금제 영락은 왕의 관식에만 매달려 있다. 또한 왕비의 관에 부착되었던 금제 장식 문양은 인동당초문忍冬唐草文이지만, 왕의 관식과는 달리 영락이 없는데다 좌우대칭으로 정돈되어 정연한 느낌을 준다.

최근 국립중앙박물관에서 X선 형광분석기XRF로 천마총 금관의 성분을 분석한 결과 천마총 금관은 주로 금과 은으로 만들어졌는데, 평균 97.5% 정도의 금이 포함되어 있다는 것이 발견되었다. 황금의 비율을 K(캐럿)으로 바꾸어 보면 23.4K로 거의 순금으로 금관이 제작되었다.

편두를 갖고 있는 신라의 지배자

1976년에 발견되어 모두 4차에 걸쳐 180여 기의 무덤이 발굴된 4세기경의 김해 예안리 고분군은 분묘의 규모로 보아 최상위 계층이 아닌 일반 서민 계층의 공동묘지로 추정된다. 예안리는 현재 낙동강 삼각주의 북부에 해당하지만 옛날 지형으로 보면 고김해만古金海灣의 하부에 속하는 지역으로 190여 평의 좁은 면적에 상하로 4겹 정도 중복되어 있는데 거의 대부분의 무덤 속에 1구, 많게는 10여 구의 인골이 남아 있었다. 부장품인 1,000여 점의 토기를 비롯해 총 2,000여 점의 유물도 나왔다. 현

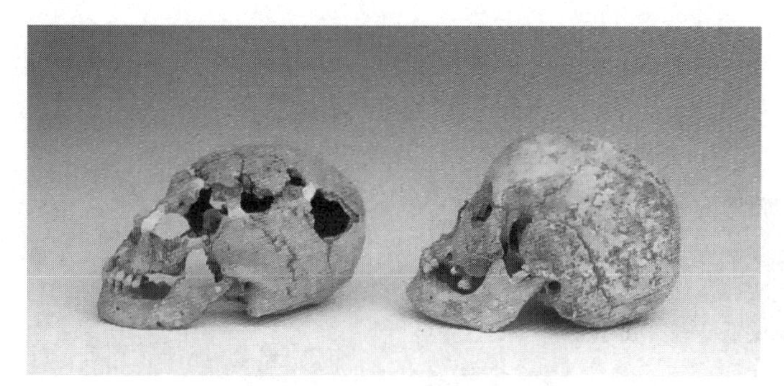

예안리 편두(왼쪽)와 정상 두개골(오른쪽)

재 부산대학교 박물관에 소장되어 있는 예안리 인골은 수적으로도 역사상 유례없는 일이지만 더욱 학자들의 눈길을 끄는 것은 1,600여 년 전의 인골이라고 보기에는 보존상태가 매우 양호하다는 점이다. 우리나라의 토양은 대체로 산성이 강하여 부장된 것이 잘 썩지만 예안리 유적은 유적 상부에 형성된 패총의 영향으로 토양이 중화되었기 때문이다.

예안리인들의 형질적 특징으로는 평균 신장이 남성은 164.7cm, 여성은 150.8cm이며 현대인에 비해 안면이 높고 코가 좁으며 코뿌리가 편평한 편이다. 또한 전체 사망자 중 남자보다는 여자, 그중 장년층(40대)의 여성 사망률이 높고 12세 이하의 사망자가 전체의 1/3이상이나 되어 당시 유아 사망률이 높았음을 보여준다.

예안리 주민들의 머리뼈 특징으로 머리뼈 길이는 약간 길며 너비는 중간 정도이면서도 약간 좁은 감이 있다. 머리뼈 길이-너비 치수는 77.5로 머리뼈의 형태가 전형적인 중두형에 속한다. 또한 머리뼈의 높이-길이 치수는 73.9로 중간머리형에 속하면서도 높은 머리형에 속하며, 머리뼈의 높이-너비 치수는 96.0으로 역시 중간머리형이면서도 높은 머리형에 가깝다. 전체적으로 예안리 유적 주민들의 얼굴 옆모습은 턱이 나오지 않고 약간 들어간 감을 준다. 또한 얼굴의 돌출 정도를 보여주는 지수에서도 예안리 주민은 한국인의 일반적인 유형에 들어간다. 코의 크기는 인종적 특징을 나타내는 중요한 지표인데, 예안리 주민들의 코는 너비가 26.6으로 넓은 편이고 높이는 54.9로 중간 정도로 높다. 코지수는 48.6으로 그 형태가 중간코형에 속한다. 중간코형에 속하는 한국인의 특징은 오늘날과 다름이 없다. 한국인들이 일본을 비롯한 여러 국가와 뚜렷이 구별되는 것은 높지도 낮지도 않은 중간 정도의 얼굴 크기를 갖고 있다는데 있다. 그런 면에서 예안리 주민은 높이가 약간 높은 감이 있지만 한국인에게 고유한 중간 정도의 얼굴형이라고 볼 수 있다. 결국 예안리 주민은 고대부터 한국에 살았던 전형적인 주민이다.[4]

김해 예안리 유적지

그런데 이중에서 학자들의 주목을 크게 끈 것은 모두 10례의 변형 두개골이 보고되었기 때문이다. KBS가 2001년에 기획한 '몽골리안 루트'에서 예안리 85호와 99호 고분에서 발견된 전형적인 변형 두개골을 소개했다. 이들 두개골의 머리둘레는 50cm 정도에 지나지 않을 정도로 한국인의 정상적인 머리둘레인 57.5cm보다 상당히 작다.[5] 이렇게 인공 변형된 두개골을 '편두扁頭, cranial deformation'라고 부르며 외압에 의해서 두개골이 변형된 것으로 추정한다. 편두에 관한 기록은 진수의 『삼국지』

〈위지동이전〉에도 있다.

> 아이가 태어나면 긴 돌로 머리를 눌러두어 납작하게 했다. 그래서 진한辰韓 사람들의 머리는 모두 편두다.

기록 속의 진한辰韓은 3세기 중엽의 진한과 변한弁韓, 즉 김해지역의 가야인이 여기에 포함된다. 기록 속에만 존재하던 편두의 실체가 예안리 인골에서 확인된 것이다. 편두 풍습에 대해 일본인 쓰보이는 고대 인도에서 행해진 구습으로 설명했지만, 일반적으로 유목민(코카서스 북부, 터키 등)에게 많이 나타나는 풍습으로 인정한다. 고조선 지역에서도 일찍부터 편두 풍속이 있었다. 『만주원류고滿洲源流考』 제2권에서 만주지방에는 옛날부터 편두하는 관습이 있어 어린아이 때부터 와구臥具를 이용해 머리통 모양을 인위적으로 편두형으로 만들었다고 기록되어 있는데, 러시아의 블라디보스토크 대학교의 박물관에도 말갈계의 편두형 인골이 있다. 중국 황하 하류의 산동 · 강소 북부 일대에서 동이계 신석기시대 문화로 알려진 대문구문화大汶口文化 유적의 인골을 분석한 결과 후두부를 인공적으로 변형시킨 편두형 모습도 발견됐다. 이것을 통해 동이족들이 중국인과 달리 편두 습속을 오래 전부터 사용했다는 사실을 알 수 있다.

편두 풍습은 중국과 훈족의 이동로뿐만 아니라 세계 곳곳에서 행해졌다. 남아메리카의 페루, 아르헨티나, 칠레, 에콰도르, 콜롬비아는 물론 멕시코에서도 발견된다. 미국 서남부의 인디언에서도 발견되며 대양주의 뉴기니, 뉴칼레도니아, 뉴헤브리디스제도 등 고립된 섬에서도 보이며 소아시아, 카프카스, 아르메니아, 중앙아프리카, 인도에서도 발견된다. 중앙아프리카의 몸부투는 물론 이집트에서도 보인다. 종교의식에 관련된 것으로 보이는 이집트 조각품은 3,300여 년 전의 투탕카멘의 무덤에서도 발견되었는데 복원된 예안리의 편두 얼굴과 여러 면에서 일치한다. 이마 부분이 들어가고 코 부분이 돌출했으며 턱뼈의 각도가 둔각으로 돼 얼굴 앞쪽으로 나오고 뒤통수가 올라

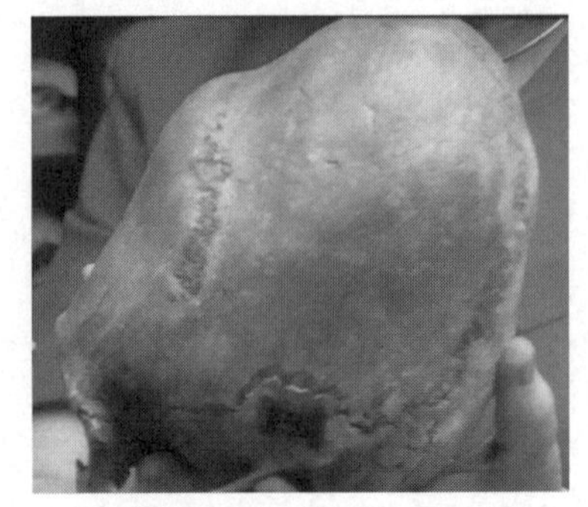
헝가리 기요르에서 출토된 훈족의 편두

붙은 점 등이 전형적인 편두였고 최근 미라를 근거로 컴퓨터 그래픽으로 복원된 투탕카멘의 얼굴도 전형적인 편두다.[6] 편두는 현대인의 눈에는 기이하게 보일지 모르지만 고대에는 보편적인 풍습이라고 볼 수 있다. 특히 중국의 여러 지역 무당들이 편두라고 알려져 있다.

편두를 왜 만들지?

편두는 워낙 많은 민족들이 차용했으므로 만드는 방법이 여러 가지다. 당연히 만드는 방법에 따라 머리 모양도 다르게 변형된다. 첫째 유형은 식물을 꼬아 만든 새끼줄이나 가죽 끈으로 이마, 관자놀이, 침골 부위를 돌려 묶는 것이다. 이 방법은 머리 모양이 전체적으로 길고 좁아지며 뒤통수도 직선에 가깝다. 이러한 형태를 '환형 편두' 라고 하는데 북경 산정동인, 길림성 전곽현에서 발견된 기원전 5,600년 전의 신석기인에게서 발견된다. 이 형태는 북미 인디언, 페루에서도 발견된다. 둘째는 딱딱한 판자를 머리 앞뒤에 대고 끈으로 묶어두는 것으로 이렇게 하면 이마와 뒤통수가 편평해지고 머리가 길어져서 옆에서 보면 이마뼈가 편평한 나무판처럼 보이며 정수리 쪽으로 기울어져 있다. 이 형태는 기원전

8,000년경의 흑룡강 인근에서 발견되며 아무르 강 하류에서도 발견되었다. 셋째는 중국의 대문구유적지에서 발견된 편두로 바닥에 딱딱한 물건을 깔고 유아기의 아이를 장시간 눕혀두는 것으로 머리 뒤쪽이 편평하게 된다. 이를 침형 편두라고 하는데 왼쪽 뒤통수가 더 기울게 했다. 지금도 산동성과 강소성 북부에서는 아이머리 밑에 책 같은 딱딱한 물건을 받쳐 놓아 뒤통수를 납작하게 한다. 이들은 이렇게 하여 머리 모양이 사방형으로 되면 아이가 똑똑해 보인다고 생각한다. 훈족의 편두를 연구한 헝가리의 마르칙 박사는 뼈가 부드럽고 형태를 갖추지 않은 어린 시절에 아이의 이마 부분에 넓적한 물건을 놓고 두개골 주위를 둘러서 묶으면 이마는 완전하게 납작하게 변형되며 머리는 위쪽으로 뾰족한 형태로 변형되는데 이는 두 번째 유형과 유사하다.[7]

학자들이 편두를 주목하는 것은 훈족들이 편두를 하층계급과 상류계급의 신분을 구분하는 방법으로 사용했다고 추정하기 때문이다. 프랑스의 칼바도스 지방의 생 마텡 드 휜트네이에서 발견된 5세기 중반(아틸라 치세)의 두 명의 귀족 여자의 무덤에서 수많은 장신구들과 유골이 발견되었는데 두 여자 모두 편두였다. 훈족은 점령 지역의 귀족 자식들의 머리를 강제적으로 변형시켰는데 이들 여자들은 훈족에 복속했던 알란족으로 추정된다. 게르만지역의 튀링겐과 오덴발트에서도 훈족의 편두가 발견되는 것을 볼 때 훈 제국에서 편두는 보편적이었음을 알 수 있다.

반면 훈족에게는 편두가 발견되지만 흉노에서는 편두가 발견되지 않는다는 기록도 있다. 이는 흉노가 여러 민족으로 구성되어 있었으며 흉노에서 갈라져 서유럽을 공격한 훈족의 지배 집단은 편두 습속을 갖고 있었다고 추정할 수 있다. 앞에서 설명한 신라의 금령총에서 발견된 도제기마인물상의 주인공도 편두다. 도제기마인물상의 주인공이 세계적으

도제기마인물상의 편두 주인공과 동복

로 특이한 변형 인골 형태를 취하고 있으며 한반도 남쪽과 유라시아 대륙의 끝에서 편두가 발견된다는 것은 이들 민족 간에 강력한 연관관계가 있다는 것을 다시 한 번 확인시켜 준다.

한편 신라에서 머리가 뾰족한 토용들이 많이 발견되는 것도 특이한 일이다. 기원전 7~8세기 전부터 현 터키 지역에 거주했던 프리기아인들이 초원을 따라 이동해왔으며 그들이 고깔모자를 쓴 것으로 토용을 해석하는 주장이 발표되었다. 그러나 학자들은 토용이 진한과 변한의 풍습이었던 편두를 형상화하여 조각한 것으로 추정한다. 머리가 작은 편두 인골은 우리나라에서 출토되는 금관의 크기에 대한 의문점도 해결해 주었다. 국내에서 출토된 금관 중 천마총 금관의 직경이 20cm, 금관총 금관이 19cm, 서봉총 금관 18.4cm, 황남대총 금관 17cm, 금령총 금관 16.4cm, 호암미술관 소장 금동관 16.1cm, 복천동 금관 15.9cm로 중간값은 황남대총 금관의 17cm로 둘레는 53.4cm다. 이 크기는 12살짜리 남자 어린아이의 머리둘레에 해당한다.

편두는 작은 금관의 문제점을 해결

존 카터 코벨은 우리나라에서 유난히 금관이 많이 발견되는 이유를 금관이 샤머니즘의 흔적, 즉 무속 예술품이라고 주장했다. 특히 시베리아와 신라 문화에는 유사성이 많은데 신라 금관을 그 중요한 증거로 제시했다. 그러나 코벨의 가설을 비롯한 금관에 대한 기존의 학설은 금관의 크기가 너무 작다는 문제점을 해결하지 못한다. 금관의 크기가 작은 이유로 우선 왕이 어린 나이에 사망했을 경우를 추측할 수 있는데 5~6세기의 신라왕 가운데 10세 전후의 어린 나이로 사망한 왕은 없다. 특히 황남대총의 경우 남성의 무덤인 남분이 아니라 여성의 무덤인 북분에서 금관이 출토되었으므로 왕의 금관이 아님이 분명하다. 그러므로 이들 작은 금관은 요절한 왕족이 사용한 것이라고 추정하기도 했다(신라에서 금관은 왕과 왕비뿐만 아니라 왕의 일족이면 어린아이도 착용했다는 뜻이다).

금관이 너무 작기 때문에 실제 머리에 쓰고 활동하기에는 부적합한데다가 화려한 외모와는 달리 버팀력이 약하고 지나치게 장식이 많아 어른이 사용할 수 없는 것이 분명하다. 따라서 금관은 생존시 사용하기 위해 제작된 것이 아니라 사망자의 무덤에 넣기 위한 부장품, 즉 죽은 자를 위한 일종의 데드마스크 용도로 특별히 제작한 것이라는 해석도 제기되었다. 다시 말해 이집트 무덤에서 나온 황금마스크와 비슷한 용도라는 것이다. 특히 피장자의 발치에 묻혀 있는 금동신발의 바닥에 스파이크 같은 장식이 있어 실용성이 없으며, 또 다른 부장품인 금제 허리띠도 무게가 4kg이나 되는 것으로 볼 때 금관도 장례용 부장품일 가능성이 크다고 설명했다.

물론 특수한 걸이나 끈을 사용할 경우 머리에 쓰고 활동하거나 무속의 한 형태로 춤을 출 수도 있다는 반론이 있었다. 금관을 어떻게 머리에 썼을까 하는 연구에서 세움장식을 실로 고정시키고 그 안에 모자를 쓴다면 머리에 쓸 수 있다는 해석도 나왔기 때문이다.[8] 특히 중국 당나라 장회태자묘 벽화에 묘사된 인물 중에 신라인으로 추정되는 사신도가 있는데 이 그림에 의하면 신라인으로 추정되는 사신이 쓴 관모는 머리의 정수리 부분에 얹혀 있다. 이러한 관모는 테두리 양쪽에 길쭉한 끈을 드리워 턱밑에서 묶고 있다. 신라왕의 금관 또한 착용법이 이와 비슷할 것으로 유추하기도 한다.[9] 그러나 이들 가설 모두 금관의 크기가 작다는 것을 해석할 수 없으므로 고고학자들이 풀 수 없는 큰 숙제 중에 하나였다.

최치원 초상

그런데 이 수수께끼를 풀 수 있는 단서가 포착되었다. 헌강왕 11년(885년) 왕이 최치원에게 882년에 입적한 지증대사탑비智證大師塔碑 건립을 위해 비문을 짓게 했다. 지증대사는 824년에 출생하여 9세인 832년에 부석사로 출가했다. 17세 때 구족계를 받고 일찍이 신라사회에 수입된 북종선을 계승했으며 신라 경문왕이 제자의 예를 갖추고 초청했으나 거절할 정도로 교화활동에 힘썼다. 헌강왕 7년(881년)에 국가에서 사역寺域을 정해주고 '봉암鳳巖'을 사호했다. 지증대사탑비는 진성여왕 7년(893년) 무렵 찬술되었으며 경애왕 1년(924년)에 건립되었는데 현재 경상북도 문경군 가은읍 원북리 봉암사 경내에 있으며 귀부와 이수 및 비좌의 조각이 뛰어나 2010년 1월 보물 제138호에서 국보 제315호로 재지정되었다. 비신은 청석으로 높이

지증대사탑비

273cm, 너비 164cm, 두께 23cm이며 글자 지름 2cm로 왕희지체의 영향을 받은 행서체이다.

최치원의 비문은 주인공인 지증대사 이외에도 당시 활약한 상당수의 선종 승려 이름, 지명, 관명, 제도, 풍속 등 많은 정보가 적혀있는데 특히 신라의 왕토사상王土思想 및 사원에 토지를 기진寄進하는 절차들을 알려주는 내용이 담겨있어 신라시대 선종사 이해에 중요한 사료로 꼽힌다. 뿐만 아니라 이 비문에는 백제의 소도蘇塗에 대한 기록이 있는데 이는 백제 소도에 대한 정보를 알려주는 국내 유일의 기록이다. 그런데 이 비문 서두에 '편두거매금지존偏頭居寐錦至尊'이라는 글은 신라 왕의 두상에 대해 설명하고 있다. 원문은 다음과 같다.

> 성姓마다 석가의 종족에 참여하여 편두인 국왕 같은 분이 삭발하기도 했으며, 언어가 범어梵語를 답습하여 혀를 굴리면 불경의 글자가 되었다.[10]

이는 신라 법흥왕이 만년에 출가하여 스님이 되었다는 것을 설명하면서 나온 말이다. 거매금, 거서간, 마립간, 이사금은 신라의 지배자를 의미하므로 최치원이 적은 편두란 존귀한 신라 임금이 편두였음을 뜻한다.[11] 금관을 사용하던 사람들이 편두라면, 즉 신라의 임금을 비롯한 지배자들이 편두였다면 금관이 작은 이유가 충분히 설명된다.[12]

그러나 김해 예안리에서 발견된 편두 유골만 놓고 본다면 새로운 문제점이 제기된다. 김해 예안리에서 발견된 편두는 남자가 없으며 여성의 30%에서만 발견되기 때문이다. 『삼국지』〈위지동이전〉에는 편두가 진한(변한 포함)의 특징적인 습속의 하나로 기록되어 있으나 주민 전체가 편두를 한 것은 아니라고 볼 수 있다. 특히 가야지역에서 편두는 4세기경 일정한 시기에 한해서 시행되었다고 추정하는데, 부산대학교 정징원 교수는 하층민에게서 편두가 보이는 것은 당시 미인의 기준이거나 특별한 습속일지 모른다고 추정했다. 언론인 안태용은 신분을 구별하기 위한 방편일지도 모른다고 말했다. 일부 학자들은 편두가 일부에만 국한되었기 때문에 무당과 같은 일종의 특수 신분의 여성들에게 행해진 것이 아닌가 추정하고 있다.[13]

크기가 작은 금관은 한국의 대표적인 유산 중 하나임에도 불구하고 그동안 한국 문화유산 중에서 가장 큰 미스터리 중에 하나였다. 그러나 신라 법흥왕의 예에서 보이는 것처럼 신라의 지배자들이 편두라면 이런 문제점을 일거에 해소할 수 있다. 역사서에 의하면 편두는 진한 · 변한에서 일정 기간 동안 적용된 습속이라 볼 수 있지만 이 습속이 신라 지배자 계급에 어떤 과정을 거쳐서 도입되었는지는 앞으로 더 연구할 과제다.

왕은 은관, 왕비는 금관을 쓴 이유

경주 대릉원에서 가장 큰 황남대총(98호분)은 적석목곽분의 대표적인 무덤으로 형태상 쌍분, 즉 부부묘로 표형분이라고도 불린다. 이 무덤은 경주관광 10개년 개발계획에 의해 천마총(제155분)을 예비로 발굴했는데 그곳에서 예상치 못한 유물들이 출토되었다. 황남대총 발굴은 1973년 7월에서 1975년 10월까지 2년 4개월이 소요되었는데 이것은 국내 고분 발굴사상 단일 무덤으로는 최장 조사기간이다. 발굴에 동원된 인원만 총 33,000여 명이었는데 사람들을 놀라게 한 것은 무덤의 규모답게 출토 유물이 순금제 금관, 비단벌레 장식의 안장틀과 발걸이, 말띠드리개, 유리병 등 7만여 점이나 출토됐다는 점이다.

신라 최대의 이 고분에는 당연히 신라에서 최고 권력을 자랑하던 왕과 왕비가 매장되었다고 추정된다. 그런데 여자 무덤인 북분에서는 금관이 출토되었는데 남자 무덤인 남분에서는 금관 대신 왕관 형식상 유례가 없는 은관 1점, 은관과 같은 형식의 금동관 1점 외에 동제 금도금의 금동제 수목관 5점이 출토되었다.[14] 신라에서는 제27대 선덕여왕(재위 632~647년) 이전에는 여왕이 등극한 적이 한 번도 없다. 그런데도 남분보다 나중에 매장된 북분의 왕비 묘에서 금관이 출토된 것이다. 더구나 부장품인 금제 드리개나 자작나무 껍질제 관모, 금제 허리띠와 띠드리개로 다른 왕릉에서 출토된 것과 같거나 유사하다.

당연한 질문은 왕이 썼을 왕관은 왜 은관이나 금동관이고 왕비의 왕관은 금관일까 하는 점이다. 지금까지 발굴된 신라 왕릉의 왕관은 하나같이 금관이며 신라의 지배하에 있었던 주변의 왕묘에서 출토된 관은 거의 모두 수목형 금동관이다. 이것은 그때까지 금관=왕이라는 공식을 무너뜨린 중요한 사건이라고 조유전 박사는 적었다.[15]

신라의 출토품을 보면 금관과 은관, 금관과 금동관, 은관과 금동관을 병용하거나 금동관만 사용했다. 그러므로 이 네 가지 유형은 피장자의 신분과 경력에 따라 구분되어 사용되었다고 추정한다. 신분 서열로 따지자면 순서대로 금관과 은관 병용, 금관과 금동관 병용, 은관과 금동관 병용, 금동관만 착용했을 것으로 본다. 이 서열을 엄밀하게 따진다면 신라 최대의 고분에 묻힌 피장자는 서열 제3범주에 속하는 왕으로 어떤 사연인지는 모르지만 신분이 다소 낮은 인물이 왕위에 올랐다는 추정도 가능하다. 당연히 어떻게 제3서열의 인물이 왕이 될 수 있는지 의문이 생긴다. 요시미즈 츠네오는 이 질문에 대해 다음과 같이 명쾌하게 설명했다.

부장품을 보면 왕비가 남편인 왕 이상의 높은 신분과 실력을 보유했다고 볼 수 있다. 그 권위를 가진 왕비가 낮은 신분 출신의 왕을 위해 최대

규모의 왕릉을 조성하고 역사상 유례가 없는 호화찬란한 비단벌레 장식의 안장을 비롯한 마구, 금은장의 화려한 고리큰칼 등 도검류, 대량의 실전용 무기 등을 매장했다. 한편 북분의 피장자인 왕비는 사후에 자신이 매장될 때는 왕에게나 어울리는 금관 등의 장신구를 함께 부장하도록 지시했을 것이다.

여자의 금관이 더 화려한 이유로 권삼윤 박사는 신라 금관의 주인공이 정치 권력자가 아니라 샤먼일 가능성이 높기 때문이라고 설명했다. 유명한 스키타이의 고분에서 출토된 '수하의 기사'에는 7개의 가지를 가진 우주수목에 말이 매여 있다. 기마민족이 사는 땅은 나무가 귀한 초원이 대부분이므로 나무가 있는 곳은 성스러운 땅이다. 알타이족은 샤먼이 우주수목을 타고 오르면서 환자들을 치료한다고 믿었다. 샤먼은 하늘과 교감하는 영혼의 소유자이므로 병마 때문에 고생하는 자, 불행에 빠져 고통받는 자를 치유하는 능력을 가졌다고 인식되었다. 당시 제정祭政이 분리되지 않은 상태였다면 샤먼의 중요도는 누구보다도 높았다고 볼 수 있다. 여자의 무덤에서 더 화려하고 우수한 부장품이 나왔다는 것이 결코

황남대총

이상한 일이 아니라는 뜻이다. 이런 설명을 대입하면 황남대총에서 발견된 허리띠의 경우도 남자는 7줄인데 비해 여자는 13줄이라는 것도 쉽게 이해할 수 있다.[16]

학자들은 황남대총의 주인공이 누구냐에 대해 신중하다. 학자들에 따라 제17대 내물왕(재위 356~402년), 18대 실성왕(재위 402~417년), 19대 눌지왕(재위 417~458년)으로 추정한다. 그런데 요시미즈 츠네오는 고구려계 새날개 모양 은관과 금동관이 발견되는 등 고구려와의 유대관계 등을 고려할 때 실성왕으로 추정했다. 실성왕의 아버지 이찬은 차관급 관리로 신라의 직관제 중에서 제2등 관위였다. 반면 실성왕의 왕비는 미추왕의 왕녀로 당시의 신라에서의 서열로 볼 때 실성왕보다 신분이 높았다. 그러므로 황남대총의 주인공이 실성왕이라면 여러 가지 면에서 남분에서 금관이 발견되지 않은 이유가 해명된다.[17] 박영복 국립경주박물관장은 이에 대해 다음과 같이 설명하기도 했다.[18]

남자가 성골로 왕이 되었지만 지위가 더 높은 진골 부인의 도움을 받아 왕이 되었다. 지금으로 치면 왕은 고용사장이었기 때문에 금관을 묻지 않았다. 황남대총 남분의 피장자는 내물왕, 북분의 피장자는 내물왕의 부인 보반保反이라는 주장도 많이 제기되었다. 보반 부인은 미추왕계의 적통 제일 가문 출신이었고 내물왕은 그렇지 못했기 때문에 부장내용에 엄청난 차별화를 보인다는 것이다. 내물왕은 결혼동맹의 형태로 부인측 가계의 정치적인 도움을 업고 사위왕이 돼 부장품이 빈약할 수 밖에 없었다는 설명이다. 그러나 최근 국립중앙박물관은 AMS 탄소연대측정에 의할 경우 재위 연한이 40여년이나 되는 눌지왕이 가장 근접하다고 발표되었다. 물론 AMS 탄소연대측정으로 피장자가 눌지왕이란 주장에 대해선 '눌지왕은 그가 시해한 그의 장인 실성마립간의 딸 아로부인과 결혼했기 때문에 이 고분에 보이는 여후남박女厚男薄의 부장 양태에 전혀 맞지 않는다'는 설명도 있다.

최근에는 금동관이 금관보다 수준이 낮은 제품이 아니라 금관은 장례용이고 금동관은 왕이 생전에 의례용으로 사용했다는 주장도 제기되고 있다. 남분에서 금관 대신에 금동관 6점이 수습된 것은 왕이 의식이나 제사용으로 사용한 위세품이라는 주장이다. 특히 곡옥이 달린 금동관이 발견됐는데 이것이야말로 금관의 역할을 하던 것으로 왕이 죽은 뒤 묻었다는 것이다. 이한상 박사는 신라의 경우 금관이 출토된 무덤은 모두 황남대총보다 늦게 건설되었으므로 금관은 금동관을 모델로 제작되었다고 설명했다. 황남대총 남분을 건설할 당시에는 금관이 없었을지도 모른다는 것이다.[19]

12 천마도

경주의 고분공원인 대릉원大陵苑에서 관람객이 무덤 내부 안으로 들어가 내부의 모습을 볼 수 있도록 한 무덤이 바로 천마총天馬塚이다. 천마총은 1973년 7월에 발굴 조사되었는데 광복 후 최초로 신라 금관이 출토되어 세상을 놀라게 한 무덤으로도 유명하다. 이 무덤은 1970년대 초에 경주의 종합개발계획에 따라 경주시 황남동 미추왕릉지구에 있는 옛 무덤들 중 가장 큰 98호를 발굴 · 전시하기 위해 예비적으로 발굴한 것인데 시험 발굴에서 흔히 말하는 대박이 터진 것이다. 찬란한 신라 금관은 물론 금제의 호화로운 허리띠와 장식 그리고 목에 걸었던 경식頸飾 등 무려 11,526점에 달하는 유물이 출토되었다. 그 중 천마도의 크기는 가로 75cm, 세로 56cm, 두께 0.6cm로 용도는 '말다래' 다. 장니障泥라고도 불리는 말다래는 말안장에서 늘어뜨려 진흙이 사람에게 튀는 것을 막는 장식이다. 말안장의 좌우에 매달던 것이므로 처음 발굴될 때는 2장이 겹쳐 있었다. 하나가 심하게 훼손되어 있었으나 같은 형태의 다른 하나가 무사히 보존되어 있었으며, 이것은 국보 제207호로 지정되었다.

천마총은 전형적인 적석목곽분이다. 바닥은 지표에서 2m 정도 파내려가서 거기에 사질점토층을 1m 깔고 그 위에 황토층을 10cm, 그 위에

천마총

다시 흑갈색 흙을 10cm, 그 위에 부식토를 5cm, 자갈이 섞인 단단한 점토층을 15cm 깔아서 만들었다. 또한 이 바닥의 바깥 주위에 지름 20cm 정도의 냇돌을 높이 1.2m로 쌓아 올리고 흙으로 마감했다. 목곽의 전체 크기는 높이 2.1m, 길이 6.6m, 폭 4.2m, 두께 8cm의 밤나무로 만들어졌다. 본관과 부장품을 넣은 상자는 느티나무로 만들어졌고 이 목곽을 지키기 위해 바깥틀을 구축하고 측면에 냇돌을 채우고 목곽을 덮듯 전체적으로 빈틈없이 냇돌을 쌓아올렸다. 적석층(돌무지층)은 무려 6m에 달하며 그 위로 봉토를 약 6.7m 두께로 올려 완성했다.

갑자기 등장한 대릉원 적석총

한국인치고 수학여행을 비롯하여 경주를 방문하지 않은 사람이 거의 없겠지만 그 중에서도 가장 인상 깊은 것으로는 대릉원의 커다란 분구들로 이들이 적석목곽분이다. '대릉' 이란 이름은 아주 짧은 글이기는 하지만 『삼국사기』〈신라본기 제2〉 '미추왕 23년(284년)' 에도 나타난다.

> 23년 겨울 10월 왕이 별세했다. 대릉(大陵, 죽장릉이라고도 한다)에 장사지냈다.

위 기록을 근거로 이곳을 대릉원이라고 부르는데 필자와 함께 경주를 방문한 프랑스인은 시내에 이렇게 많은 무덤이 있는 곳은 세계에서 경주가 유일한 장소가 아닌지 모르겠다고 말했다. 세계의 많은 나라를 방문한 필자로서도 경주의 예는 특별하다. 무덤이라면 이집트를 떠올리는 사람이 있겠지만 이집트도 경주와 같은 신비함을 느끼기에는 다소 부족하다. 약 140기에 달하는 피라미드가 건설되어 있다고 하지만 경주처럼 집약적이지 못하므로 산재된 느낌만 받기 때문이다. 적석목곽분은 평지에 조성되는 것이 대부분인데 경주, 창녕, 동래 등지의 경우 구릉지에 조성된 것도 있으며 고구려, 백제, 중국, 일본에는 없는 무덤이다. 또한 적석목곽분은 4~6세기 6대에 걸친 마립간 시대(내물-실성-눌지-자비-소비-지증)에만 나타나는데 이를 만든 신라 김金씨 왕족의 뿌리가 대초원지대의 기마민족이라는 기록을 증빙한다.

경주 대릉원의 거대한 무덤들이 평지에 자리잡고 있는 점은 당대의 다른 지역의 경우와 비교할 때 주목할 만한 특징이다. 이는 초원지대를 활보하던 민족들에게 익숙한 흉노계의 북방 기마민족 기본 무덤 양식이다. 반면 같은 북방 기마민족의 후예로 알려진 가야 세력이 자리잡고 있던 고령이나 함안 등의 고분은 모두 생전에 자신들이 살던 곳을 굽어볼 수 있는 얕은 구릉이나 야산 위에 자리잡고 있어 경주의 고분과는 지리적 입지에서 다소 차이가 있다. 같은 민족성을 갖고 있더라도 자신들이 정착한 현지 상황을 고려하지 않을 수 없다는 증거로 자주 제시되는 예이기도 하다.

물론 학자들에 따라 경주의 고분들도 얕은 구릉 위에 있는 셈으로 서로 통하는 바가 있다고 설명하기도 한다. 즉, 남산의 북쪽 끝으로부터 현재의 국립경주박물관이 자리잡은 곳과 월성을 거쳐 고분이 집중 분포하고 있는 황오동 · 황암동 · 노동동 · 노서동으로 이어지는 지역은 고대 퇴적층으로 지반을 이루고 있는 시내의 다른 지역과 달리 주로 산토山土로 이루어져 있다. 따라서 경주의 무덤들은 사람들이 살았던 시내의 퇴적분지와는 다소 구분되는 지역에 자리 잡았다는 설명이다.[1]

대릉원지구의 고분은 경주 시내 서남부 반월성의 북쪽부터 노서동에 이르는 동서 1km, 남북 1.5km 지역에 밀집된 것을 말한다. 그러나 이 지구에 등록된 고분은 경주 전체의 고분에 비해 그렇게 많은 숫자는 아니다. 또한 대릉원지구라고 해서 현재 대릉원이라 불리는 공원에 있는 고분만 일컫는 것은 아니다. 이 지역에는 신라 미추왕릉(사적 제175호), 경주 황남리고분군(사적 제40호), 경주 노동리고분군(사적 제38호), 경주 노서리고분군(사적 제39호), 신라 오릉(사적 제172호), 동부사적지대(사적 제161호), 재매정(사적 제246호) 등이 포함된다. 대릉원에서 잘 알려진 고분으로는 미추왕릉과 천마총, 황남대총이 있고 노동 · 노서 지역에서 서

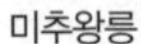
미추왕릉

서봉총

봉총, 금관총, 금령총, 호우총 등이 있다. 이곳이 주목을 받기 시작한 것은 1921년 우연히 금관총에서 신라 금관이 발굴되고 이어서 서봉총과 금령총에서 수많은 유물들이 발견되었기 때문이다

신라의 왕릉 가운데 현재 약 56기가 지금까지 전해져 내려오는데 이 중 왕의 이름이 확인된 능은 38기뿐이다. 이 가운데에서도 유네스코가 지정한 것은 고분이 거대해진 시기 이후의 것들로 대체로 신라 왕의 호칭이 이사금에서 마립간으로 바뀔 무렵과 일치한다. 국왕의 호칭이 가장 연장자를 뜻하는 이사금에서 흉노의 왕을 뜻하는 마립간으로 바뀌었다는 것은 이들이 북방 기마민족의 후손으로 왕위를 인계받았다는 의미다. 신라의 공식 연대는 기원전 57년에 건국되어 935년에 멸망할 때까지 무려 천년을 이어 온 한국 역사상 최장수의 왕국이다. 그러므로 신라지역은 고분의 형태도 다양하다. 청동기시대부터 내려오는 토착적인 토광묘와 석곽묘石槨墓가 발견된다. 기원전 1세기에 박혁거세에 의해서 건국된 이래 약 3백 년 동안의 적석목곽분에 선행하는 고분도 발견되었다. 이 고분에서는 신라 고분의 트레이드마크라 할 수 있는 경질의 고배, 장경호長頸壺 등 신라 토기가 발견되지 않는 대신 전대에 성행한 와질토기와 고대의 철제품들이 부장되어 있었다.[2] 또한 5세기부터 횡혈식 석실분도 출현하지만 그 중에서 가장 주목되는 것은 적석총의 대표라 볼 수 있는 적석목곽분이다. 적석목곽분은 경주분지를 중심으로 분포되는데 창령, 삼척, 경산 등지에서도 약간씩 발견된다.[3]

적석목곽분이란 땅을 파고 안에 나무로 통나무집을 만들고 시체와 부장품들을 안치한 후에 위에는 상당히 많은 돌로 둘레를 쌓고 흙으로 커다란 봉분을 만드는 것을 말한다. 원래 북방 초원(스텝) 지역에서는 유력자가 죽으면 그가 생전에 살던 통나무집을 돌과 흙으로 그대로 덮어버린

다. 그래서 스텝지역의 적석목곽분을 파보면 난방시설의 흔적도 남아 있고 심지어 창문도 발견된다. 신라에서는 김金씨들이 등장하면서 적석목곽분이 갑자기 나타나는데, 그들도 북방 기마민족의 옛 전통에 따라 지상에 시신을 넣을 집을 만들고 그 위에다 냇돌을 쌓은 다음 흙으로 반구형半球形 봉분을 했다. 그러므로 적석목곽분은 세월이 지나면 목곽 부분이 썩어 주저앉기 때문에 적석 중앙 부분이 함몰되어 낙타등처럼 된다. 봉토는 거의 대부분 원형인데 적석시설이 상당히 큰 규모이고 그것을 둘러싼 봉토 또한 대규모여서 신라의 고분이 고구려나 백제의 고분에 비해 상당히 대형화한 요인이다. 적석목곽분은 무덤 구조의 특성상 도굴하는 것이 간단치 않으므로 부장품들이 매장 당시 그대로 출토되는 것으로도 유명하다. 대릉원에서 발굴된 대형고분의 경우 한 고분에서만 1만 점에서 2만 점에 이르는 어마어마한 양의 유물들이 발견되었다. 게다가 중앙아시아 대초원지대의 기마유목 민족들이 즐겨 사용했던 각종 제품들이 무더기로 쏟아져 나왔다. 금관과 장신구, 금으로 만든 허리띠, 띠 고리(버클), 각배(뿔잔), 보검, 유리제품 등도 북방 기마민족들이 즐겨 사용한 것과 비슷하거나 동일한 제품들이다.

특히 황남대총에서는 순금제 금관을 비롯해 실용적인 은관銀冠, 실크로드를 통해 수입된 것으로 보이는 로만그라스 등 7만여 점이 쏟아졌다. 그 중에서도 비단벌레玉蟲를 잡아 그 날개 수천 개를 장식하여 무지갯빛처럼 영롱한 자태를 뽐내는 '비단벌레 장식 마구馬具'도 발견되어 학자들을 놀라게 했다. 그런데 이들 출토품은 고구려와 백제 고분의 출토품과 비교하면 품목과 내용이 근본적으로 다르다. 또한 동시대의 중국에서 출토된 것과 비교해보아도 차이가 크거나 전혀 달라 두 문화의 공통점을 거의 인정할 수 없을 정도다.

신라는 왜 중국문화의 수용을 거부하고 독자적인 문화를 견지했을까? 두말할 나위 없이 신라는 독자적인 문화를 영위할 만한 배경이 있었기 때문이다. 즉, 중국과 다른 풍습과 문화를 가진 흉노 일단이 신라로 동천했다는 것을 단적으로 증명한다. 참고로 『삼국사기』나 『삼국유사』에 적석총이나 적석목곽분에 대한 정확한 기록은 보이지 않는다. 그러나 이들 사료에서 적석총을 추론할 수 있는 기록은 발견된다. 『삼국유사』〈탑상〉 '남백월산의 두 성인 노힐부득과 달달박박' 에 다음과 같은 글이 있다.

> 박박사朴朴師는 북쪽 고개의 사자암獅子巖을 차지하여 판잣집 8척 방을 만들고 살았으므로 판방板房이라 하고, 부득사夫得師는 동쪽 고개의 무더기 돌 아래 물이 있는 곳을 차지하고 역시 방을 만들어 살았으므로 뇌방磊房이라고 했다.

『삼국사기』〈고구려본기 제2〉 '민중왕 4년(47년)' 에도 다음과 같이 적혀있다.

> 4년 여름 4월 왕이 민중원에서 사냥을 했다. 가을 7월 다시 사냥을 하다가 석굴을 보고 측근들에게 말하기를 "내가 죽거든 반드시 여기에 장사할 것이며, 별도로 능묘를 만들지 말라!" 고 하였다.

위의 기록에는 적석총이란 말은 없지만 글의 내용을 꼼꼼히 분석해보면 적석총을 의미하는 것을 알 수 있다. 과거에 적석총으로 축조했던 것을 후대에 사용한다는 뜻으로 볼 수 있다.

천마는 기린?

천마총이 발견되었을 때 학자들이 놀란 것은 풍부한 유물도 있지만 천마도가 발견되었기 때문이다. 천마도의 가치는 신라뿐만 아니라 삼국시대 전체를 통틀어 벽화를 제외하면 가장 오래된 그림이며 신라 회화 작품으로는 유일하다는 점으로도 알 수 있다. 천마는 흰 말이 말갈기와 꼬리털을 날카롭게 세우고 하늘을 달리는 모습이다. 고구려 고분벽화의 그림과 비교하여 날카로운 묘사력이나 힘찬 생동감은 뒤떨어지지만 천마도가 공예품의 장식화임을 감안하면 뛰어난 자질을 갖고 있는 공예가가 그린 것으로 추정한다. 그림은 화려하지 않지만 붉은색, 흰색, 검은색을 이용하여 단아한 느낌을 준다. 색깔을 내는 칠감의 원료는 흰색이 호분(胡粉, 돌가루)이며 검은색은 먹, 붉은색은 주사朱砂와 광명단이라는 납화합물이다. 그런데 이 말다래 그림은 천마가 아니라 기린이라는 주장이 줄기차게 제기되었다. 미술사학자 이재중 박사가 처음으로 이런 주장을

천마총 천마도

원나라시대 기린문백자

내놓았다. 그의 주장은 천마도가 장천 1호분, 무용총, 삼실총, 강서대묘 등 고구려의 고분벽화에 등장한 기린도와 같은 종류라는 견해다.

기린에 대한 설명은 원전이 이미 망실된 한대漢代 참위서讖緯書『춘추감응부春秋感精符』에서 찾아볼 수 있는데, 그 책에서 '기린麟은 외뿔一角이다' 라고 했으며 전한前漢 말 대경학자 유향劉向이 지은 『설원說苑』에서 '기린은 노루 몸에 소꼬리를 하고 있으며 둥근 머리에 뿔이 하나다' 라고 적었다.[4] 『시경詩經』 주석서 중 하나인 『모시의소毛詩義疏』에서는 '기린은 말 다리에 소꼬리를 하고 있다. 황색이고 발굽이 둥글며 외뿔이다' 라고 했다. 후한시대 반고가 편찬한 역사서 『한서漢書』에 '흰 기린을 포획하니 외뿔이며 발굽이 다섯이었다' 는 표현이 보인다. 기린은 전체 윤곽이 말이나 소를 닮아 있다고 생각되는 한편, 가장 큰 신체적 특징은 외뿔이라 할 수 있다. 기린은 성인聖人이 세상에 나올 징조로 나타난다고 하는 상상의 짐승을 말한다. 몸은 사슴과 같고 꼬리는 소의 꼬리에, 발굽과 갈기는 말과 같으며 빛깔은 5색이라고 알려져 있다. 고대 중국에서 기린은 우주운행 질서의 중심이 되는 신으로 사후세계의 수호자이며, 천년 동안 살고 살생을 미워하며 해를 끼치지 않는 덕의 화신으로 여겨졌다.

그런데 이재중 박사가 말이 아니라 기린이라고 제시하는 근거는 다음과 같다.[5] 첫째, 천마의 이마에 튀어나온 한 개의 뿔, 뿔이 하나인 동물은 기린 외에는 거의 없다. 둘째, 입에서 내뿜는 신기는 기린의 속성 중에 하나다. 그림 속 말의 입에서 나오는 기운은 바로 이것을 뜻한다. 셋째, 동물 몸체에 그려진 반점. 중국 남북조시대에는 기린 그림에 반점을 표현하는 것이 보편화되었다. 고구려 강서대묘 벽화의 기린 그림에도 반점이 표현되어 있다. 당시 미술사학계에서는 그의 주장을 참신한 접근이라고 평가하면서도 공식적으로는 인정하지 않았다. 뿔이라고 하는 것의 형태가 뚜렷하지 않고 뿔을 제외하면 기린임을 증명할 만한 명쾌한 증거가 나오지 않았다는 설명이다.

그런데 1997년 천마도에 대한 국립중앙박물관 보존과학실의 적외선 사진촬영 결과 정수리 부분에 불룩한 막대기 같은 것이 솟아 있음이 확인되었다. 이 막대기는 말할 것도 없이 이 동물 머리에서 솟아난 뿔이며 하나다. 또한 입에서 신기神氣를 내뿜고 있다. 이는 기린 그림에 나타나는 공통점이며, 뒷다리에서 뻗쳐 나온 갈기는 기린이나 용 등의 신수神獸에서 나타나는 공통된 표현이라는 것이다. 따라서 적외선 사진을 통해 우리 앞에 다시 나타난 천마도 속의 동물은 말이 아니라 기린일 수밖에 없다는 것이다.[6] 그러나 적외선이 보여준 천마는 유감스럽게도 불굴기백과는 영 거리가 멀다. 오히려 입을 벌린 채 이빨을 다 드러내놓고 웃는 듯한 모습은 해학적이기까지 하다. 물론 정수리 부분의 막대기가 뿔이 아니라 불꽃(일종의 신기)이라는 견해도 제기되었다.[7]

심층적인 연구를 통해 기린 그림이라고 확실하게 밝혀져도 천마총의 이름을 기린총麒麟塚으로 고쳐 부를 필요는 없을 것이다. 천마 역시 옥황상제가 하늘에서 타고 다닌다는 상상의 짐승이기 때문이다. 보는 사람의 관점에 따라 천마로도 기린으로도 보일 수 있다. 물론 앞으로 무덤의 주인공이 임금으로 밝혀지게 되면 명칭이 왕릉으로 자연스럽게 수정될 것이라고 조유전 박사는 설명했다.

천마도는 당시 흔히 쓰이는 천이나 비단, 가죽이 아니라 나무껍질을 이용했다는 점에서 학계의 주목을 받았다. 재료가 무슨 나무인지가 관심사였는데 중앙임업연구원은 목판의 재질은 백화수피白樺樹皮라고 발표했다. 백화수피의 백화는 흰자작나무를 뜻하므로 그림은 흰자작나무 껍질 위에 그린 것이다. 자작나무 껍질로 만든 말다래는 신라 초기에 접어들어 비로소 본격적으로 등장한다. 자작나무 껍질 세공은 오늘날에도 시베리아에서 남러시아 지방까지 민간 도구 · 민속공예품 제작에 사용되는 일반적인 소재이자 전통 기술이다. 그러므로 천마를 그린 캔버스로 한반도 남쪽에서 잘 자라지 않는 흰자작나무를 사용했다는 것은 이 무덤의 주인공이 흉노계 북방 기마민족임을 보여주는 증거로 자주 제시되었다. 특히 자작나무 껍질로 만든 것은 말다래뿐이 아니었다. 왕관에 부속된 관모도 자작나무 껍질로 만들었다. 관모는 두 장의 자작나무 껍질을 봉합하여 만들었는데 나무껍질이 세로로 된 섬유를 따라 찢어지는 것을 방지하기 위해 섬유와 비스듬히 교차시켰다. 또한 봉합실에 의해 찢어지는 것을 방지하고 나무껍질이 안으로 꺾이는 것을 방지하도록 봉합했다.

남러시아 스텝 루트의 민족들은 자작나무의 물리적 성질과 유연성을 살린 수피세공을 주로 만들었다. 따라서 이러한 자작나무 껍질이 관모 외에 천마도를 그린 말다래나 도넛 모양의 화판(모두 천마총 출토) 등의 중요한 재료로 이용되었다는 것은 북방 기마민족과 유대관계가 강했음을 보여준다. 그런데 그림을 보면 말은 생생하게 그려진 데 비해 말을 에워싸듯 그려 넣은 주위의 인동덩굴무늬는 당시 고구려나 신라 혹은 중국에서 발견되는 인동덩굴무늬와는 달리 치졸함을 느낄 수 있다. 더구나 인동덩굴무늬 하나하나가 다음 인동에 연속되지 않고 개별로 인접하여 나열되고 있다. 인동덩굴무늬의 기본 조건인 반복되는 덩굴무늬가 연결되지 않는다. 이것을 두고 천마도는 신라 왕실의 세공 장인이 그린 것이 아니라고 주장하기도 한다.

한편 자작나무 껍질로 제작된 관모의 껍질이 건조되어 휘는 것을 막기 위해 버팀 천이나 버팀 가죽을 붙여 비스듬히 격자 모양으로 꼼꼼하게 봉합되어 있다. 즉, 말다래의 소재로 쓰인 자작나무 껍질을 다룬 사람은 자작나무의 성질을 충분히 숙지하고 있는 사람이 만들었다는 것을 알 수 있다. 자작나무 껍질에는 방수성의 밀랍 성분이 있어 땀이나 흙탕물에도 적합하여 방수 기능도 탁월한데, 이를 통해 우리는 이것을 만든 사람이 기마에 통달한 사람이라는 것을 알 수 있다.[8] 대부분의 나무껍질은 거북등처럼 갈라지고 깊게 골이 패이며 표면의 색깔이 흙갈색인데, 자작나무의 껍질은 색깔이 하얗고 표면이 매끄럽다. 또한 방부제 역할을 하는 큐틴 성분이 다른 나무보다 많이 들어 있어 잘 썩지 않고 곰팡이도 잘 피지 않는다. 왁스 성분도 많아 물이 잘 스며들지 않는 높은 방수성도 갖고 있으므로 수 천 년 동안 땅 속에 묻혀 있어도 부

백두산 자작나무

패되지 않는다.

천마도는 나이 40~50년 정도, 지름 약 20~30cm 정도의 나무에서 껍질을 벗겨낸 것으로 추정된다. 자작나무 껍질은 종이가 대량으로 보급되기 전 천마도처럼 그림을 그리거나 불경을 새겨 넣는 재료로 안성맞춤이었다. 최근 기원전 1~2세기에 제작된 것으로 보이는 세계에서 가장 오래된 불경이 발견됐는데 이것 역시 흰자작나무 껍질에 석가모니의 가르침과 시를 기록한 것으로 추정된다. 그러나 최근 천마도를 그린 캔버스는 흰자작나무가 아닐지도 모른다는 주장이 제기되었다.

박상진 교수는 천마도의 캔버스는 북방에서 수입된 것이 아니라 태백산 줄기에서 발견되는 거제수나무 껍질이나 사스레나무 껍질일 가능성이 더 높다고 발표했다. 자작나무와 이들 나무의 세포형태가 현미경으로 보아도 차이가 없을 정도로 재질이 유사하므로 모두 '백화수피'라는 명칭을 붙일 수 있다는 설명이다. 당시 신라의 금관총과 황남대총에서도 여러 백화수피가 발견되는 것을 감안할 때 신라에서 흰나무껍질의 수요가 많았다고 짐작하는데 이들을 모두 북방에서 수입했다고 보기는 힘들다는 설명이다. 굳이 흰자작나무류의 나무를 사용했다는 것은 의미심장한 일이다.

천마총의 주인공

천마는 어디서 왔을까? 서라벌대학 이진락 교수는 천마의 유래와 관련해 중국에서 발견된 유물과의 연계를 제시했다. 1977년 발굴된 중국 감숙甘肅성 주천酒泉시의 정가갑丁家閘 5호 고분벽화에 천마가 그려져 있고 인근 무위시의 뇌태雷台 고분에서도 동한시대의 천마도가 발견되었다. 주천의 천마는 유려한 몸매에 구름을 주위에 두르고 하늘을 날아가

중국 주천 정가갑 5호묘 천마도

중국 무위시에서 출토된 마답비연

는 형상인데 천마총 장니의 천마와 형태가 유사하다. 또한 무위시는 중국이 세계적으로 자랑하는 제비를 밟고 비상하는 청동말인 마답비연馬踏飛燕이 발견된 곳으로도 유명하다. 주천시는 만리장성의 서쪽 끝인 가욕관 인근에 위치하고 있으며, 역사에서 말하는 위진남북조시대 5호16국의 하나였던 서량西凉국의 수도였다. 이 교수는 주천시 일대가 실크로드의 관문이었고 서량국은 신라와 문화적 교류관계가 활발했으므로, 정가갑 고분의 천마와 천마총의 천마는 같은 뿌리일 것으로 추정했다.

신라시조 박혁거세의 탄생 설화 중 우물가에서 하늘로 날아간 백마와 천마총 천마를 볼 때 신라 건국에서 북방 유목민족의 역할을 짐작할 수 있다.[9] 그러나 사실 학자들이 가장 신경을 곤두세운 것은 무덤의 주인공이 누구냐는 것이었다. 우선 결정적인 유물이 출토되지 않아 무덤 주인을 유물로 밝히는데는 실패했다고 발표되었다. 하지만 세계에서 가장 유명한 무덤 중에 하나인 천마총의 주인을 찾으려는 학자들의 노력은 계속되었다. 학자들은 무덤의 주인공을 찾기 위해 제일 먼저 어느 시기에 조성되었는지를 추적했다. 천마총에서 수습된 나무곽의 목질 편을 시료로 한국원자력연구소의 ^{14}C 탄소측정장치로 측정한 결과 서기 340년 전후

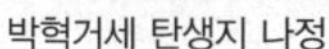

박혁거세 탄생지 나정

하늘에서 본 나정

에 무덤이 조성되었다고 발표되었다. 문제는 이 측정에서 전후 오차가 ±70년이나 됐다는 점이다. 이에 따르면 오차 범위가 무려 140년의 폭에 해당되기 때문에 무덤이 서기 270~410년 사이에 조성된 것으로 해석할 수 있다. 한편 재래적인 방법으로 유물의 비교 검토를 통해 이 무덤이 서기 500년 전후에 조성된 것으로 해석되었다. 그 후 많은 학자들이 천마총의 조성연대에 대해 연구한 결과 현재는 서기 460년에서 540년 사이에 무덤이 조성된 것으로 추정했다. 이 시기에 사망한 임금은 서기 458년 눌지왕, 479년 자비왕, 500년 소지왕, 514년 지증왕, 540년 법흥왕 이렇게 다섯이다.

조유전 박사는 지증왕일 가능성이 가장 설득력이 있다고 주장했다. 우선 천마총 출토 유물의 전체적인 성격이 국가의 비약을 나타내고 있다. 칠기에 그려진 그림 가운데 광배光背 형태나 불꽃 문양火焰文은 중국 북위北魏의 영향을 받은 6세기 초의 작품으로 볼 수 있다. 백제 무령왕릉(재위 501~523년)의 유물과 같은 시기의 것으로 보인다. 때문에 서기 514년에 타계한 22대 지증왕의 무덤일 가능성이 높다는 얘기다. 이에 반해 왕이 숨진 해와 달의 기록을 양력으로 환산하여 숨진 당시 1개월간의 해돋이

천마총 마구 전시물

각도를 컴퓨터로 추적해 그 각도를 이용하여 분석한 결과 서기 479년에 타계한 20대 자비왕의 무덤으로 봐야 한다는 주장도 있다. 이는 과학적인 방법을 이용한 결과로 나름대로의 설득력을 얻고 있지만 이 주장도 어디까지나 가설에 불과하다. 앞으로 새로운 방법으로 경주 고분공원 내의 신라 무덤을 새롭고 과학적인 방법으로 발굴 조사할 기회가 마련되면 정확한 조성연대가 밝혀지고 무덤의 주인공도 밝혀질 것으로 생각된다.

천마총 이름에 얽힌 에피소드

제155호 고분이 천마총 무덤으로 불리게 된 것에는 에피소드가 있다. 이 고분에서 출토된 금관 이외의 유물 가운데에서 가장 중요하다고 판단된 것이 말다래에 그려져 있는 천마도였다. 이 말다래는 부장품을 넣어 둔 궤짝에서 1쌍이 발견되었는데 하늘을 나는 천마의 그림이 사실적으로 그려져 있었다. 신라시대의 그림이 전혀 남아 있지 않는 상태에서 이 그림은 학자들을 놀라게 했다. 삼국시대 벽화 외에 삼국시대 회화작품으로서는 압권이었다. 그래서 1974년 9월 23일 문화재위원회에서는 삼국, 특히 고신라시대의 회화 수준을 알 수 있는 유일한 그림인 천마도가 발견된 큰 무덤이란 뜻에서 그 이름을 천마총이라 명명하기로 결정했다. 그런데 제155호 고분이 천마총으로 일컬어지자 경주 김씨가 들고 일어났다. 경주 평지에 있는 모든 커다란 형태의 신라시대 무덤은 비록 이름을 잃었지만 대부분 김씨 성을 가진 임금들의 무덤이 분명한데 이름 붙일 게 없어 하필이면 말 무덤이냐는 항변이었다. 한마디로 경주 김씨의 선조가 말馬이냐는 항의였다. 1981년 드디어 경주에 살고 있는 김영효金永孝 외 984인의 명의로 천마총 이름을 바꿔 달라고 국회에 청원했다. 즉, 사람의 무덤이 분명한데 마치 말의 무덤인 것처럼 천마총이라 부르는 것은 부당하니 이를 '천마도 왕릉'으로 고쳐 달라는 내용이었다. 그러나 1981년 10월 문화재위원회가 명칭에 대해 재심의를 했으나 '발굴조사결과 묻힌 주인공이 왕임을 확정할 수 있는 유물이 출토되지 않았으므로 그냥 천마총으로 하는 것이 타당하다'고 결정하여 현재에 이르고 있다.

13 천상열차분야지도

강화도 마리산(마니산)에는 단군의 세 아들들이 세웠다고 전해오는 삼랑성이 있다. 그 성 안에는 고대의 천문관측대인 참성단塹星壇, 塹城壇이 있었고 이곳에서 별을 살펴보고 제사도 지냈다. 참성단은 길이가 6.6m의 정사각형인데 서서북 방향을 바라보고 있다. 참성단에 관한 첫 기록은 『고려사』에 나온다.

> 마리산은 강화의 남쪽에 있다. 산마루에 참성단이 있는데 세간에 전하기를 단군이 하늘에 제사를 지내던 단이라고 한다.

단군조선 시대에 돌로 만든 천문관측대가 있었다는 것은 우리 선조들이 매우 이른 시기부터 천문관측을 독자적으로 해왔다는 것을 말해주고 있다. 조선시대에도 서운관의 천문학자들이 이곳 참성단에서 별을 관측하고 북극고도 관측사업을 했다는 기록이 『성변측후단자』에 남아 있음을 볼 때 참성단은 계속해서 하늘을 보는 장소였음을 알려준다.

과거에 해가 떴으므로 내일도 해가 뜰 것이라는 것은 당연하게 생각되지만 그것은 단순한 귀납적 추리에 의한 것은 아니다. 어린아이들은 해가 뜨고 지는 것에 별다른 중요성을 부여하고 있지 않지만, 과학을 이해하는 사람들은 천체의 운동에 적용되는 자연 법칙이 성립되기 때문에 해가 뜨고 지며 달이 운동한다는 것을 알고 있다. 그러나 이러한 천체의 운동을 고대인들이 하루아침에 파악할 수는 없는 일이다. 고대인들이 천체 운동에 관심을 갖는 것은 하늘의 뜻을 헤아리는 것이야말로 농경생활에서 기본이 되기 때문이다. 즉, 하늘을 볼 수 있는 사람들이 고대로 올라갈수록 종족의 우두머리가 되었다. 당시 우두머리는 현대적인 의미에서 주술사 또는 무당의 역할을 동시에 했음은 잘 알려진 사실이다.

처음에는 단순하게 하늘의 변화만 살피기만 해도 주술적인 의미를 가미하여 사람들을 통솔하는데 문제가 없었을 것이다. 그러나 차츰 지식이 축적되고 부족 단위에서 국가 체제로 변화되자 규칙적으로 낮에는 해, 밤에는 달과 별들을 포함한 천문현상을 관찰하는 전문적인 사람이 필요했다. 이는 천문에 문외한인 일반인들은 하늘을 보아도 아무 것도 알아낼 수 없으며 그 지식이 전달되지도 않기 때문이다. 즉, 하늘에 대한 지식은 전문인들이 계속해서 자신들의 지식을 전수해나가지 않는 한 더 이상 진보가 없다. 결국 천문학자들이 등장하며 이를 기록한 천문자료인 천문도가 만들어졌다.

그런데 고대 국가에서 하늘의 정보를 담고 있는 천문도가 중요시된 것은 농경에 절대적인 정보를 제공하기 때문이 아니라 군사적인 용도 때문이었다. 전등이 발명되기 전까지 해가 없는 밤에는 거의 모든 일상생활이 중단된다. 밤에는 자신이 잘 아는 주변을 제대로 찾아 가는 것도 불가능하다. 그러나 하늘의 정보인 천문을 정확히 안다면 밤에도 병사들이 행군할 수 있다. 고대에서 기습 작전이란 바로 이런 정보에 의거했다. 전쟁이 일어나 원정군이 공격해 온다고 할 때 수비군은 그들이 언제 도착할 것인지에 가장 큰 신경을 쓴다. 그들의 도착 시간을 정확하게 알 수 있다면 수비에 필요한 작전을 도모할 수 있기 때문이다. 당시 가장 중요한 것은 적군의 행군 장비와 시간이었다. 그 중 행군시간은 낮에만 이동할 수 있다는 것에 기초했다. 밤에도 행군하여 수비군의 예상보다 빨리 도착하는 것은 수비군을 당황하게 했을 것이다. 이것이 하늘의 정보를 고대 전제 군주가 가장 중요하게 생각한 이유다.

천문도를 만들었다는 것은 조직적인 체계 하에 하늘을 비롯한 자연현상을 정기적으로 관찰했다는 뜻이다. 세계 고대 천문학계에서는 개, 뱀, 전갈 등의 그림이 그려져 있는 메소포타미아 유역의 바빌로니아 토지 경계비를 별자리의 원형으로 보고 메소포타미아 지역을 고대 천문학의 발상지로 인정하고 있다. 이집트나 메소포타미아가 다른 지역보다 문명이 앞섰고 4대 문명의 발상지라고 내세울 수 있는 커다란 요인 중에 하나는 체계적인 천문도가 발견되었기 때문이다. 그러나 바빌로니아의 토지 경계비는 기원전 1200년경에 만들어진 것이고, 대동강 유역의 고인돌에서 발견된 천문도는 그보다 무려 1,800년이나 앞서는 것이다.

최첨단 과학기술 고인돌별자리

우리의 고대 천문학 수준은 주술이나 무속의 차원에만 머무르지 않았다. 이는 고인돌에 새겨진 별자리를 통해서도 알 수 있다. 평양의 고인돌 무덤 중에는 뚜껑돌에 홈이 있는 것이 200여 기나 된다. 이 홈에 대한 지금까지의 견해는 두 가지였다. 하나는 홈을 피장자의 족보로 본 것이며, 다른 하나는 점성술과 관련시켜 해석하거나 가상적인 별로 본 것이다. 그러나 고인돌 무덤에 새겨진 홈의 배열 상태를 조사한 학자들은 널리 알려져 있는 별자리와 거의 일치한다는 것을 발견하고, 그것이 성좌도라

운주사 칠성석

는 결론을 내렸다. 평범한 돌에 아무렇게나 구멍을 뚫은 것처럼 보이는 고인돌이 현대 과학자들도 놀랄 정도로 정확한 별자리를 나타내고 있다는 것이다. 이는 우리의 고대 선조들이 당시 최첨단의 과학기술 정보를 돌 위에 남김없이 적은 것으로 우리의 고대사를 다시 쓰게 하는 획기적인 자료라 볼 수 있다.

고인돌과 같은 거대한 바위를 이용하여 별자리를 기록하는 방법에는 두 가지가 있다. 하나는 바위에 직접 별자리를 새겨 넣는 것이고 다른 하나는 바위 자체를 하나의 별로 간주하여 바위들을 별자리 모양으로 배치하는 것이다. 바위 자체를 별로 간주해 별자리로 배치한 대표적인 경우로는 고려시대에 제작된 전남 화순 운주사의 칠성석이 있다. 칠성석은 바위 7개를 각각 둥그런 원반 모양으로 깎아 다듬은 뒤 북두칠성 꼴로 늘어놓았다. 한 가지 특이한 것은 별자리 모양은 하늘을 올려다보았을 때의 모습이 아닌 물위나 거울에 비추어 볼 때와 같은 뒤집힌 모습이라는 점이다. 박창범 교수는 우리나라의 많은 지역에서 '칠성바우'라는 마을이 있는데 이들은 고인돌 시대까지 거슬러 올라간다고 설명했다. 이런 이름으로 불리는 바위들을 살펴보면 고인돌군인 경우가 많다는 뜻이다. 칠성마을 또는 칠성부락인 곳도 마을 안에 종종 고인돌 6~7개가 있으며 하남시 교산동 토성에 있는 칠성바위는 바위 7개를 약 30m 길이로 늘어놓았는데 운주사와 같이 북두칠성을 뒤집어놓은 모양을 하고 있다.

고인돌 별자리로 가장 잘 알려진 것이 평안남도 증산군 용덕리에 있는 외새산에서 발견된 10호 고인돌 무덤이다. 평양에서 북서쪽으로 약 44km 되는 곳에 있는 이 무덤의 돌은 문자 비슷한 곡선과 점들이 새겨져 있어 글자를 전하는 돌이라는 뜻에서 '전자석傳字石'이라고 불린다. 고인돌 무덤의 뚜껑돌 겉면에는 80여 개의 홈이 새겨져 있는데, 조사결과 그 홈들이 별자리를 나타낸다는 것이 확인되었다. 밤에 별들의 움직임을 살펴보면 하늘의 모든 별들이 하나의 별을 중심으로 회전하는 것처럼 보이는데 그 중심이 되는 별이 북극성이다. 또한 북극성 주변의 별들은 다른 별자리들과 달리 연중 계속 볼 수 있다.

이 당시의 북극성은 오늘날 용별자리의 알파(α)별이다. 이 별을 중심

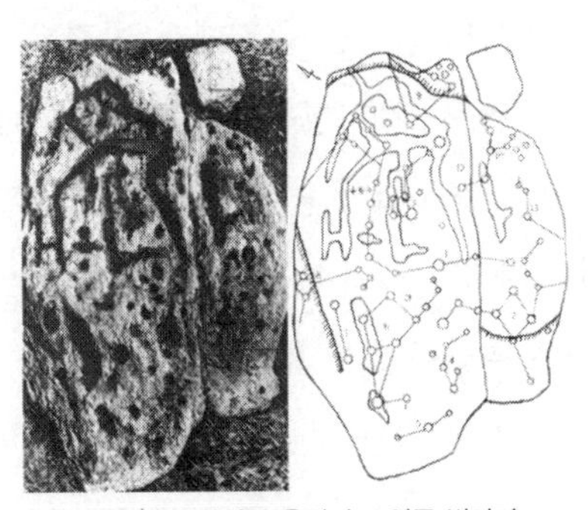

평안남도 증산군 용덕리 고인돌 별자리

으로 80여 개의 홈은 큰곰자리, 사냥개자리, 작은곰자리, 케페우스자리 등 11개의 별자리를 그렸다. 별의 밝기를 반영하듯 구멍의 크기도 각각 달랐는데 세차운동歲差運動을 감안하여 연대를 측정하면 고인돌의 별자리는 기원전 2800(±220)년의 하늘을 보여준다. 또한 같은 고인돌 무덤에서 발굴된 질그릇 조각의 연대를 핵분열흔적법으로 측정하여 4926(±741)년을 얻었다. 이는 적어도 기원전 2900~3000년 전인 단군조선 초기의 선조들이 천문을 세밀하게 관측했다는 것을 보여준다.

평양시 상원군 번동 2호 고인돌 무덤도 기원전 30세기 전반기의 무덤으로 뚜껑돌 위에 80여 개의 홈이 새겨져 있으며 크기도 제각각 다르다. 그 중 큰 홈은 6개가 있는데 5개는 북두칠성의 국자와 자루를 연상시킨다. 북두칠성의 자리에 따라 나머지 별들을 관찰하면 큰 별 하나는 5제좌(사자별자리의 β별)에 해당하며 작은 별자리들은 천상열차분야지도의 자미원(당시 북극)과 테미원에 속한다. 또한 평안남도 평원군 원화리 고인돌에 그려진 별 그림은 길이 3.45m, 폭 3.20m, 두께 0.60m의 뚜껑돌에 있다. 홈의 크기는 가장 큰 것이 직경 10cm, 깊이 3.5cm이며 여러 가지 크기로 구분되어 있는데 용별자리, 작은곰별자리, 큰곰별자리 등을 그렸고 연대는 기원전 2500년으로 추정된다.

함경남도 함주군 지석리 고인돌 무덤에서 발견된 별그림은 기원전 1500년경으로 고조선 중기에 해당한다. 중심점(북극점)을 기준으로 하여 큰곰별자리에 속해 있는 북두칠성을 쉽게 찾을 수 있고 작은곰자리, 카시오페이아, 케페우스자리가 새겨져 있다. 특히 뚜껑돌 우측을 따라 은하수에 해당하는 작은 별들이 많이 새겨져 있다. 이는 은하수가 별들이 많이 모인 것이라는 사실을 그대로 적은 것으로 당시의 관찰이 정확한 것임을 알 수 있다.

지석리 고인돌에는 별의 밝기에 따라 홈의 크기를 4부류로 구분하여 새겼는데, 그 크기는 직경 10, 6, 3, 2cm 순이고 깊이는 3~3.5cm 정도다. 이 돌에 새겨진 별을 관찰하면 동지, 하지, 춘분, 추분의 위치를 알 수 있다. 특히 지석리 고인돌 별 그림을 보면 그 이전 시기의 것보다 더 정확하다는 것을 알 수 있다. 용자리별을 기준으로 볼 때 큰곰자리와 작은곰자리에 속하는 별에 해당하는 홈들의 간격이 용덕리 고인돌보다 더 정확하며, 4등성 이하의 별까지 새겨져 있었다. 이러한 사실은 당시 사람들이 단순히 별을 관상한 것이 아니라 관측 연구하고 그 결과를 실생활에 적용했다는 것을 알려준다. 용덕리 고인돌 별자리는 그 당시 북극점이 용별자리의 알파별이라는 것을 보여준다. 그러나 이보다 1500년 후의 지석리 고인돌별자리 그림에는 북극점에 해당하는 별이 없다. 이것은 당시 북극점에 해당하는 별이 없었다는 것을 반영한다. 북극점이 세차운동에 의해 변하는 것을 알려주는 것으로 당시의 천문관측 지식이 상당한 수준이었음을 의미한다.

대동강 유역에 있는 200여 기의 고인돌 무덤에 그려진 별자리는 북극 주변의 별자리와 지평선, 적도 부근의 28수를 비롯하여 모두 40여 개가 있다. 이 별자리들은 북위 39도의 평양의 밤하늘에서 볼 수 있는 것을 모두 새긴 것이다. 또 이 별자리에는 특이하게 은하수와 플레이아데스 성단들도 새겨져 있다. 육안으로 보이는 밤하늘의 별들을 이렇듯 많이 새긴 것은 세계적으로도 그 유례가 없다.

한반도 남쪽의 고인돌별자리

고인돌별자리는 한반도 남쪽에서도 발견된다. 경기도 양평에는 양수리, 상자포리, 앙덕리, 양근리, 대심리, 문호리 등 곳곳에서 고인돌이 발

양수리 두물머리 고인돌

견되었는데 양수리 두물머리 마을에 있는 고인돌(두물머리 고인돌)의 덮개돌에도 별자리가 선명하게 그려져 있다. 양평 양수리의 두물머리 고인돌의 무덤방 안에서 채취된 숯(탄소)에 대한 한국원자력연구원의 연대측정에 의하면 3,900±200B.P.(MASCA 계산법으로는 4,140~4,240B.P.)으로 거슬러 올라간다. 양수리 고인돌은 팔당댐 수몰에 따라 1970년대 초에 유적발굴을 시행한 것으로 양수리 동석마을(현재 양수2리)에서 두물머리 마을(현재 양수5리)까지 노변에 5~6기의 고인돌, 도굴 파괴된 고인돌, 수몰지대에 포함된 고인돌 등 약 15기가 보고되었다. 이 중에서 수몰지대에 포함된 고인돌 5기는 1972년 8월 한강대홍수로 수몰 후 1973년 팔당댐 완공으로 수몰되었는데 두물머리 고인돌에 북두칠성을 의미하는 성혈이 선명히 그려져 있어 많은 관심을 받았다.

1978년 이융조 교수는 대청댐 수몰지역인 충북 청원군 문의면 가호리 아득이 마을의 고인돌 유적에서 조그마한 돌판을 찾아냈다. 고인돌에서

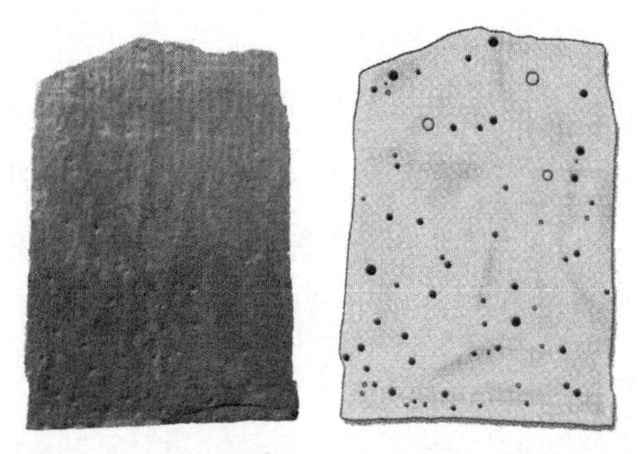

충북 청원군 문의면 가호리 아득이 마을의 고인돌 별자리 석판과 별자리

3m 정도 떨어진 땅속에서 나온 이 돌판은 가로 23.5cm, 세로 32.5cm, 두께 4.1cm였고 표면에는 지름 2~7cm의 크고 작은 홈이 65개나 파여 있었다. 박창범 교수는 아득이 마을의 고인돌을 컴퓨터 시뮬레이션을 통해 조사한 결과 이것이 기원전 500년경의 천문도이며 북두칠성, 작은곰자리, 용자리, 카시오페이아 등을 묘사한 것임을 알아냈다. 박 교수는 아득이 마을의 고인돌이 천문도임을 뒷받침하는 증거로 다음 세 가지를 들고 있다.

첫째, 표면이 매끈한 돌판 위에 새겨진 60여 개 홈의 분포가 단순하지 않아 의도적으로 제작한 흔적이 역력했다. 둘째, 돌판은 발굴 전까지 2500년 동안 무덤 속에 부장품으로 묻혀 있어 사람의 손때를 타지 않아 후대의 가필이 없었다. 셋째, 북극성 주변의 별들을 묘사한 그림이 고구려 고분에서도 나타난다. 아득이 돌판에 나타난 별의 분포 형태는 서기 6세기 초에 세워진 평양의 진파리 4호 무덤 천장과 기원전 15세기경으로 추정하는 함남 지석리 고인돌의 덮개돌에 새겨진 별자리 그림과 유사하다. 이것은 상당한 세월 동안 별자리에 대한 공통된 인식과 전승이 있었다는 뜻으로도 설명된다.

고인돌 무덤에 왜 별자리를 새겼는가에 대해서는 의견이 분분하지만 대체로 당대 사람들의 죽음과 하늘에 대한 숭배사상에 기인한다고 추정된다. 이것은 홈이 새겨져 있는 뚜껑돌의 거의 모든 형태가 거북등처럼 가공되었다는 사실로도 설명된다. 거북은 원시시대부터 우리 조상들이 숭배한 불로장생하는 길한 동물로 십장생의 하나로 꼽는 동물이다. 고대인들은 거북을 모방하여 무덤을 만들면 죽어 저승에 가서도 오래 살 수 있으며 거북신의 보호를 받는다는 믿음이 있었다. 별자리에 대한 지식이 축적되면서 사람이 죽으면 하늘로 올라간다는 관념이 강하게 생겨, 땅의 신인 거북의 등에 하늘의 신인 별을 새겨놓아 하늘과 땅이 이어지도록 했다는 이야기다.[1]

고대인들이 북두칠성과 남두육성을 중요시한 것은 북두는 인간의 사후세계를 수호하는 별자리이며, 남두는 인간의 무병장수와 수명 연장을 주관한다고 믿었기 때문이다. 이는 생사의 두 세계가 영원으로 지속되기를 바라는 고대인들의 우주관이라고 볼 수 있다. 서구 별자리로 북두칠성은 큰곰자리, 남두육성은 궁수자리에 해당한다. 한편 좌청룡, 우백호, 남주작, 북현무의 사신도四神圖에 의한 동서남북 네 방향에 따른 별자리의 경우 동쪽은 심방육성心房六星 전갈자리이며 서쪽은 삼벌육성三伐六星 오리온자리다.[2]

세계 최초의 석각천문도 천상열차분야지도

5,000년 전에 고인돌에 성좌도를 새길 만큼 천문에 조예가 깊었던 우리 선조들의 능력은 '천상열차분야지도天象列次分野地圖' 라는 놀라운 천문도를 만들었다. 천상열차분야의 '천상' 은 하늘의 형체이고 '열차' 는 황

도黃道 부근을 12지역으로 나눈 12차이며, '분야'는 이에 대응하는 지상의 지역이다. 천상열차분야지도에는 282개의 성좌에 1,467개의 별이 들어 있다(우리나라에서 눈으로 쉽게 볼 수 있는 5등급보다 밝은 별은 사계절 동안 1,400개 이상 보인다). 이 그림은 사영법에 기초하여 북극을 중심으로 천체를 평면에 옮겨놓은 것인데, 각각의 별들이 상당히 정확하게 제자리에 그려져 있으며, 춘분점과 추분점의 위치, 28수의 기준별에 대한 좌표, 황도와 적도의 경사각, 황도와 백도 사이의 경사각에 대한 값들이 수치로 나타나 있다. 황도를 12로 나눈 것은 황도 위를 태양이 일주하는 동안 만월이 12번 있기 때문이다. 즉, 1년이 12개월이기 때문이다. 또한 28수二十八宿는 달이 매일 움직이는 곳을 천구 위에 구성해나가면 28일 만에 일주하게 되는 것을 알려준다. 물론 28일은 정확치 않다. 달이 하늘을 일주하는데 필요한 기간은 잘 알려져 있듯이 27.3217일이기 때문이다. 엄밀한 의미에서는 27일이 더 정확하다. 그러므로 인도에서는 27수가 사용된다. 그러나 28수를 사용하면 4로 나누어 떨어지기 때문에 편리해서 27수보다 28수가 정착되었다.[3]

천상열차분야지도에서 특징적인 것은 별자리 구분에 형상적 수법을 쓴 것이다. 좌청룡, 우백호, 남주작, 북현무를 각 방향으로 형성하고 이 4개 방향을 각각 7개씩의 분구로 나누어 28수를 두었는데, 청룡과 백호의 머리 부분은 남쪽으로 향하고 꼬리 부분은 북쪽으로 향해 있으며, 현무와 주작의 머리 부분은 서쪽으로 향하고 꼬리 부분은 동쪽으로 향해 있다. 또한 청룡의 머리 부분 끝의 두 별에 뿔을 형상하여 '각수'라는 이름을 붙였고 북쪽으로 올라가면서 청룡의 몸체 부위에 맞게 '항', '저', '방', '심', '미', '기'의 이름을 차례로 붙였다. 나머지 세 방향도 형상적인 별자리 그림으로 나타냈다. 한편 28수의 개념은 견우와 직녀 전설

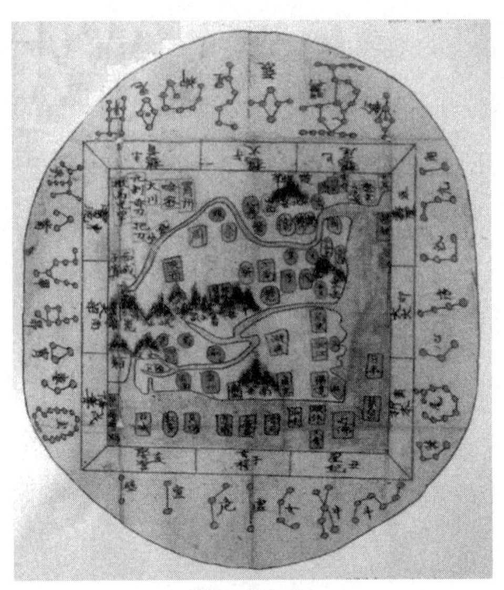

천상열차와 28수

에서 나왔다는 견해가 있다. 전설상의 '견우' 별은 당시 '견우초도'라고 하였는데 계절 구분의 기준점으로 삼던 동지점에 해당한다. 이 점을 기준으로 춘분점, 추분점, 하지점을 만들었는데, 이때 중요한 견우별을 찾기 위해 견우와 직녀 전설을 지어냈다는 것이다.

또한 천상열차분야지도가 은하수를 비롯해 섬세하게 새겨진 별자리 이름을 서양 국가들과는 달리 그 모양새를 본떠 붙인 것이 아니라는 점도 특이하다. 배와 나루터는 물론 우물가, 화장실처럼 지상의 마을을 하늘로 옮겨놓은 것 같은 이름이 대부분인데, 이는 우주가 인간을 떠나 따로 존재하지 않는다는 우리의 전통적인 우주관을 반영했다는게 전문가들의 설명이다.

북극성은 위치 판정뿐만 아니라 시간 결정에서도 중요하다. 과거에 북극점을 결정하는 방법은 여러 가지가 있었다. 북극점은 지구의 세차운동에 따라 계속 달라진다. 지금은 작은곰자리의 알파성을 북극성이라고 부르는데, 실제로는 이 알파성도 약 1도 정도 차이가 있다. 밤하늘에서 육안으로 북극성을 찾아보려면 큰곰별자리인 북두칠성의 국자를 이루는 끝의 두 별의 연장선상에서 그 거리의 약 5배 되는 곳에서 찾으면 된다는 것을 모르는 독자는 없을 것이다. 그런데 가을철에는 북두칠성 자체가 북쪽 지평선 아래로 내려가 거의 보이지 않을 수도 있으므로 이럴 때 찾는 방법도 필요하다. 이 경우 서울에서는 북두칠성과 거의 대칭되는 위치의 카시오페이아 별자리를 이용하여 찾는데, 선조들은 석각천문도상에 보이는 '화개 7'의 부챗살같이 보이는 별들을 이용하여 북극성을 찾았다. '화개 7'은 카시오페이아 별자리를 포함하고 있는데 이를 이용하면 북극점의 위치를 쉽게 찾을 수 있다. 이 '화개 7'이라는 별자리와 이름은 그 어느 나라의 천문도에서도 찾아볼 수 없고 오직 우리나라에만 있다.

이상과 같이 천상열차분야지도는 하늘의 별들을 여러 갈래로 분류하고 거기에 알맞은 이름들을 붙였으며, 북극성을 기준점으로 모든 별을 그렸다. 또한 황도, 적도, 은하들도 천문 현상 관측에 따라 배치했으며 우리나라 땅에서 하룻밤 사이에는 다 보이지 않지만 사계절 동안 연속하여 관측하면 볼 수 있는 모든 별과 은하구역을 단 하나의 그림 속에 들어가도록 만들었다. 천상열차분야지도는 고구려 때 만들어진 석각천문도의 인본에 기초한 것인데, 우선 천문도에 새겨진 별 그림이 어느 때 작성된 것인지가 의문이었다. 이를 추정하는 방법에는 두 가지가 있다. 하나는 오늘의 적경에 해당하는 분도값으로 추정하는 것이고, 다른 하나는 북극까지의 별들의 거리값으로 추정하는 것이다.

북한에서는 위의 방법을 이용해 두 별의 적경 차의 변화를 구하는 계산에서 오차를 0.5도까지 인정한 결과 기원전 511년경으로 발표했다. 또한 북극까지의 거리를 추정한 계산에도 기원전 500년경인 고조선 말기로 추정했다. 반면 박창범 교수는 북극 주변은 고조선시대 초 근처이고 그 바깥에 있는 대부분의 별들은 서기 1세기경인 고구려시대 초로 추정했다. 이를 355년 고구려 때에 석각천문도로 만들어 평양성에 보관한 것이 바로 천상열차분야지도다. 학자들은 고구려의 첨성대가 평양부에서 남쪽으로 3리 떨어진 곳에 있었는데 그 당시 평양부는 만수대 주변에 있었으므로 석각천문대와 첨성대가 남산에 위치하고 있었던 것으로 추측한다.

학계의 논란을 불러일으킨 천문기술

천상열차분야지도는 고구려 말에 당나라 군사들이 쳐들어왔을 때인 672년 대동강 물에 빠뜨렸는데, 다행히 그 전에 제작해두었던 탁본 한 장이 조선 초에 발견되어 그것을 대본으로 하고 약간의 수정을 가하여 1395년에 만들었고 석각 이유를 발문으로 적었다.

> 이 천문도의 석각본이 오래전에 평양성에 있었지만 전쟁 때문에 대동강에 빠뜨려 잃어버린 지 세월이 오래되어 그 탁본조차 남아 있지 않았다. 그런데 우리 전하께서 나라를 세우신 지 얼마 안 되어 탁본 하나를 바치는 자가 있어 이를 귀하게 여겨 관상감으로 하여금 천문도를 돌에 새기도록 명하였다.

발문은 고려 말 조선 초의 석학인 권근이 찬술하고 추산은 유방택이 했으며, 서書는 귀화인 설경수가 왕명에 의해 썼다고 기록하고 있다. 이 발문은 권근의 『양촌집』에도 그대로 기록되어 있다. 특히 이 발문의 중

1395년에 제작된 천상열차분야지도 (국보 제228호)

요성은 태조 을해년에 각석한 천문도는 원래 평양에서 발견된 천문도가 오래되어 세차운동에 의해 별의 위치가 변했음을 설명하고 있다. 그 예로 입춘 초저녁에는 묘(묘성)가 남중했다고 했는데, 현재 을해년에는 위胃가 남중하고 있다고 적었다.[4]

이 천문도는 국보 제228호로 지정되어 있으며, 현재 덕수궁 궁중유물전시관에 소장되어 있다. 가로 122.8cm, 세로 200.9cm의 크기로 두께 11.8cm이며 검은 대리석(흑요석)에 새겨진 것이다. 이 돌에 새긴 천문도는 그 표면이 심하게 마모되어 상태가 좋은 편이 아니다. 글자는 완전히 판독하기 어려운 것들이 많고, 돌판 위쪽 끝의 두 모서리는 깨져 나가고 없다. A1, A2, B, C의 기록들은 거의 모두 마모되었고, 큰 원(H2) 안에 새겨진 별들은 절반 정도만 알아볼 수 있을 정도다. 천문도 하단의 우주론에 대한 기사는 거의 완전히 마모되었으며, 28수의 거극분도 기록은 거의 판독할 수 없을 정도다. 제일 아래 단의 천문도의 제작에 대한 기사는 557자 중에서 78자만 해독할 수 있을 뿐, 나머지는 완전히 마모되었다. 이와 같이 심하게 마모되어 해독할 수 없지만 다행히도 이것을 원본으로 하여 이후에 복구된 천문도들을 통해서 원래의 기록 내용을 모두 파악할 수 있다.

그런데 천상열차분야지도가 워낙 탁월하다보니 학계의 논란이 일었다. 이 천문도가 정말 고구려 천문도인가와 이것이 제작된 태조 때 실제로 당시의 하늘을 직접 관측하여 이 천문도의 원본 일부를 수정했는가에 관한 것이다. 일부 학계에서도 권근이 써놓은 천문도의 유래를 부정하는 의견이 많았다. 앞에서 삼국시대에 독자적으로 천문관측을 했다고 인정하더라도 당시 천문지식 수준으로 전천천문도를 만들었을리가 없다는 것이다. 또한 조선 초에도 새로 별자리를 관측하여 천문도를 고칠 만한 기술과 여유가 없었으리라는 주장이다. 그러므로 천상열차분야지도는 조선을 세운 이성계의 혁명을 합리화하려는 정치적 목적의 산물이고, 일제 강점기에 일본인들이 주장한 것처럼 천상열차분야지도를 중국의 천문도에서 따온 것이라고 주장하기도 했다. 그들의 주장에 따르면 천문도에 있는 별의 총수는 1,467개인데, 이는 진탁이 그렸다는 '삼가성도'라는 천문도(약 265년~280년)의 별 개수인 1,464개와 흡사하며 원본은 주나라나 한나라 시기의 천문도와 유사하다는 것이다.

한편 박창범 교수는 루퍼스라는 영국학자가 통일신라 때 당나라 천문도가 유입되었다는 『삼국사기』의 글을 근거로, 조선 초에 고구려에서 전래되었다는 천문도 원본이 있었다면 당나라에서 보낸 천문도일 수도 있다는 가설을 제시했다고 주장했다. 물론 천문도가 전래되었다는 기록은 고구려가 망한 지 24년이나 지난 뒤의 것이고, 고구려와 당은 혈투를 벌이고 있었으므로 이 추측은 애초부터 성립하지 않는다.[5]

『삼국사기』 〈신라본기 제8〉 '효소왕 원년(692년)'에는 이 당시의 사건으로 '고승 도증이 당에서 돌아와 천문도를 바쳤다'라고 간략하게 적고 있다. 두 천문도의 별자리 형식을 대조 분석한 결과 공통점보다는 차이

점이 훨씬 더 많았다. 우선 중앙의 별자리에서는 공통적으로 북두칠성을 발견할 수 있지만 나머지 별자리는 거의 달랐다. 예를 들어, 고구려 천문도에는 북두칠성 오른쪽으로 5각형의 별그림 묶음으로 된 '팔곡 8' 이 있으나 '삼가성도' 에서는 이것이 없다. 또한 28수에 해당하는 28개의 별자리와 개별적인 별들도 차이가 크며, 천상열차분야지도에서는 춘분점과 추분점의 위치를 결정하는데 이용하던 '인성' 이라는 별자리가 있는데 반해 '삼가성도' 에는 없다.

따라서 천상열차분야지도는 세계에서 가장 오래된 천문도다. 동아시아에서 본격적인 전천천문도의 역사는 '삼가성도' 에서 시작되었지만, 이 천문도는 현존하지 않으며 그 역사적 실존 여부도 불확실하다. 다만 그 별에 대한 정보는 당나라 때 『보천가』에 체계적으로 정리되어 281좌 1,445성에 달하는 동아시아 별자리의 표준이 되었다. 그러나 이것은 천문도로 그려진 것이 아니다. 본격적인 전천천문도는 1247년에 만들어진 중국 소주에 있는 '순우천문도' 가 있지만, 이것은 고구려의 석각천문도보다 무려 9세기나 늦은 것으

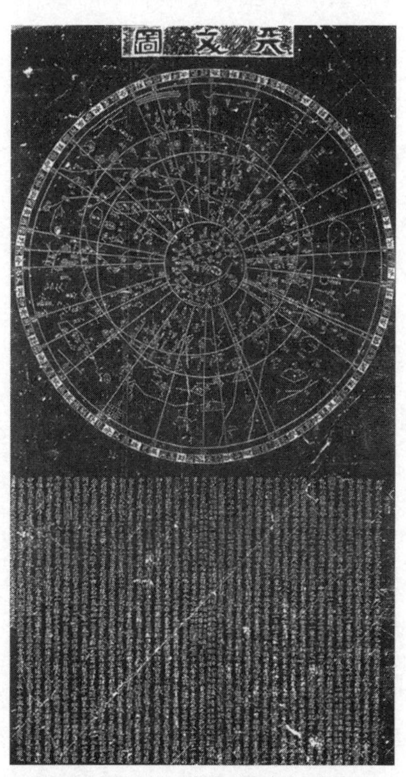
1247년 중국 남송시대에 제작된 순우천문도

로 판명되었다. 학자에 따라서는 전천석각천문도로는 순우천문도를 첫 번째로 간주하고 천상열차분야지도를 그 다음으로 보는 사람도 있지만, 천상열차분야지도의 별자리가 기원전 500년경임을 감안하면 천상열차분야지도가 석각천문도로서는 가장 오래된 것이 틀림없다는 설명이다. 고조선 시대에 별자리를 그릴 수 있는 재료를 돌로 추정하지 않을 수 없기 때문이다. 박창범 교수가 추정하는 시대라고 하더라도 천상열차분야지도는 관측 연대상으로 세계에서 가장 오래된 전천석각천문도다.

숙종 13년(1687년)에도 동일한 내용의 석각천문도를 만들었다. 이 내용은 천문도 하단에 상당히 길게 두 부분으로 적은 기사에서 알 수 있다. 논천論天, 즉 고대의 우주관을 설명한 부분과 천문도가 제작된 내력이 적혀 있기 때문이다. 영조 때에는 관상감에 흠경각을 설치해 태조 때의 것과 숙종 때의 것을 보존했다. 천문도의 내용을 보면 태조 때의 것에 더 첨가된 것은 없으나 다만 그 배열이 조금 다를 뿐이다. 천문도의 이름인 천상열차분야지도가 돌판의 제일 윗부분으로 옮겨졌고, 하단 부분이 천문도의 중심원 밑에 바싹 붙여져서 태조 때의 것보다 전체의 구성이 좋고 당당하다. 영조는 태조 때 돌에 새긴 천문도가 경복궁에 방치되고 있음을 알고, 호조판서 홍린한에게 명하여 관상감 내에 새로 흠경각을 짓게 한 뒤 거기에 숙종 때의 천문도와 함께 보존하게 했다. 이때 이와는 별도로 숙종 때 새로 새긴 천문도에 의거하여 종이에 찍은 천문도 120부를 만들어 배포했는데 이 지도는 바로 그 중의 하나다. 그러나 이것이 목판본 인쇄본인지 목각탁본木刻拓本인지는 분명치 않다. 그림에서 보면 별들은 검은 바탕에 흰 점으로 나타나게 인쇄되어 있다. 해설문의 내용은 숙종 때 복구한 돌에 새긴 천상열차분야지도와 거의 같은데, 제작과정에 관한 설명문이 약간 추가되었다.

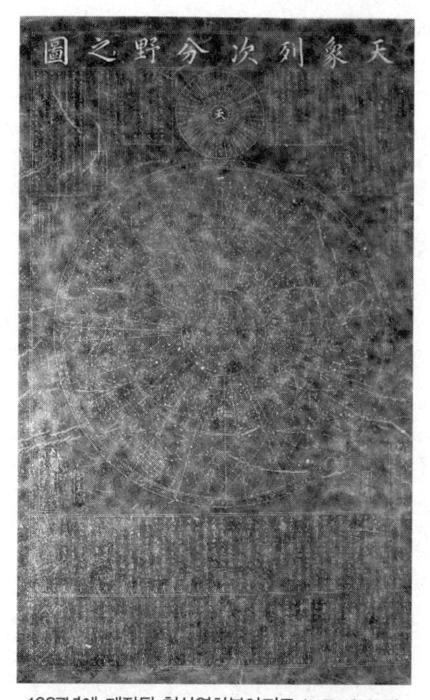

1687년에 제작된 천상열차분야지도 (보물 제837호)

최근 천상열차분야지도를 본격적으로 연구하자 새로운 사실들이 알려졌다. 태조 때 만들어진 천상열차분야지도의 석각본 앞뒷면에 천문도가 각각 그려져 있는데 일반적으로 두 천문도가 배열만 다를 뿐 내용은 같다고 알려졌다. 그런데 앞뒷면의 별 그림이 서로 다르다는 것이 밝혀졌다. 그동안 뒷면의 마모가 심해서 간과되었다. 그런데 마모가 심한 뒷면의 별자리는 모양이 중국 수나라 때 천문서인 보천가의 별자리와 유사하다는 것도 알려졌다. 태조본 뒷면의 천문도가 왜 보천가의 별 그림과 같은지는 앞으로의 연구 과제라는 설명이지만, 우리나라의 전통 천문 지식을 대표하는 조선의 구법천문도는 모두 천상열차분야지도 태조본 앞면의 별 그림을 따랐다. 천상열차분야지도가 독자적인 관측으로 만들어진 천문도에서 유래되었다는 결정적인 단서도 알려졌다. 천상열차분야지도에 새겨진 별들은 실제 별의 밝기에 맞추어 그 크기도 각각 다르게 표현되어 있는데, 이것은 중국의 보천가를 포함한 어떤 천문도보다도 더 정확하다는 사실이 밝혀진 것이다. 이는 천상열차분야지도가 중국 천문도를 베낀 것일 수 없다는 것을 입증하며, 독자적이고 정확한 관측에 기초한 천문도라는 것을 다시 확인시켜 주었다.

한글보다 먼저 전수글자가 있었다.

위서냐 진서냐로 많은 논란을 빚고 있는 『환단고기』와 『단군세기』에는 매우 특이한 기록이 있다. 13대 흘달屹達 단군 50년에 나오는 '오성취루五星聚婁' 라는 기록인데 아주대학교 박창범 교수는 적어도 이들 천문현상 기록만은 진실로 인정할 수 있다고 발표했다. 일반적으로 천체는 물리법칙에 움직이기 때문에 특정 시점의 행성들의 위치를 컴퓨터를 이용해 파악할 수 있다. 『단군세기檀君世紀』에는 '무진 50년에 다섯 개의 별이 수성 근처에 모였다' 면서 제13대 단군인 흘달단제 50년, 즉 기원전 1733년에 다섯 개의 별이 한 지점에 모였다고 기록돼 있다. 박창범 교수는 기록에 나타난 기원전 1733년을 기점으로 전후 약 550년 동안의 오행성의 결집 현상을 조사한 결과 기록보다 1년 전인 기원전 1734년에 오행성 결집 현상을 발견했다. 이 해 7월 13일 초저녁 다섯 개의 별이 지상에서 볼 때 약 10도 이내의 거리에 모여 있었다. 1년의 오차는 3천 7백 년 전과 현재

기원전 1734년 7월 13일 밤하늘의 오행성 재연 (박창범 교수 자료 제공)

의 시간계산법의 차이로 생기는 오차로 거의 정확한 수치다. 천문기록은 당시의 국가라는 틀 안에서 측정했다는 것을 의미하며, 후대에 누군가가 이 현상을 작위적으로 기술했을 경우 정답이 될 확률은 0.007%로 가필되었을 가능성은 거의 희박하다고 주장했다.[6]

그런데 박 교수는 『환단고기』의 오행성 결집 현상에 대한 기록이 진실이라면 또 하나의 중요한 사실을 추론할 수 있다고 말했다. 그것은 또 다른 각도에서 한글 이전에 글이 있었음이 분명하다는 것이다. 박 교수가 지적한 요지는 기원전 1700년에 일어난 천체현상이 어떻게 전달될 수 있는가다. 천체현상 같은 내용은 당대 위정자들의 역사라든가 실상을 전하는 것이 아니므로 상대적으로 후대에 전해야 할 중요도가 떨어진다. 그러므로 천체현상이 구전口傳으로 몇 천 년 또는 몇 백 년이나 내려온다는 것은 현실적으로 상상하기 어렵다. 이는 당연히 오행성 결집 등 하늘을 보고 발견한 천체현상을 계속적으로 전수하는 자료가 있었다는 것을 의미하며 그 자료가 글자로 기록된 것이 틀림없다는 설명이다. 근래 발견된 『환단고기』가 여러 면에서 후대에 가필된 증거가 적지 않지만, 지엽적인 자구字句에 연연해 전부를 위작으로 단정할 수는 없고 모든 내용이 후세에 창작됐다는 증거가 없다는 주장도 있다. 적어도 '오성취루' 기록만은 후대인이 가필할 수 있는 성질은 아니라는 입장이다.

14 놀라운 천문기록

고대 사람들이 하늘을 보는 것은 자신들의 생활과 가장 직결되는 정보를 얻기 위해서였다. 농사짓는데 해가 없으면 농작물이 자라지 않는다. 옛 사람들도 햇빛이 강한 때는 식물이나 동물이 왕성하게 자라고 비도 많이 오지만, 햇빛이 약할 때는 식물이 시들고 말라 죽으며 비 대신에 차가운 눈이 내린다는 것을 잘 알았다. 이런 일은 한 해를 주기로 하여 되풀이된다는 사실을 알고 농사에 이용하기 시작했다. 밤마다 뜨는 달의 모양이 초승달로부터 점점 차올라 보름달이 되었다가 다시 점점 줄어들어 그믐달이 되고, 다시 초승달로 되돌아오는데 걸리는 시간도 알았다. 고대의 사람들은 하늘을 관찰하면서 되풀이되는 변화를 이용하려고 애썼다. 현대로 따지면 편리하고 체계적으로 하늘을 보는 장소도 선정했는데 그런 흔적도 한민족의 터전에서 발견된다.

『삼국사기』, 『삼국유사』에는 고구려, 백제, 신라시대에 일어난 일식이 67회, 혜성출현이 65회, 유성과 운석의 낙하가 42회, 행성의 이상 현상이 40회, 오로라 출현 12회로 총 226회의 천체현상이 기록되어 있다. 이들 기록은 『삼국유사』보다는 주로 『삼국사기』에 나타나지만, 두 사서에는 천문기록을 위한 천문서로 불러도 될 정도의 전문적인 내용이 들어 있다. 특히 고구려시대의 천문기록은 현대 학자들도 놀랄 정도다. 『삼국사기』에는 일식에 관한 관측기록이 11건, 혜성에 관한 것이 10건, 유성에 관한 것이 5건, 항성에 관한 것이 4건, 태양에 관한 것이 1건으로 모두 31건의 기록 자료가 있다.

태조왕 72년(124년) 7월 경신일의 일식자료는 『후한서』 오행지의 연광 3년 9월 경신일의 자료와 비교해보면 『삼국사기』에 있는 고구려의 자료가 훨씬 정확하다. 영류왕 23년(640년) 9월에 '해에 빛발이 없다가 사흘 지나서야 다시 밝아졌다'는 기록이 있는데, 이것은 태양에 흑점이 나타나서 3일 동안 계속 있다가 사라졌다는 것을 말한다. 태양흑점을 관측한 기록은 유럽의 태양흑점 관측(1610년 이후)보다 무려 천 년을 앞서는 기록이다. 세계 천문학계에서는 고대 이집트 등 세계 곳곳에서 관측한 태양흑점의 기록 가운데 579년 4월 3일과 826년 5월 7일 사이의 태양흑점 관측기록이 없는데, 그 빈자리를 메워주는 중요한 자료로 인식한다. 민중왕 3년(46년) 11월에 기록된 혜성 관측기록 역시 학계에서 중요하게 인정한다. 혜성이 남쪽에서 나타났다가 20일 지나서야 사라졌다고 기록되어 있는데, 이 기록은 우리나라에서 혜성을 관측한 가장 오랜 기록인 것은 물론, 이 시기 다른 나라의 기록에도 없는 것으로 천문학 발전의 역사를 연구하는데 중요한 자료로 인정된다.

천문 현상은 국가의 존망을 예시

관찬사서로 볼 수 있는 『삼국사기』에는 많은 천문 관측 자료가 나타난다. 우리 조상이 일찍부터 이러한 자연 변화에 관심을 갖고 있었음은 기록에 나타난 옛 풍속에서도 알 수 있으며 별의 운행으로 풍흉豊凶을 예측한 기사에서도 찾아볼 수 있다. 그리고 그 기록의 정확성과 꼼꼼함은 그 어느 나라의 사서에 견줄 바가 아니다. 그런데 『삼국사기』, 『삼국유사』에서 전쟁 외교 기사보다 훨씬 중요한 비중을 차지하는 것은 다음과 같은 기록이다.

① 토함산吐含山 동쪽의 땅이 타더니 3년 만에 그쳤다.

② 15일 밤에 달은 나타났는데 보이지 않았다.

위의 설명 중 ①은 화산을 뜻하고 ②는 월식을 나타낸다. 이는 고대사회에서 왕조의 운명과 농경에 절대적인 영향을 주는 하늘의 위력과 힘을 믿는 천명사상天命思想의 표시다. 그러나 우리의 선조들이 정성들여 꼼꼼하게 적은 이들 기록은 천재지변을 선용하려는 목적, 즉 천재지변을 미연에 방지하거나 대안을 만들기 위한 것은 아니라는데 문제점이 있다. 이것은 대응책을 마련할 수 없는 일식, 혜성 등의 천변天變, 수변獸變, 수색변水色變 등 불가항력적인 것에 대한 기록이다. 이와 같이 인간의 힘이 미치지 않는 천재지변에 대해 꼼꼼히 적은 것은 당대의 위정자들에게는 대안 강구보다 천재지변 현상 자체를 알아내는 것이 중요했기 때문이다. 즉, 이러한 여러 징후는 하늘의 경고였기 때문에 독자적인 천문학적 관측보다도 그에 대한 정치적 의미를 파악하는 것이 목적이었다.

그런데 놀라운 것은 현재도 많은 사람들이 『삼국사기』나 『삼국유사』에 기록된 내용을 의심스러운 눈으로 본다는 점이다. 삼국시대에 그와 같이 정확한 천문기록을 어떻게 만들 수 있느냐는 것이다. 이들 사료는 중국자료를 베낀 것이라는 주장이다. 그러나 이런 설명은 그야말로 우리의 선조에 대한 모욕이다. 고대인들이 가장 큰 관심을 보인 것은 천변 중에서도 일식이다. 일변日變에는 일식 이외에도 일무광日無光, 백홍관일白虹

貫日, 일운日暈 등이 있지만, 일식은 가장 무서운 천변으로 일찍부터 인식되었는데 이는 중국도 마찬가지였다.

일식은 하나의 자연현상이지만 당시 그것이 지니는 정치적 의미는 표현할 수 없을 정도로 높았다. 일반적으로 일식은 실정失政을 한 왕이나 통치자에게 주는 엄중한 하늘의 경고였고 하늘의 벌을 예견하는 징후였다. 또한 일식은 가뭄과 같은 천재天災나 전쟁 및 왕(고위 관리 포함)의 사망을 예고하는 흉조凶兆였고, 대신이나 왕의 정치행위의 부당성에 대한 경고였다. 따라서 일식이 일어나면 왕이나 대신大臣들이 소복素服하고 일식이 끝날 때까지 일체의 정사政事를 하지 않고 각기 처소處所에서 기다렸다. 하늘의 분노를 풀어주는 일정한 의식儀式이 끝날 때까지 기다리면서 닥쳐올 불행의 극복을 기원하는 것이다. 그런데 이들 사서에서 나타나는 일식 기록이 중국 문헌을 단순히 베낀 것이라면, 삼국이 존속하는 기간 동안 중국 문헌에 나타난 265회의 기록 중 단 67회만 발췌하여 기재할 필요는 없었을 것이다. 더욱이 4~5세기 중국에는 일식이 30~31회나 기록되어 있는데 반해 신라와 백제에서 단 한 차례도 기록하지 못할 이유는 없다. 이는 『삼국사기』나 『삼국유사』에 나타나는 천문기록들은 삼국에서 자체적으로 관찰한 천문기록이라는 뜻이다. 이 장에서는 사서에 나타난 수많은 천문기록 중 현대인들에게도 큰 영향을 직접적으로 미치는 지진에 대해서만 설명한다.

지진에 관한 기록은 세계적

2008년 중국 사천성에서 리히터 규모 8.0이라는 엄청난 규모의 강진이 발생하여 35,000여 명이 사망하고 25여만 명이 부상당했다. 특히 이곳은 1933년에도 규모 7.5의 강진이 발생해 9,300여 명이 사망하기도 했다. 이 지역은 해양지각판인 호주-인도판이 대륙판인 유라시아판을 밑으로 파고들면서 주름져서 밀고 올라오는 경계면으로 원래 지진이 잦은 지역이다. 인도판이 유라시아판의 중국 남쪽과 히말라야 산맥을 잇는 지역에서 경계면을 이루면서 잦은 지진을 유발하는데 이번에는 큰 에너지가 일시에 분출됐다. 한국지질자원연구원 이희일 박사는 이번 강진은 그동안 축적된 지구 내부의 에너지가 인도판과 유라시아판의 경계면을 뚫고 분출되면서 발생한 것이며, 태평양판이 연간 8cm 정도 유라시아판을 밀고 있는 것으로 추정되고 있지만 인도판의 움직임은 아직 정확히 측정되지 않고 있다고 말했다.

한국에서 강력한 지진이 일어날지 일어나지 않을지는 어느 누구도 확실하게 이야기할 수 없지만, 놀라운 것은 한국의 지진에 대한 천문 기록은 세계적이라는 점이다. 역사에 기록된 한반도의 지진은 서기 2년 고구려 유리왕 21년에 있었던 지진을 시작으로 총 1,897회에 달한다. 『삼국사기』와 『증보문헌비고』에 지진 관측기록이 있는데 1세기에는 총 15건, 2세기와 3세기에는 23건, 4세기에서 6세기에는 22건, 삼국이 통일되는 7세기에는 22건으로 늘었고, 8세기에는 26건으로 100년간 최고의 기록을 보였으며, 9세기에는 14건으로 다소 줄어 모두 122건의 기록이 남아 있다. 고려시대에는 지진으로 땅이 꺼지거나 갈라지는 상황을 자세히 관찰하고 기록했다. 1025년 4월에 경상도 대구를 중심으로 큰 지진이 있었는데 『고려사』에서는 '4월 신미일에 영남도의 광평, 하빈야기 10개 기에서 지진이 있었고 경주, 상주, 청주, 안동, 밀성 등 넓은 지역에서 또 다시 지진이 일어났다' 고 적었다. 지진에 의한 피해도 상세히 적어 1001년의 지진으로 '장연현에서 논이 3결이나 침강되어 못을 이루었는데 그 깊이는 헤아릴 수 없었다' 라고 적었다. 또한 1191년 8월에 있었던 지진으로 덕수현에서 땅이 침강되어 그 깊이가 30자나 되었다고 적혀 있다. 『고려사』에는 고려의 전 기간에 모두 176건의 지진 기록이 전해지고 있으며 유사 지진 또는 지진이라고 간접적으로 판정할 수 있는 경우에 대한 기록이 42건이다.

특히 개성 지진이라고 불리는 큰 지진이 1260년 6월 개성에서 일어났는데 '큰 지진이 일어나 담장과 집이 무너지고 허물어졌다. 개성이 가장 심하다' 는 기록이 있고, 1385년 7월에 발생한 지진은 '군마가 달리는 소리와 같았고 담장과 집이 무너졌으며 사람들이 모두 나와 피했다' 는 기록이 있다. 이 지진은 3일간이나 계속해서 발생했다. 13~14세기의 지진기록을 살펴보면 넓은 지역에 걸쳐 큰 규모로 일어난 지진들이었다. 19개 주들을 포괄하는 넓은 지역에서 지진이 일어났고 우레와 같은 소리가 먼 곳에서도 들릴 정도로 강도가 센 지진이 있었다.

조선시대에는 세밀한 관찰기록이 돋보이는데 이것은 16세기에 지진이 자주 일어났던 것에도 기인한다. 『조선왕조실록』에는 1501년부터 1600년까지 지진이 652번, 유사지진이 19번이 기록되었는데 이것은 고려 전 기간에 지진이 176번, 유사지진이 42번 있었다는 것에 비춰 많은 숫자다. 특히 16세기 지진 가운데서도 1511~1520년 사이에 124번, 1561~1570년 사이에 136번 있었으므로 이 두 기간에 전체 횟수의 40%가 집중되었다. 조선시대의 지진 측정은 '창문이 흔들렸다', '집이 약간 흔들렸다', '흔들렸다', '크게 흔들렸다' 등 여러 단계로 구분하여 지진의 세기와 피해 정도를 일정하게 판단할 수 있다. 16세기에 발생한 지진의 세기에 대한 표현은 무려 40가지로 14~15세기의 10가지에 비해 세밀하게 관측했다.

그 중 가장 강력한 지진을 서울대학교 이기화 교수는 『조선왕조실록』

에 기록된 1643년 7월 24일 울산 근처에서 일어난 지진을 꼽는데 이때의 진도를 '진도 10'으로 추정한다. 당시 지진은 서울과 전라도에서도 느껴졌으며 대구, 안동, 영덕, 김해 등지에서는 봉화대와 성곽이 무너지기도 했으며 울산에서는 땅이 갈라지고 물이 용솟음쳤다고 기록되어 있다. 조선시대에 건물에 상당한 피해를 줄 수 있는 '진도 8' 이상의 지진만도 40회에 이른다. 한반도에서 인명 피해가 가장 컸던 지진은 통일신라시대인 779년 경주에서 발생한 지진으로 집들이 무너져 100여 명이 사망했는데 이때의 강도를 '진도 9'로 추정한다.

한반도에서 지진 관측이 시작된 이래 20세기 이후 진도 5.0 이상의 지진은 4번 기록되었다. 1936년 일어난 지진으로 지리산 쌍계사에서는 절의 천장이 내려앉고 돌담이 무너졌으며, 1978년 홍성의 지진으로 성벽의 축대가 무너졌다. 21세기는 얼마 되지 않았지만 2차례나 기록되었는데 모두 바다에서 일어났다. 2003년 3월 백령도 인근에서 발생한 규모 5.0의 지진과 2004년 5월 울산에서 일어난 지진이다. 이런 기록을 볼 때 한반도가 지진의 안전지대는 아니며 규모 5.0 이상의 지진이 언제든지 일어날 수 있음을 시사한다. 그러나 학자들은 한반도에서 규모 7.0이 넘는 대규모 지진이 일어날 확률은 거의 없다고 추정한다. 지질학적 구조가 절묘하게 배치되어 한반도를 보호해주고 있기 때문이다.

지진은 왕권 교체의 징조

한국의 지진기록이 어느 나라의 천문기록보다 특별히 상세한 이유는 지진을 왕권의 존립 여부를 측정할 수 있는 척도로 여겼기 때문으로 추정한다. 이런 추정은 중국의 기록으로도 유추할 수 있다. 중국에서는 기원전 780년부터 1644년까지 지진 기록이 908개나 된다. 서기 345년부터 414년 사이에 남경에서 30회의 지진이 발생했는데 주로 지진이 일어나는 지역은 양자강 북쪽의 서부지방이다. 중국 최악의 지진 중에 하나는 1303년 9월 산서성에서 일어났으며, 1556년 2월에 일어난 대지진은 산서성 · 섬서성 · 하남성에서 발생했는데 무려 80만 명 이상의 사망자가 발생했다. 옛 사람들은 지진의 원인에 관해 비과학적인 생각으로 일관했다. 지진을 지각의 운동에 의한 활동의 소산이 아니라 하늘이 인간에게 내려주는 어떤 징조의 일환으로 여긴 것이다. 이와 같은 생각은 사마천의 『사기』의 기록으로도 알 수 있다. 사마천은 주나라 유왕 2년 서주의 삼천(경수 · 위수 · 낙수)에 지진이 일어나자 백양보(주의 태사)가 말한 내용을 상세하게 적었다.

주周는 장차 망하려고 한다. 대체로 천지의 기氣는 그 질서를 잃지 않는 것이 정상이다. 만약 천지의 기가 그 질서를 잃는다는 것은 백성의 부덕이 이것을 어지럽힌 것이다. 양기陽氣가 굴복하여 지상으로 나오지 못하고 있을 때 음기陰氣가 핍박해서 양기가 상승하지 못하면 지진이 일어난다. 지금 산천지방이 진동하는 것은 양기가 갈 곳을 잃고 음기에 눌리고 있기 때문이다. 양기가 갈 곳을 잃고 음기 밑에 있으면 수원水原이 반드시 막힌다. 수원이 막히면 나라가 반드시 망한다. (중략) 옛날에 이수伊利 · 낙수洛水가 고갈해서 하夏가 망하고 황하가 말라서 은이 망했다. 지금 주의 덕이란 하 · 은 2대의 말기와 비슷하다. 하천이 마르면 반드시 산이 무너진다. 만약에 주가 멸망한다면 10년을 넘지 못할 것이다. 10년이란 수數의 극極이기 때문이다. 이 해 삼천이 마르고 기산岐山이 무너졌다.

여기에서 유왕은 주나라를 멸망케 만든 장본인으로까지 지목받고 있는 포사와의 일화로 잘 알려져 있는 사람이다. 유왕은 포사를 사랑하면서 그녀가 아들 백복을 낳자 왕비와 태자를 폐하고 포사를 왕비로 백복을 태자로 삼았다. 그런데 포사의 아름다움에 반한 유왕이 그녀를 기쁘게 하기 위해 모든 것을 베풀어 주었는데도 불구하고 그녀는 기쁜 기색이 없이 미소 한 번 보이지 않았다. 당시 주나라의 방위 개념은 단순했다. 주 왕실에서 직접 군사를 운용하는 것이 아니라 봉화와 대고大鼓를 만들어 적이 쳐들어올 경우 봉화를 들면 각지의 제후들이 성으로 들어와 주 황실을 방위해주는 것이다. 그런데 하루는 유왕이 이유 없이 봉화를 들었는데 제후들이 모두 달려왔다. 적이 침공한 것이 아니었으므로 제후들이 황당해 하는 모습을 보이자 포사가 크게 웃었다. 유왕은 포사가 웃은 것을 너무 기쁘게 생각한 나머지 그녀를 웃게 하기 위해 자주 봉화를 들었다. 당연한 일이지만 계속 거짓 침공을 알리는 봉화를 올리자 제후들이 봉화를 믿지 않았고 진짜 반란군이 유왕을 공격할 때 유왕이 봉화를 올렸지만 어느 제후도 군사를 보내지 않았다. 결국 유왕은 여산 기슭에서 사로잡혀 살해되었고 포사도 살해되었는데, 이때 주 왕실의 유왕이 멸망할 것을 예견하는 징후로 지진이 거론되었다는 것을 알 수 있다.

지진이 왕권의 미래를 점칠 수 있는 조짐이라고 보았기 때문에 각 왕들은 지진이 발생하는 것에 누구보다도 촉각을 곤두 세웠다. 그러므로 중국의 지진 측정 기술은 세계 어느 나라보다 발전했다. 뛰어난 수학자이자 천문학자인 동시에 지리학자인 장형(張衡, 78~139년)은 후한 시대에 이미 세계 최초의 지진계를 만들었다. 이것은 정제된 청동으로 만들어졌는데, 술병을 닮았으며 직경이 약 2m다. 돔과 같은 뚜껑이 달려 있고 바깥 표면에는 고대의 인장 장식이 있으며, 산과 거북과 새와 동물이 그려져 있다. 용기 밖에는 여덟 마리의 용의 머리가 달려 있는데, 각각의 용은 청동 구슬을 입에 물고 있고, 바닥에는 용에 대응하여 여덟 마리의 두꺼비가 입을 벌리고 있어 용이 떨어뜨린 구슬을 받으려는 모습이다. 지진이 발생하면 용기의 용이 흔들리고 구슬을 입에서 떨어뜨리면 아래에 있는 두꺼비가 잡게 된다. 이때 소리가 나면서 사람의 시선을 끌게 된다. 어느 날 사람이 느낄 정도의 진동이 없었음에도 불구하고 한 마리의 용이 구슬을 떨어뜨렸다. 많은 사람들이 지진에 의해서 떨어뜨린 것이라는 증거가 없었으므로 이상하게 생각하고 있었는데 며칠 후 농서(감숙) 지방에서 실제로 지진이 있었음을 알려왔다. 이러한 일이 있은 후 모든 사람들은 그 신비한 기구의 능력에 감복했다. 이후 지진이 일어난 방향을 기록하는 것은 천문국의 의무가 되었다.

장형의 지진계

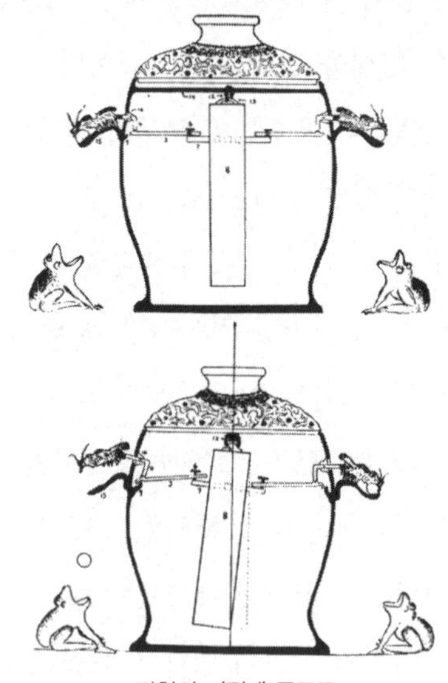
장형의 지진계 구조도

최근 연구에 의하면 장형의 지진계가 실제로는 전혀 작동되지 못했다고 한다. 학자들은 6세기에 개발된 장형의 지진계와 유사한 전자식 지진계가 서양으로 건너가서 13세기에 페르시아의 유명한 천문대인 마라게에서 사용되었다고 추정한다.[1] 더구나 근대적 지진계는 1703년 드 라 오트퍼유가 고안했으므로 중국은 유럽보다 무려 17세기나 앞서 지진계를 개발했다고 조셉 니덤은 지적했다.[2] 필자가 중국의 지진기록과 지진계에 대해 상세히 설명하는 것은 한국에서 중국에 비해 훨씬 많은 지진 기록이 있는 것으로 보아 어떤 형태로든 지진을 측정하는 지진계가 있었을 것으로 믿기 때문이다.

비교적 지진 안전지대인 한반도

한반도에서 강력한 지진이 일어날 것인가는 우리의 미래와 직결된다. 2004년 5월 29일 오후 7시 14분 경북 울진군 동쪽 80km 해상(위도 36.8°, 경도 130.2°)에는 1905년 인천에 지진계가 처음으로 설치된 이래 최대 강진인 리히터 규모로 5.2의 지진이 발생한 실례가 있기 때문에 더욱 촉각을 곤두세우지 않을 수 없다. 지진은 '규모'와 '진도'로 강도를 알아낼 수 있다. 지진의 규모란 지진으로 발생한 에너지의 양을 알려준다. 리히터 규모의 경우 1이 증가하면 에너지는 32배 정도 크다. 따라서 규모 5.2의 지진은 우리나라에서 일어나는 지진의 대부분이라고 볼 수 있는 규모 3.0인 지진보다 에너지가 1,000배 정도 크다. 반면 지진의 진도란 사람이 느끼는 지진의 크기를 수치로 표현한 것이다. 현재는 정도에 따라 12등급으로 나눈 수정머큘리진도MMI를 채택하고 있는데 진도는 보통 로마숫자로 표기한다. 진도 1은 극소수의 사람만이 느끼는 미세한 진동이고 '진도 12'는 물체가 하늘로 솟아오를 정도의 대규모 지진을 뜻한다. 2004년 5월 울진에서 일어난 '진도 5.2'의 지진은 거의 모든 사람들이 지진을 느끼고 잠을 깨는 정도였다.

지진은 주로 지각판 경계부에서 일어난다. 한반도 동쪽에 위치한 일본 열도는 4개의 지각판이 만나는 위치에 놓여 있다. 즉, 서쪽의 유라시아판 · 동쪽의 태평양판 · 북쪽의 북미판 · 남쪽의 필리핀판이 그것이다. 이 판들이 부딪칠 때 발생하는 에너지의 대부분이 지진이나 화산으로 해소되기 때문에, 결과적으로 일본열도가 한반도의 지진보호막이다. 대지진의 에너지는 진앙지에서는 10^{25}~10^{27}erg(에르그, 일 또는 에너지의 단위, 1다인dyne의 힘이 물체에 작용하여 그 힘의 방향으로 1cm 움직였을 때 그 힘이 행한 일)에 달하는데 이것은 100메가톤급의 원자폭탄 100개의 힘에 상당한다(히로시마에 떨어진 원자폭탄은 약 12.5킬로톤). 천재지변 중에서 지진이 가장 강력하다.

그러나 한반도는 세계에서 가장 위험한 지진지대인 일본과 인접해 있으면서도 지진에 있어서는 다소 안정지역에 속한다. 한반도가 들어있는 유라시아판은 동쪽으로 이동하고 있는데 특히 인도-호주판은 동아시아를 더욱 동쪽으로 밀고 있다. 그런데 유라시아판의 동쪽 끝에는 서쪽으로 이동하는 태평양판이 버티고 있다. 따라서 유라시아판이 받는 힘들은 어디에선가 해소돼야 한다. 그 대표적인 지점이 중국 산동에서 만주를 가로질러 연해주에 이르는 탄루 단층계로 1976년 20여만 명이 넘는 사망자를 낸 중국 당산 대지진이 바로 탄루 단층계에서 일어난 것이다. 외부에서 유라시아판에 가하는 힘이 일본이나 중국에서 해소되기 때문에 그 가운데 놓인 한반도 지각은 안정적으로 유지될 수 있다. 한반도는 태풍으로 치면 핵 부분이므로 오히려 태풍에 안전한 형태다. 그런데도 한반도에서 지진이 일어나는 것은 유라시아판을 변형시키는 힘을 일본이나 중국에서 100% 해소할 수 없기 때문이다. 한반도 지각에 축적된 변형 에너지가 약한 단층대를 깨면서 지진으로 분출된다.

엄밀한 의미에서 삼국시대부터 1,900회에 가까운 지진기록이 있다는 것은 한반도에도 수많은 활성단층(지각 변동의 기록이 있는 단층)이 존재한다는 것을 의미한다. 학자들은 한반도 내에서 대표적인 지진의 활성단층으로 경남 진해시에서 경북 영덕군으로 이어지는 양산단층을 지목한다. 그런데 양산단층 위에는 신라의 고도 경주가 놓여 있다. 삼국시대 경주에서 '진도 8' 이상의 강진이 10여 차례나 기록된 것도 이 때문이다.

15 역법

삼척동자도 알고 있듯이 1분은 60초이고, 1시간은 60분이며, 하루는 24시간이다. 초는 자연에 기초한 시간의 단위이므로 평균적인 태양일 1/86400에 해당한다. 하루를 24시간으로 분할하는 것은 12진법의 흔적으로 보이며, 60에 기초한 시 · 분 · 초는 고대 바빌로니아에서 널리 사용되던 60진법으로부터 유래되었다.

고대 히브리의 달력 제작자들은 완전히 다른 방식으로 접근했다. 그들은 시간을 1,080으로 나누어 가장 기초적인 시간 단위로 삼았는데, 이를 헬라킴helakim이라고 한다. 1시간이 3,600초니까, 1헬라킴은 대략 3초로 추정된다. 1,080이라는 수에는 재미있는 역사가 있는데, 그 수가 세차 연간의 기간에서 유래되었기 때문이다. 지구가 축을 중심으로 세차운동을 하면서 요동치면서 하늘도 마찬가지로 요동친다. 이 세차운동에 의해 춘분점과 추분점은 서쪽으로 움직인다. 고대에는 춘분에 태양이 양자리에 있었다. 지금은 물고기자리로 이동한 상태다. 황도 12궁을 한 바퀴 완주하는데 25,800년이 걸리며, 따라서 양자리로 다시 돌아오려면 앞으로 23,400년을 더 기다려야 한다. 세차운동의 속도는 관측자료 기준으로 1도를 가는데 72년이 걸리기 때문에 완전히 한 바퀴를 돌려면 72×

360=25,920년이 걸린다. 그래서 히브리인들은 하루를 구성하는 시간을 25,920/24=1,080으로 잡게 된 것이다. 이것이 시간을 이루는 단위인 헬라킴의 유래다.[1]

문명 이래로 사용된 수많은 달력들은 세 가지 자연적 시간 단위를 한 주기로 묶는 것에서 유래했다. 일, 년, 초승달 사이의 기간이 그것이다. 그레고리안 역법은 365.2422일을 1년으로 맞추는 문제를 추가적인 날짜(2월 29일)를 4년마다 추가함으로써 해결했다. 단, 400으로 나누어지지 않는 100년 단위의 해에는 윤달이 추가되지 않는다. 그래서 2000년에는 윤달이 있지만 2100, 2200, 2300에는 윤달이 없다. 더 정확히 하려면 2,422개의 추가적인 날들을 앞으로 다가올 1만 년에 어떻게든 잘 배분해야 한다.

우리는 계절에 따른 일조 시간의 길이 변화에 익숙하며, 에너지를 절약하기 위해 서머타임summer time 기간에 시계를 앞뒤로 조정해야 하는 번거로움에도 익숙하다. 그러나 하루의 총 길이는 아주 작지만 매년 달라진다. 그래서 낮과 밤을 더하면 정확히 24시간이 되지 않을 수도 있다. 과학적으로 '태양일'이라는 용어는 햇빛이 없는 밤도 포함하며, 두 연속된 남중 또는 태양이 자오선의 정오점을 지나는 시기 사이의 간격으로 정의된다. 하루의 길이가 늘 24시간인 것은 아니다. 왜냐하면 하늘에서 보이는 태양의 움직임은 구별되는 두 속도들의 벡터 합이기 때문이다. 하나는 지구의 자전으로 23시간 56분 4.1초가 걸리고, 다른 하나는 지구의 공전으로 365일 5시간 48분 45.5초가 걸린다. 만약 북극에 있다면 이러한 움직임들은 모두 시계 반대방향으로 이루어진다. 예를 들어, 어떤 차가 버스정류장을 40km/h로 지나간다고 가정하자. 같은 방향으로 자전거가 10km/h로 지나간다면 자전거에 탄 사람에게 자동차는 40km/h

- 10km/h = 30km/h로 멀어져가는 듯 보일 것이다. 자동차와 자전거의 예에서와 마찬가지로 태양의 일간 움직임과 연간 움직임은 서로 빼야 한다. 태양의 일간 움직임은 나머지 천체들의 움직임보다 훨씬 빨라 보이고, 멀리 떨어진 별들은 움직이지 않는 듯 보인다. 고대의 천문학자들은 그러한 별들을 고정성fixed star이라 불렀다. 그 별들을 버스정류장으로 생각하고, 자동차를 지구의 하루 동안의 움직임, 자전거를 태양의 연간 움직임으로 생각하면 이해가 쉽다.

만약 이렇게 눈으로 보이는 태양의 움직임이 규칙적인 동시에 평면에만 한정된다면, 그들의 각속도는 간단히 계산될 것이며, 하루의 길이는 1년 내내 정확히 24시간으로 고정될 것이다. 그러나 실제로는 그렇지 않다. 천구에서 태양이 1년 동안 움직이는 경로는 지구 공전 궤도의 평면에 해당하는 황도를 따라간다. 모든 천체가 매일 뜨고 지는 것은 지구의 자전을 반영하며 천구의 적도면 내에서 일어난다. 적도와 황도 사이의 황도경사각은 지구 자전축 기울기와 동일하며 2010년 현재 23.45도다. 세월의 흐름에 따라 이 값은 21도에서 28도까지 변한다. 현재 이 값은 1년에 0.47초씩 감소되고 있다. 그래서 태양이 360도를 도는데 걸리는 시간은 눈으로 보기에는 365.25일이다. 360/365.25=0.985도이므로 대략 하루 1도씩 하지점에서 적도와 평행하지만 황도와는 23.5도 기울어진 상태로 서쪽에서 동쪽으로 움직이는 셈이다. 적도와 평행한 태양의 이동 경로만이 하루의 길이를 따지는데 고려된다. 춘분점에 가까워지면 이 움직임은 태양이 움직이는데 수평 요소가 되어, 0.985도×cos(23.5도)=0.903도가 된다. 실제적으로 낮과 밤을 합한 태양일은 하지점과 동지점에서는 평균 시간보다 길어지며, 추분점과 춘분점에서는 평균보다 짧아진다.

그뿐이 아니다. 이번엔 지구 궤도의 이심률(타원이 어느 정도 길쭉한가를 나타내는 정도)을 고려해야 한다. 케플러 제2법칙에 의하면 태양을 도는 지구의 속도는 연중 변화한다. 지구가 근일점을 지나는 1월 2일에 그 속도는 가장 빨라지며(30.3km/sec), 지구의 공전 궤도상에서 태양과 가장 가까워지는 거리는 147.1×10^6km다. 6월 4일에 원일점에 이르면 지구는 태양과 가장 멀어지며(152.1×10^6km), 이 지점에서 지구의 공전속도는 가장 느려서 초속 29.8km에 불과하다. 그러므로 2월 12일을 전후해서는 정오가 14분이나 일찍 찾아온다. 그래서 짧은 겨울 오후의 태양빛을 그만큼 더해 준다. 반대로 11월 3일경에는 정오가 16분 정도 늦어져서 오후의 소중한 태양빛을 그만큼 깎아먹게 된다. 결국 태양일의 길이는 시기에 따라 변한다.

연속된 태양의 남중 고도점 통과 시간이 가장 긴 날은 12월 25일로 24시간 30초다. 반대로 가장 짧은 날은 9월 13일로 23시간 59분 39초에 불과하다. 그래서 태양일의 길이가 24시간이라는 정의에는 항상 '평균'이라는 말이 들어간다. 여기에다 태양과 달의 인력 때문에 발생하는 조력이 긴 세월에 걸쳐 지구 자전을 지연시키며, 지구의 인력이 달의 공전주기인 27.34일을 지연시킨다. 달의 자전과 지구의 자전주기가 같아져서 달은 항상 한쪽 면만 보인다. 달보다 81배 무거운 지구는 훨씬 천천히 느려진다. 그럼에도 불구하고 지구에 생명체가 폭발적으로 번창하기 시작했던 6억 년 전에는 하루가 지금보다 $3\frac{1}{2}$시간 정도 짧았다. 공룡이 멸종한 6,500만 년 전에는 이 차이가 15분으로 좁혀졌다. 현재 하루의 길이는 100년에 1/600초씩 길어지고 있다.[2]

다소 어렵게 느껴지는 일 년, 한 달, 하루에 대해서 길게 설명하는 것은 고대인들도 이와 같은 내용을 거의 파악하고 달력을 만들었다는 점이다. 인간이 달력을 만든 것은 필요에 의해서지만, 그 결과가 결코 우연에 의해서 만들어지는 것이 아니라는 점이 중요하다.[3,4]

독자적 역법 필요

역법이 필요한 이유는 농업과 어업 등의 생업에 결정적으로 필요하기 때문이다. 책력에는 24절기의 정확한 날짜를 비롯하여 각종 기념일이나 농사에 필요한 시기 등 일상생활에 필요한 내용이 들어 있었다. 『삼국사기』에는 삼국의 역법에 대한 흥미로운 기사가 나온다. 『삼국사기』〈신라본기 제7〉 '신라 문무왕 14년(674년)' 의 내용은 다음과 같다.

> 14년 봄 정월 당나라에 갔던 숙위 대내마 덕복전이 역술曆術을 배우고 돌아와 그때까지 사용하던 역법曆法을 새 역법으로 고쳐 사용했다.

『삼국사기』〈고구려본기 제8〉 '영류왕 7년(624년)' 의 기록은 당나라에 책력冊曆을 요청했다는 기사다.

> 7년 봄 2월 왕이 당나라에 사신을 보내 책력冊曆을 반포하여 줄 것을 요청했다.

비교적 후대임에도 불구하고 고구려와 신라 모두 당나라의 책력이 절대적으로 필요했다는 뜻인데, 고구려가 당나라와 한 치의 양보도 없는 혈투를 벌이면서도 책력에 관한 한 중국 것을 사용했다는 것은 고구려와 신라 등이 독자적으로 천체관측 능력을 갖고 있었지만 책력을 만들지는 못했다는 뜻이다. 당시 고구려는 중국의 무인력을 사용했고 백제는 원기력, 신라는 인덕력과 대연력을 사용하다가 통일신라시대의 문무왕 시대에는 선명력을 사용했다. 당시 1년의 길이로 고구려는 365.2446, 백제는 365.24671, 신라는 365.24477(인덕력), 365.2441(대연력), 통일신라시대에 365.24464(선명력)를 사용했다. 1달의 길이는 고구려에서 29.53060 백제는 29.530585 통일신라는 29.530593을 사용했다. 당대의 역법이 얼마나 정교했는지 알 수 있다.

한편 백제도 중국의 역법을 사용했는데 백제의 역법에 대한 기사를 보면 매우 부정적이다. 『삼국사기』〈백제본기 제6〉'의자왕 20년(660년)'에는 백제가 패망의 길을 걷고 있음을 단적으로 보여준다. 이는 책력의 역할이 백성들의 농사 등을 위한 것이 아니라 국가의 흥망성쇠를 알려주는 징표임을 알 수 있다.

> 무왕의 조카 복신은 일찍이 군사를 거느리는 장수였는데, 이때 중 도침을 데리고 주류성을 거점으로 반란을 일으켜서, 전 임금의 아들로서 왜국에 인질로 가 있던 부여 풍을 맞아서 왕으로 추대했다. 서북부에서 모두 이에 호응하니, 군사를 이끌고 도성에 있는 유인원을 포위했다. 당나라에서는 조서를 내려 유인궤를 검교 대방주 자사로 임명하여, 왕 문도의 군사를 거느리고 지름길로 신라에 군사를 보내 유인원을 구원하게 하였다. 유인궤가 기뻐하며 "하늘이 장차 이 늙은이를 부귀하게 하려는 것이다"라고 말했다. 그는 당나라 책력과 묘휘廟諱를 요청하여 가지고 떠나면서 "내가 동쪽 오랑캐를 평정하고 대당의 정삭正朔을 해외에 반포하려 한다"고 말했다.

여기에서 정삭은 책력을 의미하지만 중국에서 제왕이 새로 나라를 세우면서 세수歲首를 고쳐 신력新曆을 천하에 반포하여 실시한다는 뜻으로도 사용되었다. 그러므로 '정삭을 반포하다' 라는 말은 백제를 중국 땅으로 만들겠다는 뜻과 같다.

그런데 고구려와 신라에서 보았지만 삼국시대 각 국에서 사용하는 책력은 독자적으로 만든 것이 아니다. 우리나라에서는 역曆을 조선 초기까지만 해도 자체적으로 만들지 못했기 때문이다. 즉, 조선이 건국된 15세기 초까지만 해도 모든 역법은 중국 것을 사용했다. 조선은 명나라 황제의 책봉冊封을 받았으므로 매년 동지사冬至使를 중국으로 보내 중국이 각국에 배포하는 대통력大統曆이라는 역서曆書를 받아서 사용했다. 그러나 동지사가 역서를 받아 귀국하는데는 몇 달이 걸렸으므로 한양에서는 정월이 지나서야 새해의 책력을 볼 수 있었다. 그런데 중국이 배포하는 책력의 부수도 황력 10부, 민력 100부여서 신하들에게 나누어주기에도 턱없이 부족했다. 일개 국가로서 중국의 역서를 빌려 쓴다는 것은 한 나라의 자존심은 물론 왕으로서의 체통에 손상이 가는 일이었지만 자체로 만들기 전에는 이런 수모가 불가피한 일이었다. 고구려가 중국과 그렇게도 혈투를 벌였지만 역법에 관한 한 중국의 것을 사용했다는 것도 그런 이유다. 조선왕조가 세워진 초창기 세종이 가장 심혈을 기울여 조선의 독자적인 역법을 만들려고 한 이유도 여기에 있다. 조선의 독자적 역법을 만들려는 세종의 노력은 결실을 보아 당대 최고의 역법이 만들어졌다.

조선의 천재 이순지 발탁

조선 초기 세종이 집권한 다음 가장 놀란 것은 중국 대통력의 경우 당시의 수도인 연경(현재의 북경)을 기준으로 했기 때문에, 조선의 한양을 기준으로 하면 한 시간 차이가 생긴다는 점이다. 한 시간이나 차이가 나도 중국 것을 사용하는 이유가 조선에서는 조선을 기준으로 하는 책력을 만들지 못하기 때문이라는 것을 세종은 알았다. 세종은 새 국가의 위상을 드높이며 국민들을 계도하는 방법으로 조선에 알맞은 역서를 만드는 것이 관건임을 알았다. 중국에 기대지 않고 조선 자체의 역법, 즉 한양의 북극출지(위도)를 기준으로 역법을 만드는 것이야말로 새 정부가 이루어야 할 사업이라는 것이다.

세종은 1431년 정흠지, 정초, 정인지 등에게 『칠정산』 내편을 만들게 했고 이순지와 김담에게는 『칠정산』 외편을 편찬케 했지만 역법을 만드는데 명령만 내려서 될 문제가 아니라는 점을 확실히 인식하고 있었다. 조선 자체 달력을 만들려면 최소한 조선 자체의 정확한 천문 관측, 분석, 정리가 필요하다고 생각했기 때문이다. 이런 필요성 때문에 태어난 것이 바로 세종의 '천문의기제작 프로젝트'다. 이 사업은 세종 14년(1432년)에 착수되어 7년 만인 세종 20년까지 계속되었는데 결과론이지만 당시 제작된 천문의기는 20여 가지에 달한다. 당시 제작된 천문의기는 김돈(金墩, 1385~1440년)이 편찬한 『간의대기』에 상세히 언급되어 있으며,[5] 현재 경기도 여주에 있는 세종대왕의 영릉에 복원되어 전시되어 있다.

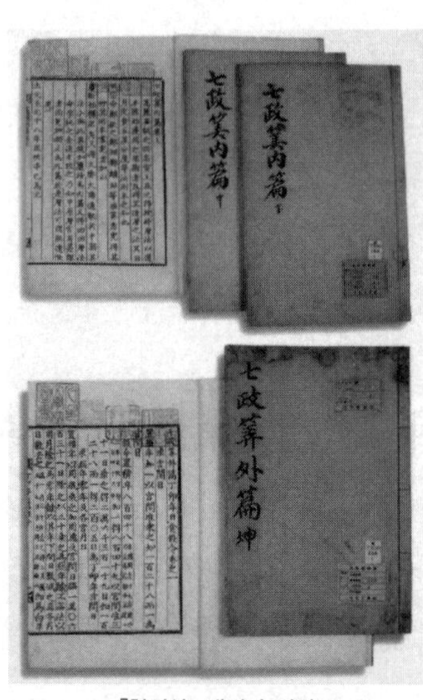

『칠정산』 내편과 외편

이들 천문의기로 조선은 당대 세계 최고의 천문과학기술을 확보하는 데 성공했으며, 이와 같은 업적은 세종 개인의 능력과 열성만으로 달성할 수 있는 것은 아니다.

세종이 조선시대의 여러 왕들 중에서 남다른 점은 15세기, 즉 지금부터 거의 600년 전의 사람임에도 신하들의 특성을 절묘하게 조화시켜 소기의 성과를 얻도록 이끌었다는 점이다. 재주가 있는 사람이 천거되면 아무리 신분이 낮아도 적재적소에 임명하여 그의 역량을 발휘토록 했다. 세종은 이천, 이순지, 장영실 등 당대 최고의 관련 학자들을 총동원하여 당초 10년에서 20년이 걸릴 것으로 예상되던 천문의기프로젝트를 단 7년 만에 완성시켰다는 것도 충분히 이해할 만한 일이다. 세종의 인사 정책이 그만큼 돋보이는 것은 세종 자신이 국가를 책임지는 왕이자 출중한 과학자였기 때문이다.

아랍 천문학보다 발전된 조선 천문학

세종의 '천문의기제작 프로젝트', 즉 과학기술 프로젝트는 세 분야의 책임자가 각자 자신의 임무를 최대한 발휘할 수 있도록 배치되었지만, 이들 세 분야 중에서 가장 중요한 것은 이론적인 뒷받침임은 말할 것도 없다. 아무리 거대하고 정교한 기계라 하더라도 이론적인 뒷받침이 없는 경우 비효율적이고 오류가 많게 된다. 세종의 과학기술 프로젝트는 이론학자인 이순지가 없었다면 결코 이룩되지 않거나 이름뿐인 졸작에 지나지 않았을 것이다. 물론 이천과 장영실의 역할이 이순지보다 결코 못하다는 것은 아니다.

이순지(李純之, 1406~1465년)는 본관이 양성陽城이고 그의 아버지 이맹상은 공조와 호조참의를 지냈고 원주 목사 · 강원도 관찰사 · 중추원부사를 지낸 고위 관료였으므로, 과거시험 없이 벼슬을 주는 제도인 음보蔭補를 통해 동궁행수東宮行首에 제수되어 관직에 나아갔다. 그러나 음보로 관직에 나갔다는 것에 불만을 품은 이순지는 세종 9년(1427년)에 정식으로 문과에 도전하여 합격했다.[6] 이후 승문원 교리, 봉상시 판관, 서운관 판사, 좌부승지 등을 거쳤고 문종 때에는 첨지중추원사, 호조참의 그리고 단종 때에는 예조참판, 호조참판을 지냈고 세조 때에는 한성부윤, 판중추원사에 올랐다. 그의 업적이 얼마나 탁월했는지는 '과학기술인 명예의 전당'에 헌액된 공식 공적을 살펴보면 알 수 있다.

이순지는 전통시기 한국 천문학을 세계 수준으로 올려놓은 천문학자다. 20대 후반에 세종에 의해 천문역법 사업의 책임자로 발탁되어 평생을 천문역법 연구에 바쳤다. 중국과 아라비아 천문학을 소화하여 편찬한 『칠정산』 내편과 외편은 그의 대표적 업적이다. 이로써 우리나라는 역사상 처음으로 관측과 계산을 통한 독자적인 역법을 갖게 되었다. 이순지는 천문의기제작 프로젝트가 끝나자 서운관원(천문대장)으로 근무했고 곧바로 『칠정산』 내편·외편을 편찬했다. 칠정산이란 '7개의 움직이는 별을 계산한다'란 뜻으로 해와 달, 5행성(수성, 금성, 화성, 목성, 토성)의 위치를 계산하여 미리 예보하는 것이다(칠정을 칠요七曜라고도 쓴다).

세종은 원래 세종 13년(1431년) 정흠지, 정초, 정인지 등에게 『칠정산 내편』을 만들게 했고 이순지와 김담에게는 『칠정산 외편』을 편찬케 했으므로, 『칠정산 내편』의 저자는 정흠지, 정초 그리고 정인지로 알려져 있다. 그러나 『사여전도통궤』의 발문에 '근년에 얻은 중국의 통궤법은 본시 수시력을 기본으로 하나 혹 증손함이 있어 이순지와 김당에게 명하여 그 다른 것과 정밀함을 취하고 사이에 몇 줄을 첨가하여 『칠정산 내편』이라 하였다'라는 글이 있고 『칠정산 내외편』의 일월식 가령 등을 교정하고 편찬하는 일을 이순지와 김담이 모두 맡아서 한 점으로 비추어 『칠정산』 내외편의 실제적인 편찬과 간행은 이순지가 전적으로 책임졌을 것으로 생각한다.[7] 그런데 『칠정산』이 세종 24년(1442년)에야 완성된 것은 앞에 설명한 것처럼 '천문의기 프로젝트'를 기본적으로 성공시킨 후 이를 토대로 편찬해야 했기 때문이다. 편찬과정에서 이순지 등은 세종 13년(1431년)에 명나라에 연수를 가기도 했다.

새로운 역법을 창조하는 것이 간단한 일이 아니므로 과거의 참고자료가 필요한데, 이 임무를 부여받은 학자들은 중국의 곽수경이 완성한 『수시력』을 바탕으로 하고 이것에 명의 『대통력大統曆』을 연구했다. 그런데 『수시력』이나 『대통력』은 당시로서는 가장 발달한 이슬람력인 『회회력回回曆』을 참조로 하여 만든 것이지만 여러 가지 미흡한 점이 발견되었다. 그러자 이순지 등은 별도로 이슬람력을 집중적으로 연구했다.[8]

이를 토대로 하여 『칠정산 내편』은 역법을 서울 위도에 맞게 수정 보완한 것이다. 이 책은 1년의 길이를 365.24250일, 1달의 길이를 29.530593일로 정하는 등 매우 정확한 수치에 입각한 것으로 세차歲差값을 비롯해 대부분의 수치들이 유효숫자 6자리까지 현재의 값과 일치한다. 내편의 중요성은 서울에서 관측한 자료를 기초로 해서 계산했다는 점이다. 그 전까지는 명나라의 수도인 북경의 위도를 기준으로 계산했지만 이를 서울을 기준으로 하여 바로잡은 것이다. 이로써 세종 이후의 우리나라 천문학은 해와 달은 물론 모든 행성의 위치를 정확히 계산할 수 있게 되는데, 쉽게 말해 서울에서 일식과 월식이 언제 일어나는지를 정확하게 예측할 수 있다. 학자들은 『칠정산』 내편은 수시력에 대통력의 장점을 곁들인 편리하고 완비된 역법이므로 『수시력』이나 『대통력』보다 한 단계 더 발전한 것으로 평가한다. 이때부터 조선은 역법을 계산할 때 『칠정산 내편』을 본국력이라 하면서 기본으로 삼고 중국의 『대통력』을 비교 · 참조하는 용도로 사용했다.

한편 『칠정산 외편』은 원나라를 거쳐 명나라로 넘어온 아랍 천문학

『회회력』보다 발전된 이론을 다루고 있다. 회회력은 아랍의 무치나국(메디나)의 마하마(모하메드)가 만든 것이다. 메디나는 운남에서 서쪽으로 약 15,000리에 위치하며 위도는 24.5도이며 경도는 동경 약 40도다. 이를 회회대사 마사역흑mashayihei 등이 중국에서 회회력을 편찬했는데 남경의 위도(32도)와 같은 지역에서 계산된 값이므로 마사역흑이 남경에서 직접 관측한 후 편찬했을 것으로 본다. 『칠정산』 외편은 『세종실록』 제159권부터 제163권까지 다섯 권으로 되어 있는데 태양, 태음, 교식, 오성, 태음오성능범의 5장으로 구성되어 있다. 『칠정산』 내외편은 세종 24년(1442년)에 완성되었는데 동시대에 세계에서 가장 앞선 천문 계산술로 평가한다. 원나라 이후 명나라가 들어선 중국의 천문학은 오히려 쇠퇴의 길을 걷고 있었고 『칠정산』의 참고가 된 아랍 천문학은 더욱 퇴조의 기미를 보였기 때문이다.

『칠정산』 내외편에 대해 조선 왕조에서 얼마나 자부심을 갖고 있는가 하는 것은 『칠정산』 내편의 서문에 '이리하여 역법이 아쉬움이 없다 할 만큼 되었다'라고 적은 것으로도 알 수 있다.[9] 일본의 경우 『칠정산』에 해당하는 『정향력貞享曆』은 조선보다 240년 후인 1682년에 등장한다. 이 역법을 만든 시부카와 하루미는 1643년 조선통신사로 일본에 왔던 나산螺山 박안기朴安期가 수학적 해법을 알려주어 이를 바탕으로 『정향력』을 만들었다는 글이 있다. 1643년 조선의 손님 나산이란 인물이 에도에 와서 역학에 관해 오카노이 겐테이와 토론했다는 말이 『춘해선생실기』에 보인다. 하루미는 바로 이 겐테이로부터 역학을 공부했다. 나산이 어떤 내용을 전해준 것인지는 알 수가 없지만 조선에는 15세기 천문학의 최성기에 『칠정산』 내편을 낸 바 있는데 이는 수시력授時曆 연구의 뛰어난 텍스트로 꼽히고 있다. 명나라 말에는 중국의 역산학 전통이 어느 정도 쇠퇴한 다음이었으므로 당시 조선에서 역산학을 배우려던 태도는 올바른 선택이었다고 보인다.

이 글을 보아서도 『칠정산』이 얼마나 돋보이는 작품인지 알 수 있다. 이순지는 본업에 충실하게 봉사하면서 세종의 천문의기 프로젝트 등을 성공적으로 완수한 후 계속 천문연구를 계속하면서 『칠정산』 내외편 이외에도 여러 권의 책을 정리했다. 대표적인 것으로는 『제가역상집諸家曆象集』, 『천문유초天文類抄』, 『교식추보법交食推步法』 등이 있다. 조선시대의 가장 위대한 천문학자였던 이순지는 세조 11년(1465년)에 세상을 떠났다. 말년에 그의 과부 딸이 여장女裝 노비 사방지舍方知와의 추문에 휘말려 세상을 떠들썩하게 만들었다. 『세조실록』 세조 8년(1462년)에 다음과 같은 기록이 있다.

> 황당荒唐한 사람이 여자의 집을 출입하였는데도 이순지는 가장으로서 능히 금하지 못하였으니 진실로 그르다. 그러나 간통한 것을 잡은 것도 아닌데 재상집의 일을 경솔하게 의논하고 이와 같은 이상한 일을 계품啓稟하지 않고 억지로 취초取招하였으니 심히 불가하다.

세조는 5월 2일 이순지를 파직시키라고 명했는데 놀라운 것은 사건의 당사자인 사방지를 이순지에게 주라고 한 것이다. 더구나 10일이 지난 5월 12일 이순지를 다시 복직시켰다. 이를 보더라도 이순지는 문관으로 출발하였지만 국왕을 비롯한 많은 사람들로부터 신뢰를 받은 비교적 행복한 삶을 산 과학자로 볼 수 있다.

음력의 과학성

매년 말 다음 해의 달력을 보면서 제사나 자신의 생일을 찾아볼 때 양력과 음력을 맞춰보는 사람이 많을 것이다. 특히 양력만 나와 있고 음력이 없는 경우 음력으로 생일을 찾는 사람은 자신의 생일이 언제인지 가늠하기 힘들다. 양력으로 모든 것을 통일하면 편리할 텐데 왜 머리 아프게 음력으로 생일을 치러야 하는지 불평하는 사람들도 있다. 더구나 많은 사람들이 음력이란 비과학적이고 미신적이라고 생각하는 반면 양력은 과학적이고 합리적이라고 생각한다. 그런데 음력이 서양이 자랑하는 양력에 비해 과학적이라는 것을 알면 놀랄 것이다.

먼저 음력과 양력이 무엇인지 살펴보자. 양력이란 태양운동을 반영하여 날짜를 계산하는 것이다. 반면 음력은 다소 복잡하다. 날짜는 달의 운동을 기준으로 하되 계절은 태양 운동에 따라 정하기 때문이다. 그러므로 계절(양력)을 맞추기 위한 24절기는 12중기中氣와 12절기節氣가 번갈아 오는데 중기가 없는 달은 앞 달을 윤달로 정한다. 다소 복잡하지만 거의 2천 년 동안 동양인들이 전혀 불편함이 없이 사용해 온 것이다. 이와 같이 음력이 동양에서 계속 지켜져 온 것은 그만큼 편리하고 합리적이기

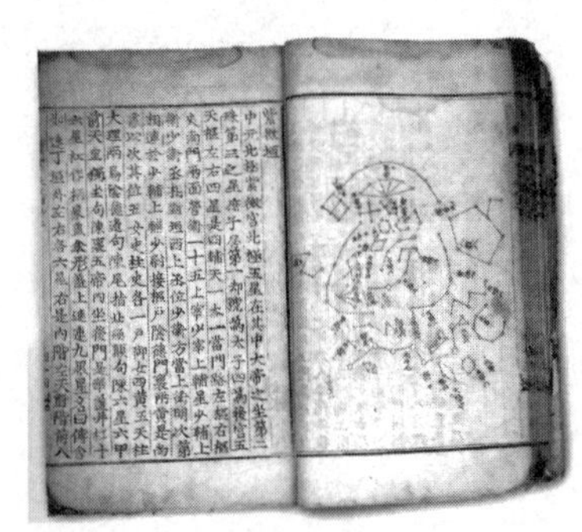

이순지의 『천문유초』

때문이다. 양력은 음력에 비해 오히려 불합리한 역법임에도 불구하고 세계가 사용하고 있으므로 음력보다 합리적인 역법으로 간주된다. 얼핏 보기에 해마다 같은 계절에 덥거나 추워지는 것을 정확하게 알려주므로 양력이 아주 잘 맞는 달력이라 생각하기 쉽다. 이런 면만 보면 음력은 빵점이다. 음력은 대강 한 달쯤은 왔다 갔다 하는 것처럼 보이며 날짜는 계절과 잘 맞아 떨어지지 않기 때문이다. 음력에 익숙하지 않은 사람들이 양력을 더 과학적으로 짐작하는 것은 이해할 만한 일이다. 양력이 날짜와 계절이 잘 맞는 것은 바로 그 목적을 위해 만든 달력 체계이기 때문이다. 태양운동으로 따지는 1년은 대강 365일 5시간 48분 46초다. 그런데 하루의 길이는 24시간, 한 달의 길이는 달의 운동을 볼 때 29일 반쯤 된다. 문제는 양력은 태양과 함께 천문의 중요한 축인 달의 운동을 완전히 무시한 체계라는 점이다.

역법이란 해와 달의 자연 변화로부터 어떤 계기를 잡아 인간의 생활을 다시 시작한다는 뜻에서 어느 시각을 새해의 기준으로 정한 것이다. 그런 뜻에서 양력 1월 1일은 새해의 시작이 될 수 없다는 것이 학자들의 주장이다. 음력을 먼저 이야기한다면 한 달의 날짜수가 29일 또는 30일로 다소 불규칙하게 바뀌는데 그 까닭은 순전히 자연현상 때문이다. 음력에서 달마다 15일을 보름이라 하여 달이 가장 둥글게 뜨는 달로 맞춰 놓았다. 그렇게 되면 초하루는 저절로 결정되고 한 달의 크기가 29일이 될지 30일이 될지도 자동적으로 결정된다.

그런데 문제는 음력의 날짜가 계절과 맞지 않는다는 점이다. 그러나 이는 너무나 당연한 일이다. 음력은 날짜를 달 모양의 변화에 맞게 만든 것이지 계절에 맞춘 것은 아니기 때문이다. 그런데 음력의 과학성은 태양운동을 24절기로 나타내고 있다는 점이다. 즉, 음력 속에는 양력 성분이 24절기로 들어 있다. 이를 태음태양력이라고 한다. 학자들이 음력이야말로 과학적이라는 것은 해와 달을 24절기로 맞추었기 때문으로 음력 날짜를 계절과 맞지 않는다고 불평할 일은 아니다.

그런 의미에서 음력 1월 1일은 양력 1월 1일보다 훨씬 자연현상을 잘 반영하고 있다. 음력은 새해의 시작을 해와 달이 모두 새롭게 되는 그러한 때를 골라서 만든 것이다. 동지가 정월로 설정되었던 이유다. 동지정월이란 동지가 든 달을 첫 달로 삼는다는 뜻으로 그렇게 할 경우 동지가 그 달의 첫 날이 되면 동짓날이 바로 설날이 된다. 그런데 그러한 경우는 많아야 19년에 한 번 일어날까 말까하고 대개의 경우는 설이 지난 한참 뒤에 동짓날이 오게 된다. 설은 시작을 뜻하는데 소한, 대한의 추위가 모두 설 지난 다음에 오므로 불평이 나오지 않을 수 없다.

바로 이런 불만을 무마하기 위해서 새해의 시작을 동지정월로 아예 옮기기도 했다. 『삼국사기』〈신라본기 제8〉'효소왕 4년(695년)'에 "자월(子月, 11월)을 정월로 삼았다"라는 기록이 이를 의미한다. 그러나 '효소왕 9년(700년)'에 "다시 인월(寅月, 1월)을 정월로 만들었다"로 이를 변경했다. 이 역시 획일적으로 정할 것이 아니기 때문이다. 동짓날 팥죽 속의 새알심 수를 따지는 것은 나이를 뜻한다는 것, 즉 새해의 시작을 의미한다는 것을 이해할 필요가 있다. 원래 새해를 시작하는 규칙은 나라마다 지역마다 달랐다. 그런데 약 2천 년 전에 오늘과 비슷한 서양의 양력과 동양의 음력이 각각 통일되었다. 그 후 동서양은 서로 간섭 없이 각자의 책력을 사용했는데 19세기부터 세계가 서양 주도로 바뀌면서 세계 각국이 양력을 사용하기 시작했다.

현재 사용하고 있는 태음태양력이 얼마나 과학적인지 알아보자. 음력 한 달은 29.5일이다. 따라서 태음력으로 1년은 약 354.37일이 되고 반면에 양력은 365.2422일이다. 이 두 값의 차는 약 11일이므로 3년 만 되어도 음력 날짜는 태양의 움직임과 약 33일 차이가 난다. 태음태양력은 바로 이 차이를 없애기 위해 대체로 2~3년마다 윤달을 삽입한다. 1년을 열세 달로 하여 태양력과 맞추는 것이다. 엄밀하게 말하면 3년에 한 번씩 윤달이 들어가는 것이 아니고 19년에 일곱 번 윤달이 들어간다.

이러한 음력의 장점은 여러 가지다. 우선 음력은 야간 조명이 없던 시절에 달의 밝기를 조명할 수 있다는 점이다. 공해가 없는 장소에서 둥근 보름달이 뜨면 주변 사물이 제법 잘 보인다. 둘째로 간조와 만조 시각 때의 물 높이를 예측할 수 있다. 상현이나 하현 때는 만조라 해도 물의 높이가 낮고 사리(삭이나 보름) 때는 물의 높이가 높다. 셋째로 어부나 해안 생활을 하는 사람에게는 달의 위상이 물고기 떼의 이동과 관련이 있으므로 음력이 더 중요하다. 밝은 보름이나 어두운 그믐보다는 달빛이 은은한 상현, 하현 때 물고기들이 더 많이 잡힌다는 것은 잘 알려진 사실이다. 어부들이 지금도 양력보다는 음력을 중하게 여겨 양력만으로 된 달력은 거들떠보지도 않는다. 어부들에게 선물로 양력만 있는 달력을 주면 핀잔을 받는다. 물론 음력에 단점이 전혀 없는 것은 아니다. 역설적으로 어부에게는 음력이 절대적이지만 농부에게는 계절과 잘 맞지 않아 불편하기 때문이다. 이런 문제점을 해결하기 위해 지금과 같이 윤달을 넣는 태음태양력을 개발해 사용했다. 물론 세계가 양력으로 통일되어 버린 지금 우리가 새삼 음력을 고집한다고 해서 세상의 역법을 바꿀 수 없는 것은 자명하다. 우리만 음력을 사용한다면 그만큼 불편을 감수해야 하는 것도 무시할 수는 없는 일이다. 현재처럼 양력에 음력을 병행하여 사용하는 것이 무리한 일은 아니다.

태음태양력으로 만든 역법은 서양 신부 아담 샬(Adam Schall, 1591~

1666년)의 태음력에 태양력의 원리를 적용하여 24절기의 시각과 하루의 시각을 정밀하게 계산하여 만든 『시헌서時憲書』를 기본으로 하는데 『시헌력時憲曆』이라고도 부른다. 조선에서는 그동안 명나라에서 사용하던 『대통력大統曆』을 사용했다. 『대통력』에서는 1년이 365일 1/4이므로 원주의 도수도 365도 1/4로 계산했으나 아담 샬의 『시헌력』에서는 원주의 도수를 360도로 정했다.[10] 『대통력』에서 계산한 계절과 윤달보다 『시헌력』이 더 정확한 것을 간파한 김육은 이의 사용을 건의하여 효종 4년(1653년)부터 공식적으로 도입 · 시행하였다. 물론 중국과 조선의 지리적 조건이 다르므로 조선에 알맞은 역법을 자체적으로 계산하여 사용했다. 이후 정조 원년(1777년)에 『천세력千歲歷』, 『만세력』을 사용하다가 19세기말 급격한 국제 정세의 변화로 고종 33년(1896년)부터 공식적으로 태음태양력을 대신하여 서양식 태양력인 『명시력明時曆』을 사용했다.[11]

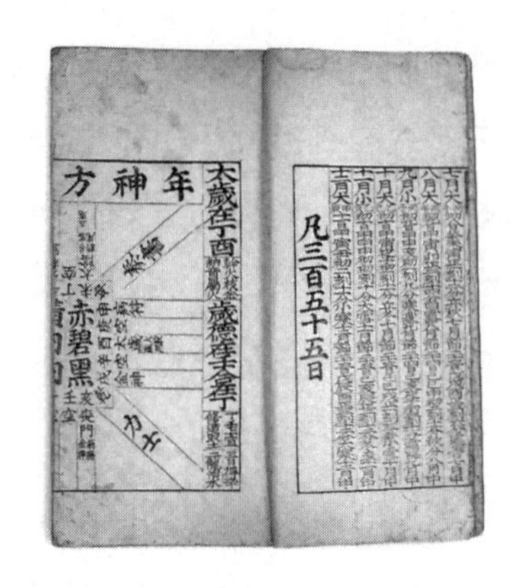

『시헌서』

우리 조상이 사용하던 전통 중에 과학적이고 합리적인 것이 많이 있다. 음력과 양력만 비교해보아도 과거 우리의 것은 모두 고리타분하고 비과학적이란 생각이 얼마나 무지한 일인지 이제야 이해했을 것이다. 마지막으로 중국과 우리나라의 음력일은 약간 차이가 있다. 계산하는 방법은 같으나 중국은 우리나라와 1시간의 시차가 있기 때문이다. 설날의 경우만 보아도 1988년, 1997년, 2027년의 경우 중국이 우리나라보다 하루 빠르다.[12]

16 나침반은 신라의 것이다

일반적으로 인류의 4대 발명으로 인쇄술, 제지술, 화약, 나침반羅針盤을 드는데 그 모두 중국이 세계 최초로 만들었다고 자랑한다. 반면 프란시스 베이컨은 인류의 3대 발명품으로 인쇄술, 화약, 나침반을 들었는데 이 중에서 인쇄술은 종이를 사용한 것을 의미하므로 같은 맥락이다. 여하튼 인류 발달을 위해 가장 중요한 것을 중국인이 발명했다는 것이다. 이들 네 가지가 인류의 4대 발명으로 들어갈 수 있다는 것은 그만큼 인간이 살아가는데 큰 영향을 끼쳤다는 것을 의미하는데, 나침반은 다른 세 가지와는 달리 발명이 아니라 발견에 해당한다. 나침반 효과는 아직 잘 알려지지 않은 자연적인 현상이기 때문이다.

나침반은 바늘 모양으로 만든 자석을 나침반 가운데에 세운 지주에 마찰이 최소가 되게 연결하여 바늘이 자유롭게 회전할 수 있게 만든 기구로 나침반의 바닥에는 동서남북의 방위가 표시되어 있다. 이와 같이 편리한 나침반은 등산객이 잘 알려지지 않은 길을 갈 경우 지도와 함께 반드시 지참하는 필수품으로 간주된다. 물론 근래에 와서 나침반이 왜 필요하냐고 질문하는 사람들도 있다. 휴대폰이 있으므로 길을 잃어버렸다고 하더라도 궁지에서 빠져나오는 것이 어렵지 않다고 이야기한다. 그들의 말에 어폐가 있다고는 볼 수 없지만 일단 길을 잃었을 때 휴대폰으로 지형지물을 설명하는 것보다는 나침반과 지도가 있다면 쉽게 길을 찾을 수 있다는 것을 모르는 사람은 없을 것이다.

그런데 고대인들은 어땠을까? 해가 있는 낮 동안에는 해의 위치를 보고 대략적인 방향을 잡을 수 있으며 밤에는 북두칠성과 카시오페이아 별자리를 집어가며 방향을 알 수 있다. 그런데 흐린 날이거나 지형을 알 수 없는 곳에서는 방향을 잡기가 쉽지 않다. 바로 이런 문제점을 나침반이 간단하게 해결해 줄 수 있기 때문에 나침반이 현대 문명을 만든 문명의 이기 중에 하나로 뽑힌다. 그런데 최근 우리나라가 나침반의 사용에 있어 세계 최고의 기록을 갖고 있다는 주장이 제기되었다. 『삼국사기』〈신라본기 제7〉 '문무왕 9년(669년)'에 다음과 같은 기록이 있다.

> 9년 봄 정월에 신혜 법사를 정관 대서성에 임명했다. 당나라 중 법안이 와서 자석磁石을 구해보라는 천자의 명령을 전달하였다. (중략) 여름 5월 급찬 지진산 등을 당나라에 보내 자석 두 상자를 바쳤다.

위 기록을 보면 중국이 자랑하는 4대 발명품 중에 하나인 나침반은 중국에서 발명한 것이 아니라 신라로 볼 수 있다는 설명이다. 물론 『삼국사기』에 설명되어 있는 자석을 속성상 나침반이라는 전제가 필요하다. 우리나라가 세계에서 가장 빨리 만들었다는 것은 나침반의 원래 이름이 신라침반新羅針盤인데 '신' 자가 빠진 나침반으로 읽는 것으로도 알 수 있다는 주장도 있다. 침반이란 바늘을 올려놓는 쟁반 또는 물건을 올려놓는 제구를 의미한다. 나침반이 중국에서 들어왔다면 나침반이 아니라 지남침指南針으로 불러야 하는데도 나침반이라고 부르는데는 특별한 이유가 있다. 결국 나침반은 중국에서부터 들어온 것이 아니라 신라에서 독자적으로 만들어졌고, 그것이 중국으로 보내졌는데 중국에서 지남침으로 부르는데도 불구하고 한국에서는 계속하여 나침반으로 불렀다는 것을 뜻한다.

나침반 사용 기록이 없다

중국의 자랑이라고 볼 수 있는 나침반이 신라에서 발명된 것이라는 주장에 많은 사람들이 의아하게 생각하는 것은 사실이다. 특히 그런 이야기를 거론하기만 하면 민족주의 발상이라는 비난까지 한다. 중국의 고대 사서에서 지남차指南車 또는 지남거라는 말이 자주 등장한다. 『고금주古今注』에는 중국의 삼황오제三皇五帝 시대 화하족의 황제黃帝가 동이족의 치우蚩尤와 전투를 하면서 치우가 만들어 피운 연막에 고전했지만 황제가 지남차를 만들어서 항상 남쪽을 가리켜 줌으로써 가까스로 전투를 승리

위나라 명제(227~239년) 시대의 지남거

로 이끌었다는 전설이 있다. 또한 주나라의 주공周公이 기원전 12세기경에 지남차를 발명했다는 얘기도 있으며, 이후에도 중국의 여러 과학자와 기술자가 지남차를 만들었거나 개량했다는 기록이 있다. 우선 『진서晉書』에 나오는 지남거에 대한 설명을 보자.

> 지남거는 네 필의 말이 끌고, 그 아래 모양은 3층의 누각과 같다. 네 모퉁이에 금룡이 깃을 물로 지지하고 나무를 깎아 선인을 만들어 깃옷을 입혀서 수레 위에 세웠는데, 수레가 회전하더라도 그 손은 항상 남쪽을 가리키며, 임금의 수레가 행차할 때에도 선도한다.

위의 설명을 볼 때 수레 위에 수직으로 세워 놓은 목제인형이 톱니바퀴 장치에 의해 항상 남쪽을 가리키지만 자석이나 나침반을 사용한 것은 아니라는 것이 오늘날의 정설이다. 『삼국지연의』에도 지남거가 나온다. 제갈공명은 전장에 나갈 때 지남거를 대동하여 양국의 군사와 말발굽 때문에 하늘이 먼지에 덮여서 방향을 정확히 알 수 없을 때에도 지남거를 이용하여 방위를 정확히 파악한 후 신출귀몰한 작전을 성공리에 수행했다고 적었다. 학자들은 과거에 지남거를 지남침과 관련된 수레로 인식했으나, 최근 지남거는 자석과는 상관없이 황제의 행사 때 앞서가는 수레의 하나로서, 같은 방향을 가리켜 주는 장치를 위에 달아 놓아 황제는 남쪽을 향

한대사남

하고 일을 보아야 한다는 의식에 이용했던 것으로 보인다.

기원전 4세기에 저술된 『귀곡자鬼谷子』에 '정鄭나라의 사람들은 옥玉을 가지러 갈 때, 길을 잃지 않도록 지남기(指南器, 남쪽을 가리키는 기구라는 뜻)를 가지고 간다'는 구절이 나온다. 또한 중국 후한後漢시대의 사상가 왕충王充이 90년경에 출간한 『논형論衡』에는 나침반을 '사남司南'이라 부르면서 사남의 형태는 '북두를 닮은 구기 모양'을 취하고 있다고 하며, '국자를 물위에 띄워 놓으면 남쪽을 가리키면서 멈춰 선다'고 기록했다. 사남은 한대사남漢代司南의 국자 모양과 일치하는데 한대사남이란 자반에 방위가 표시되어 있고 자반 가운데 국자 모양의 자석이 놓여 있는 것을 볼 때 방위를 가리키는 나침반으로 볼 수 있다. 또한 4세기경 갈홍葛洪의 『포박자抱朴子』에는 '철로 된 바늘에 머릿기름을 발라서 가만히 물위에 놓으면, 바늘을 물위에 띄울 수 있다'라는 대목이 나온다. 위 기록을 근대적 의미의 나침반 발명을 의미하는 것으로 볼 수는 없지만 어느 정도 관련이 있을 것으로 추측할 수 있다.[1]

자석이 쇠붙이를 끌어당긴다는 것은 고대 그리스인들이나 춘추 전국시대의 중국인이 모두 잘 알고 있었다고 추정한다. 전국시대에 쓰인 『여씨춘추』에 자석은 쇠를 잡아당긴다는 글이 있다. 이 당시 자석은 '慈石'으로 적었다. 후한의 고수가 적은 주석에 의하면 이 돌은 쇠의 어미慈母로서 자석을 끌어당긴다고 했다. 그러므로 후대에 '자慈' 대신 '자磁'로 변경된 것으로 박성래 교수는 추정했다.[2] 한 중국인이 자성이 있는 물질을 발견한 후 실에 매달아 걸어두었다가 남과 북을 가리키는 성질을 발견하고 이를 응용했다는 설명도 있다.[3] 진시황제는 아방궁을 짓고 바로 그 궁전의 어느 문을 자석으로 만들어 칼을 감춘 사람의 출입을 감시했다는 전설도 있다. 이는 자석이 철을 끌어당긴다는 사실을 정확히 알고 있다는 뜻이다.

항해에서 나침반의 진가가 발휘

중국의 자료를 보면 중국에서 나침반을 만들었다는 것이 확실한 것 같지만 이들 설명에도 문제점이 없는 것은 아니다. 나침반의 고향이 신라일지 모른다는 말에 거부감을 느끼는 사람들도, 중국인이 자석의 특성을 발견했다고 하더라도 자석으로 방향을 찾는데 사용했는지 확실한 것은 아니라는데 인식을 같이한다. 즉, 앞에 설명한 지남차 또는 지남거라는 말이 정작 나침반을 의미하는지는 확실하지 않다. 그것은 나침반이 갖고 있는 확실한 용처가 중국 측의 기록에 나타나지 않기 때문이다. 왕충의 예를 들어 나침반의 원리나 자석의 이용은 한대漢代에 상당히 이뤄졌다고 볼 수도 있지만, 정말로 현재와 같은 나침반의 용도인 실제 항해에서 사용되었다는 기록이 없기 때문이다.

더구나 중국에서 자석을 활용하였다고 하더라도 자석을 항해보다는 다른 데 사용했다. 즉, 중국에서는 자석을 점을 치거나 음택을 선정하는 풍수지리에 활용하는 등 제한적 용도에만 사용했다. 항해용 나침반에 대해서는 11세기 말 송나라 심괄이 저술한 『몽계필담』에 나와 있다. 그는 바늘을 문질러 실에 매달면 비록 정남은 아니지만 약간 동쪽으로 치우친 남쪽을 향하므로 손쉽게 남향을 알 수 있다고 적었다. 이어서 12세기 초에 저술된 『평주가담』에서는 항해에 대한 설명으로 '밤에는 별을 관측하고 낮에는 해를 관측하되, 흐린 날에는 지남침을 사용한다' 고 기술하고 있다.

물론 항해용 나침반이 11세기에 와서야 알려진 이유는 그전에도 항해용 나침반이 사용되었지만 기록된 문헌이 전해지지 않는다는 설명도 있다. 그것은 당나라 때 이미 광동지방에서 말라카 해협을 지나 인도양을 항해했다는 기록을 볼 때 연안을 따라 항해를 했다 하더라도 나침반 없이 장거리 항해를 했다고 볼 수 없기 때문이다. 그렇더라도 중국에서 신라의 자석을 구했다는 것은 적어도 신라에서 중국보다 먼저 자석의 용도를 잘 알고 있었기 때문이라는 설명도 가능하다. 중국에서 일찍이 나침반에 대한 용처를 확실하게 알고 있었다면 굳이 신라로부터 자석을 구하려고 하지 않았을 것이기 때문이다.

윤도 목판본

윤도

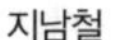

지남철

지남철

나침반이 신라에서 본격적으로 사용되었음을 알려주는 것은 현재도 많이 사용되는 윤도輪圖와 문무왕보다 약 200년 뒤인 장보고(張保皐, ?~846년)의 활약으로도 알 수 있다. 윤도는 지남침의 특성을 이용하여 방위를 측정하거나 집자리나 묘자리를 살피는데 사용되던 일종의 나침반이다. 윤도는 중앙에 지남침을 두고 그것을 중심으로 그려진 여러 층의 동심원에 쓰인 방위들로 구성되어 있다. 여기에는 음양 · 오행 · 팔괘 · 십간十干 · 십이지十二支 · 24절후二十四節候 등의 많은 정보가 기록되어 있다. 학자들은 윤도라는 이름의 풍수지남침이 언제부터 사용되었는지는 확실하지 않지만, 우리나라의 천문학 · 풍수지리학의 발달과 연계하여 적어도 신라 말부터 발달했던 것으로 추정한다. 윤도는 조선시대에 들어와 특히 대유행한다. 우선 풍수가들의 전유물에서 벗어나 항해자나 여행자들이 방향을 보는데 사용되기도 하고, 천문학자들에 의해 해시계의 정확한 남북을 정하는데 쓰이기도 했다. 뿐만 아니라 양반들이 부채의 고리나 자루에 소형 지남철이 달린 신추를 매달고 다니면서 간편하게 방위를 살피는 등 일상생활에서 항상 필요한 도구로 활용되었다.[4]

한편 장보고가 청해진의 장도를 중심으로 일본의 큐슈, 중국의 산동반도에서 소주, 항주를 지나 멀리 남쪽의 닝보까지 광범위한 무역망을 형성했다는 것은 잘 알려진 사실이다. 당연한 일이지만 장보고에게 어떤 비밀이 있어서 그와 같은 원거리 항해가 가능했느냐고 반문할 수 있다. 사실 캄캄한 밤은 고사하고 낮에도 망망대해에서는 방향을 제대로 잡기 어렵다. 현대의 몇 십만 톤이나 되는 대형 유조선이나 컨테이너선의 경우 첨단 장비와 계기판으로 간단하게 항로를 알 수 있다. 자기와 관계없이 항상 정북正北 방향을 가리키는 자이로컴퍼스gyrocompass만 이용해도 큰 오차 없이 목적지를 향해 항해하는 것이 어려운 일이 아니다.

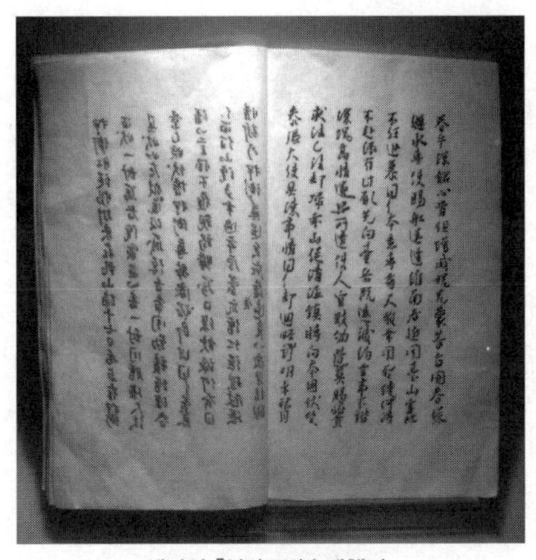

엔닌의 『입당구법순례행기』

그렇다면 장보고는 어떻게 방향을 잡았을까? 우선 지문地文 항법, 즉 연안 항해를 생각해볼 수 있다. 지문 항법이란 육지에 바짝 붙어 항해하는 방법으로 육지를 보면서 항해하므로 쉽게 위치를 파악할 수 있다. 이때 항로 곳곳의 섬이 등대 구실을 해주기도 한다. 그런데 장보고 선단은 이러한 연안 항해로는 불가능한 원거리 항해를 했다. 연안 항해 대신 직접 서해를 가로지르는 항로를 사용했는데 이는 망망대해에서 특징적인 지형지물 없이 바다를 건넜다는 것을 의미한다. 이 경우 당대의 많은 사람들이 이용하던 천문항법을 가정할 수도 있다. 낮에는 태양, 밤에는 별을 기준으로 방향을 잡는 것이다. 문제는 악천후 때 어떻게 방향을 잡느냐는 점이다. 일본의 엔닌이 적은 『입당구법순례행기』를 보면 장보고 선단은 악천후에서도 항해했다고 분명히 기록되어 있다. 악천후에 천문항법은 무용지물이 된다. 학자들이 장보고 선단에 나침반과 같은 도구가 사용되었을 것이라고 추정하는 이유다.

사실 고고학적으로도 한국의 나침반 사용이 오래 전부터라고 유추할 수 있는 자료가 있다. 일제 강점기에 일본인들이 발굴한 낙랑 고분을 설명한 자료에는 특이한 유물이 있다. 땅을 나타내는 원판과 사각판이 있고 방위 · 간지와 기본 별자리를 그려놓은 식점천지반式占天地盤이다. 이 유물은 방위관측기로 추정하는데 장보고 시대보다 700여년 앞선다. 더욱 놀라운 것은 평양 낙랑 거리의 고조선 유적지에서 기원전 2세기경의 다양한 청동기 유물이 출토되었는데, 이 중에는 방위관측기로 보이는 유물도 포함되어 있었다. 이 유물은 별자리를 새긴 사각과 원형판을 조합하여 방향을 알 수 있는 구조다.

문무왕 시대에 나침반을 사용했을 가능성은 김유신의 묘로도 유추할 수 있다. 김유신의 묘는 12지신상이 구축되어 있는데 12지신상은 정확한 방위로 조성되었다. 방위관측기가 없다면 이와 같이 정확하게 방향을 잡을 수 없다.[5] 나침반 기록만 보면 중국보다 한국이 다소 앞선다. 12세기 초 서긍의 『고려도경』에 고려의 한선韓船에서 날이 어두우면 지남부침指南浮針을 이용한다고 적었는데 이것이 중국 역사상 나침반 사용에 대한 첫 기록이다. 최항순 박사는 항해하는 선박 위에서는 수평 맞추기가 어렵기 때문에 물을 채운 용기에 자석바늘을 놓아 남북을 파악한 것으로 추정했다.[6]

중국에서 처음 만들어진 나침반은 12세기경에 페르시아로 전파되어,[7] 유럽에서는 '아라비아 사람들은 바늘같이 생긴 자석을 밀집에 꽂아 물 위에 띄워서 북쪽을 알아낸다'는 이야기가 전해졌다는 기록도 있다. 이 기록에 의하면 당시 중국의 나침반이 이슬람 선원들에 의해 서유럽에 전래된 것으로 추정된다. 영어로 '컴퍼스compass'라고 불리는 나침반의 어원은 라틴어의 '콤파수스compassus'로서 이는 '원을 방위로 분할한다'는 의미다. 이어 14세기 초 이탈리아에서 본격적인 나침반을 제작하기 시작했다. 서양은 나침반을 이용하여 15세기와 16세기에 대항해시대를 열었고, 특히 15세기 말에서 16세기 초에 이뤄진 대탐험은 세계의 역사를 바꾸게 된 계기가 된다.

계속 개량된 나침반

나침반이 지구의 남북을 가리키는 이유를 정확히 설명한 사람은 16세기 영국의 물리학자인 길버트(William Gilbert, 1540~1603년)다. 1600년에 그는 『자석에 대하여』에서 지구가 일종의 커다란 자석이라고 밝혔다. 또한 자석에 철 조각을 문질러서 인공적인 자석을 만들었으며 나침반이 항상 북쪽을 가리키는 이유는 지구가 자기적인 성질을 가지고 있기 때문이라고 설명했다. 이어서 그는 자석의 속성과 그가 '전기력'이라고 부른 것(호박 같은 것을 천이나 모피에 가볍게 문질러 가벼운 물체 근처에 가져가면 그 물체를 끌어당길 때 생기는 정전기를 뜻함)을 구분했다. 물론 이 주장은 논쟁을 일으켰고 결국 둘 사이에 중요한 유사성이 있음이 밝혀졌다. 길버트의 연구가 있고 많은 사람들이 실용적인 나침반 연구에 몰두했다. 그러나 오늘날과 같은 모양의 나침반은 19세기 후반 켈빈 경으로 잘 알려진 영국의 물리학자 톰슨(William Thomson, 1824~1907년)에 의해 비로소 등장했으며 현재에도 사용되는 입식나침반을 발명하여 실용화의 길을 열었다.[8]

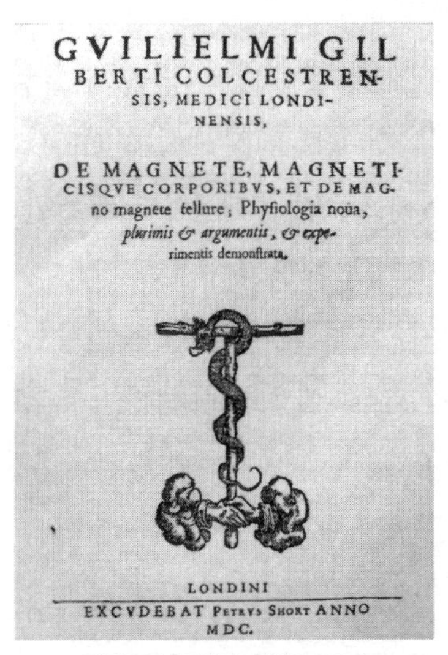
GVILIELMI GIL
BERTI COLCESTREN-
SIS, MEDICI LONDI-
NENSIS,

DE MAGNETE, MAGNETI-
CISQVE CORPORIBVS, ET DE MAG-
no magnete tellure; Phyſiologia noua,
plurimis & argumentis, & expe-
rimentis demonſtrata.

LONDINI
EXCVDEBAT PETRVS SHORT ANNO
MDC.

길버트의 『자석에 대하여』 표지

나침반이 가리키는 쪽으로 간다고 해서 정확하게 북극으로 갈 수 있는 것은 아니다. 나침반이 가리키는 자북磁北과 지구의 자전축에 따른 실제 북극인 진북眞北은 상당한 차이가 있다. 현재 자북은 대략 북위 78도, 서경 69도의 지점에

길버트 시대의 나침반

톰슨의 입식나침반

있으며, 지금도 해마다 조금씩 위치가 바뀌고 있다. 11세기에 송宋나라의 심괄沈括이 쓴 『몽계필담夢溪筆談』에도 자석의 바늘이 남북을 가리키지만 진북과 자북이 다르다는 사실을 기록했다.

자이로스코프가 발명된 것은 나침반의 정확도가 떨어지고 움직이는 물체의 가속에 민감한 반응을 보이는데다, 철 성분을 지닌 물체 옆에서는 큰 영향을 받기 때문이다. 특히 선박의 주재료가 목재에서 철로 바뀌자 철 성분에 영향을 많이 받는 나침반은 그대로 사용할 수 없게 되었다. 자이로스코프는 유명한 프랑스의 과학자 푸코가 1850년대 모든 방향으로 회전이 자유로운 바퀴를 발명하여 자이로스코프라고 명명했고, 그 후 수많은 과학자들이 여러 형태의 자이로스코프를 개발했는데 현재 사용하고 있는 실용적인 자이로스코프는 1911년 스페리가 발명한 것에 기초를 두고 있다.

한편 극지방의 탐험이나 더욱 정밀한 방위가 요구되는 경우에는 지구

자기를 이용한 나침반은 적합하지 않다. 이 경우에는 독일인 안쉬츠가 1906년에 자이로의 성질을 응용하여 창안한 전륜 나침반인 자이로컴퍼스를 사용한다. 고속으로 회전하는 자이로스코프의 축에 추를 달면 지구의 자전에 영향을 받아 자이로스코프의 축은 자동적으로 지구의 자전축인 진북 방향을 가리킨다.[9]

신라침반이 나침반의 근본이라는 말은 상당히 신선하다. 최항순 박사는 정건군程建軍이 저술한 『중국풍수나반』에 '이 자반의 방위는 낙랑에서 출토된 자반을 보고 복원했다'라는 글에 주목했다. 낙랑군樂浪郡과 낙랑국樂浪國의 위치가 한반도냐 또는 요하유역이냐에 대한 이견은 있지만 낙랑을 한민족의 영역으로 본다면 나침반이 우리나라에서 전해졌다는 것이 마냥 근거 없는 것은 아니다.[10] 이는 한국인이 만들었다는 자부심이 배어있는 것이 나침반이라는 뜻인데, 이 문제는 앞으로 학자들의 많은 연구로 상세히 알려질 것이다.

17 을지문덕의 살수대첩

한국 역사상 가장 통쾌하고 인상 깊은 승리가 무엇이냐고 물어본다면 대다수의 한국인들은 을지문덕 장군의 살수대첩과 연개소문의 안시성 전투를 떠올린다. 살수대첩은 중국을 통일한 수나라가 막강한 고구려까지 점령하려고 달려들었다가 전멸에 가까운 참패를 당한 전쟁이다. 이후 수나라는 고구려 원정에서 입은 크나큰 손실을 만회하지 못하고 결국 당나라에 멸망했다. 을지문덕乙支文德은 우리 역사에서 시대와 이념을 초월

살수대첩도 (전쟁기념관 소장)

하여 모든 사람으로부터 긍정적인 평가를 받는 몇 안 되는 인물 가운데 한 명이다. 김부식은 『삼국사기』 열전에서 을지문덕을 김유신에 이어 두 번째 위인의 자리에 놓았다. 또한 '군자가 없으면 능히 그 나라가 안전할 수 있겠는가'라는 말로 을지문덕을 높게 평가했다. 이러한 평가는 고려와 조선 시기에도 계속되었고, 을지문덕은 현대에 들어와서도 외적을 물리치고 민족정기를 드높인 위인으로 받들어진다.

중국을 통일한 수나라의 야욕

고구려는 5세기 이후 정치가 안정되고 경제가 발달하고 생산력이 높아지면서 동방사회의 맹주로 부각했다. 고구려는 고분벽화와 천문학과 관측술 등을 통해 독자적인 문명권을 형성하고 있었다. 그런데 581년 중원에 수나라가 건설되어 천하를 평정할 기세를 보이자 평원왕은 고구려의 전통에 따라 이이제이夷以制夷 외교정책을 썼다. 수에 사신을 보내는 한편 남조의 진陳에도 사신을 계속 파견하여 고구려의 위상을 강화하려 했다. 이때 수문제(황제가 되기 전 북주北周의 승상으로 북주는 지금의 내몽골 지역의 음산산맥에 위치한 군사기지인 무천진 군벌로 대부분 한족이 아닌 선비족 출신이다)는 평원왕(평강공주의 오빠로 온달장군의 매부)을 정3품 대장군과 고구려왕에 봉했다. 중국은 평원왕의 이런 책봉을 근거로 고구려가 중국의 속국임을 납득시키려 했다. 하지만 책봉이라는 것도 인접국과 평화를 유지하기 위한 외교 관례의 하나다. 수나라와 고구려가 끊임없이 전투를 벌였다는 사실이 이를 입증한다. 평원왕은 581년 수나라에 사신을 보내 동태를 파악했는데 수나라의 동태가 이상하자 585년부터 아예 사신을 보내지 않고 내부 결속을 다지기 시작했다. 이 대목에 관해 황원갑은 평원왕이 수나라의 침공에 대비하기 위해 군사력을 증강시킬 시간을 벌고

있었다고 말했다.[1]

반면 중국 통일이 임박했다고 생각한 수문제는 동북방에 있는 강력한 고구려가 반발할 경우 중국 통일에 큰 걸림돌이 될 수 있다고 판단하고 자신에게 사절을 파견하라고 평원왕에게 경고성 서한을 보내는 등 고구려를 위협했다. 수문제가 집권하기 직전 중국은 577년에 북주의 우문옹이 북제를 멸망시켜 북방을 통일했다. 그런데 외척인 양견이 정권을 장악한 뒤 581년에 왕을 내쫓고 수나라를 건국했다. 그가 평원왕 31년(589년)에 진나라를 멸망시키고 중국을 통일하자 평원왕은 다음 공격 목표가 북방의 패자인 고구려일 가능성이 있다며 산성을 수리하고 군량미를 비축하는 등 전력 보강에 앞장섰다. 『수서』〈고구려전〉에는 수문제에 관한 다음과 같은 기록이 있다.

> 개황(開皇, 수문제의 연호) 초에는 입조하는 사신이 자주 있었으나 진陳을 평정한 뒤로는 탕(湯, 평원왕)이 크게 두려워하여 군사를 훈련시키고 곡식을 저축하여 방어할 계획을 세웠다.

수나라가 북중국을 통일하자 고구려가 향후에 일어날지 모를 전투에 대비했다고 볼 수 있는데, 이 중에서 주목을 끄는 것은 고구려가 병기를 수리하기 위해 수나라의 노수弩手를 비밀리에 데려갔다는 기록이다. 노弩는 살상력이 높고 최대 사거리가 2km나 되는 것도 있는데, 고구려가 전통적으로 보유하고 있던 노보다 수나라에서 새로 개발된 노로 대체하기 위해 수나라의 장인을 데려온 것으로 추정한다. 한마디로 고구려가 수나라의 침공을 미리 예측하고 준비를 하고 있었다는 설명이다.[2]

그러나 평원왕은 수문제와 대결을 하지 못하고 재위 32년(590년)에 갑자기 사망했다. 평원왕이 사망했지만 고구려로서는 달라질 것이 없었다. 새로 즉위한 영양왕(재위 590~618년)은 25년간 태자로 왕의 수업을 받으면서 국정의 핵심을 잘 꿰고 있었기 때문이다. 영양왕이 즉위하자 수문제는 사절을 직접 파견하여 영양왕을 '개부의동삼사'라는 관직을 봉하고 요동군공의 벼슬을 주면서 고구려가 자기의 휘하라는 제스처를 보냈다. 그런데 수문제가 영양왕에게 보낸 직책이라는 '개부의동삼사'는 대장군보다도 지위가 낮은 것으로 중국 동북방에서 독자적인 대국을 갖고 있던 고구려를 깔보는 처사였다. 이와 같이 수문제가 고구려를 모욕한 것은 실질적으로 중국을 통일하여 천자라고 자임하고 있던 수문제에게 고구려가 전혀 굴복할 생각을 하지 않고 반발하고 있었기 때문이다. 수문제가 영양왕 8년에 보낸 국서에도 영양왕을 노골적으로 모욕하는 글이 적혀 있다.

> 왕이 남의 신하가 되었으면 모름지기 짐(수문제)과 덕을 같이 베풀어야 할 터인데, 오히려 말갈(후에 여진족)을 못 견디게 괴롭히고 거란을 금고시켰다(이 뜻은 당시 고구려가 말갈과 거란 지역을 장악하고 있었음을 뜻함). 우리나라는 공인工人이 적지 않으니, 필요하다면 나에게 주청하는 것이 마땅하거늘 여러 해 전에는 몰래 재물을 뿌려 소인을 움직여 사사로이 노수(弩手, 다연발 화살을 만드는 사람)를 빼어갔다. 병기兵器를 수리하는 목적이 나쁜 생각에서 나온 까닭에 남이 알까봐 두려워서 그런 것이 아니겠는가? (중략) 고구려가 비록 땅이 좁고 백성이 적지만 이제 왕을 내쫓고 반드시 다른 관리를 보낼 것이로되, 왕이 만일 마음을 씻고 행실을 바꾸면 곧 짐의 좋은 신하이니 어찌 반드시 달리 관리를 두겠는가. 왕은 잘 생각하라. 요수가 넓다한들 장강(양자강)과 어찌 비하며, 고구려 군사가 많다한들 어찌 진국陳國과 비교하랴. 짐이 만

일 왕의 허물을 책할진대, 한 장군을 보내면 족하지만 그래도 순순히 타이르니 왕이 스스로 새로워지기를 바란다. (중략) 왕은 짐의 사자를 빈 객관에 앉혀놓고 삼엄한 경계를 펴며, 눈과 귀를 막아 끝내 듣고 보지도 못하게 했다. 무슨 음흉한 계획이 있기에 남에게 알리고 싶지 않아서 관원을 막으며 그 살피는 것을 두려워하는가? 또 종종 기마병을 보내 짐의 변경 사람들을 살해한 이유는 무엇인가.

이 내용을 그대로 해석한다면 고구려는 수나라 사신이 도착하자 고구려의 정세를 파악하지 못하도록 빈 객관에 가두어 놓았다고 볼 수 있다. 사실상 당대의 사신들은 엄밀한 의미에서 첩자라고도 볼 수 있으므로 고구려에서 전쟁을 예상한 적대국에게 정보를 줄 리 만무한 일이다. 그리고 수나라의 변경지대에 군사를 보내 공략했다는 것을 알 수 있다.[3] 고구려는 수나라에 복속할 생각이 전혀 없이 수나라가 공격해오는 것조차 겁내지 않았음을 알 수 있다.

수나라를 선공한 영양왕

영양왕이 수문제의 모욕적인 서신을 받고 크게 노하여 수문제에게 어떻게 회답해야 할지 중신회의를 소집하자 강이식(姜以式, 강이식 장군의 무덤은 중국 심양현 원수림에 있다고 전한다)은 "이같이 오만무례한 글은 붓으로 회답할 것이 아니라 칼로 회답해야 합니다"라고 개전開戰을 주장했다(이 부분은 정사에 나오지 않는다). 영양왕은 그의 말을 좇아 강이식을 병마원수로 삼아 정병 50,000명을 거느리고 임유관臨楡關으로 향하게 하고 예(濊, 『수서』의 말갈) 군사 10,000명으로 요서에 침입하여 수의 군사를 유인케 했다. 또한 거란 군사 수천 명으로 바다를 건너가 지금의 산동을 치게 했다. 이것이 바로 수나라와 고구려의 제1차 전투다. 과거부터 한국은 오로지 외침만 당했다는 생각이 얼마나 틀렸는지 이 사건을 보아서도 알 수 있다. 그 당시 중국을 통일하여 명실상부하게 세계를 지배한다고 자부하는 중국 천자의 지배를 거부한 것은 고구려뿐이었다. 『삼국사기』〈고구려본기 제8〉 '영양왕 9년(598년)'에 상세한 기록이 있다.

강이식 장군

> 영양왕 9년 왕이 말갈군사 10,000명을 거느리고 요서지방을 공격하니, 영주(지금의 중국 요녕성 조양시) 총관 위충이 이를 격퇴했다. 수문제가 듣고 크게 노해 한왕 양(諒, 문제의 넷째 아들)과 왕세적을 원수로 삼고 주나후周羅睺를 수군총관으로 수륙군 30만을 거느리고 와서 치게 했다.

수나라로서는 통일을 달성한 지 불과 7년 만에 요서지역을 선제 공격당함으로써 급소를 찔린 셈이다. 이는 고구려가 당시에 요하 동쪽을 확실하게 장악하고 있음을 보여준다. 수나라도 곧바로 대응하여 산해관 서북지역인 임유관을 지나 공세를 시작했다. 그러나 임유관을 기세 좋게 통과해 고구려 영토로 진격했지만 마침 장마철이라 유행병이 만연하고 보급 역시 원활치 못한 상태에다 산동성을 출발한 해군은 도중에 태풍을 만나 전함을 대부분 잃었다. 이때 수군 80~90%가 죽었다고 할 정도로 피해가 막심했다. 공식적인 수나라의 철수 이유는 기후 때문이다. 육군이 장마를 만나 군량의 수송이 끊어지고 전염병이 돌고 수군이 폭풍을 만나 함선이 많이 파괴되어 철수했다는 것이다. 그러나 당시의 정황을 면밀히 검토한 학자들은 기후가 아니라 고구려군이 수나라 대군을 섬멸했음이 분명하다고 추정했다. 또한 고구려가 수나라군이 고구려 영토로 들어오도록 유인하지 않고 접경지대에서 매복하고 있다가 선제 기습공격으로 섬멸했다고 본다. 결국 영양왕의 선공은 여러 가지 목적을 갖고 있는 의도적 행위였다고 볼 수 있다. 우선 창업된 지 얼마 되지 않는 수나라의 기세를 꺾는다는 대외적 측면만이 아니라 고구려 국내 문제를 국외로 돌릴 수 있는 장점이 있다. 전쟁이 벌어지면 고구려 국내는 사소한 분쟁들은 잊고 전시체제로 돌입할 수밖에 없기 때문이다.[4]

영양왕 15년(604년) 7월 수나라에서 대격변이 일어난다. 태자 광廣이 아버지 수문제를 살해하고 수양제로 즉위한 것이다. 수양제는 중국의 동북방에 있는 고구려를 정복하지 않는 한 중국의 통일은 허구에 지나지 않을 수 있다고 생각했다. 고구려가 언제 선공해올지 모르기 때문이다. 그런데 고구려의 고민은 지형상 수나라와의 전쟁에만 몰두할 수 없다는 점이다. 세계 최강의 수나라와 전투를 염두에 두면서 남방의 백제와 신라와도 싸워야 하는 두 개의 전선을 유지해야 했다. 『수서』는 고구려와 수나라와의 1차 전쟁 때 백제의 혜왕이 사신을 보내 고구려 침공에 안내자가 되겠다고 자청했다고 적었다. 이 편지를 받은 수문제는 '영양왕의 군신이 두려워 죄를 스스로 인정하고 복종하므로 이미 죄를 용서해주었기 때문에 토벌할 수 없다' 며 백제의 제의를 거절했다. 백제의 배신을 들은 영양왕은 곧바로 백제 땅을 공격했고 신라도 공격했다. 이때 고구려가 공격한 곳은 신라가 장악한 북한산성(603년)이다. 그러나 신라도 한강 유역을 빼앗기면 존립에 문제가 있으므로 사력을 다해 방어에 나섰고 결국 고구려는 뜻을 이루지 못했다. 신라는 고구려를 상대로 총력전을 펼칠 수 있었지만 고구려는 신라나 백제와의 전투에 모든 것을 투입할 수 없기 때문이다.[5, 6]

이런 상황에서 수나라와의 2차 전쟁이 다가오고 있었는데 이런 단초는 고구려가 제공했다. 상황이 묘하게 꼬이면서 수양제의 등골을 서늘하게 만드는 사건이 발생했기 때문이다. 607년 수양제가 서부를 시찰하고 돌궐의 계민가한의 막사에 들렀을 때 고구려의 사신과 마주쳤다. 영양왕이 돌궐과 연합전선을 맺어 수나라를 압박하려 한 것인데 그만 수양제에게 발각된 것이다. 수양제는 고구려 사신을 직접 불러 고구려 영양왕이 자신에게 입조하지 않는 이유를 따지면서 영양왕에게 다음 해에 반드시 입조하라는 자신의 뜻을 분명히 전달하라고 말했다. 그러나 영양왕은 돌궐에 파견되었던 사신의 말을 듣고도 이를 묵살하면서 입조는커녕 백제나 신라 등으로 수나라 사신이 가는 길을 막을 정도로 적개심을 숨기지 않았다. 수양제로서는 영양왕의 이런 오만불손한 행동과 아버지 수문제의 참패를 어떻게 해서든지 갚아야 할 의무를 느꼈다. 그런데 양제의 총신 배구裵矩가 "고구려의 땅은 거의 한사군의 땅인데, 중국이 이를 차지하지 못하는 것은 수치입니다. 선제가 일찍이 고구려를 토멸하려 했으나 양양 장군이 재능이 없어서 성공하지 못했지만 전하께서 어찌 이를 잊으시겠습니까"하고 고구려 침공을 사주했다.[7]

수양제의 고구려 침략 의지는 607년부터 막대한 비용을 들여 개발한 신무기를 보아도 알 수 있다. 이때 개발된 무기들은 전호피차, 돌알 날리는 발석차, 이동식 사다리차인 운제, 성문을 부수기 위한 당차, 수십 명의 군사가 타고 싸울 수 있는 이동식 전투 플랫폼인 팔륜누차 등이다.[8] 고구려를 침공하기 위한 만반의 준비를 갖추었다고 생각한 수양제는

612년 탁군에 도착하여 직접 중국 역사상 최대의 군사를 동원했다. 수양제가 고구려 2차 침공 때 동원한 군사는 무려 113만 3천 8백 명에 달한다. 그런데 이 숫자는 수나라의 군 편제 기록과는 다소 차이가 난다. 수양제는 전군을 24군으로 편성했으며 1군은 기병 40대와 보병 80대였다.[9] 이들 숫자가 과장되었다는 학자들도 있지만 임용한 박사는 수나라가 113만 명을 동원했다는 것이 과장은 아니라고 분석했다. 앞에서 24군을 동원하여 전투병 자체로는 28만 8천여 명에 지나지 않지만 치중대(수송대)가 전투병 수만큼 편성되었고 중간에 보급기지를 설치하고 그곳에도 경비병과 병참부대를 확보해야 했다. 그러므로 수양제가 200만 대군을 동원했다고 자랑한 것도 병력 외에도 군량을 운반하는 데 동원된 인원도 같은 수가 있어야 하므로 200만 명도 과장된 숫자는 아니라고 설명했다.[10]

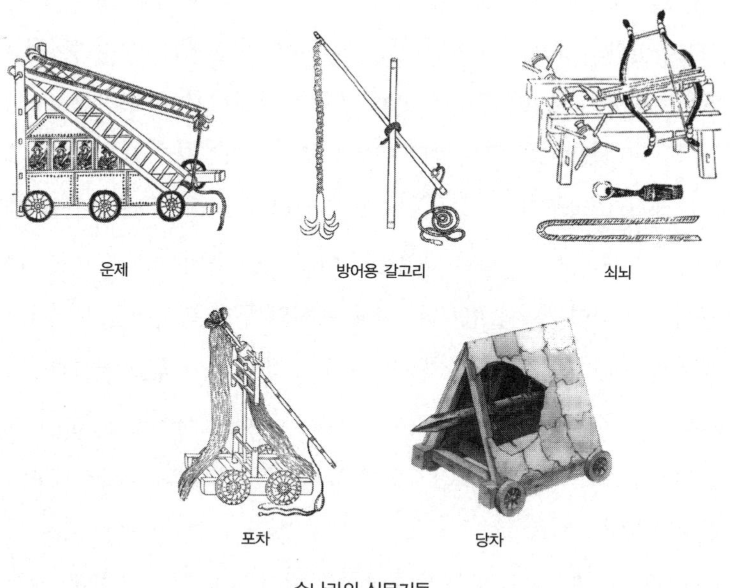
운제 / 방어용 갈고리 / 쇠뇌 / 포차 / 당차

수나라의 신무기들

수양제는 고구려 침공의 제1목표로 속전속결을 내세웠다. 대군을 동원하여 일거에 고구려의 평양까지 점령하겠다는 것이다. 그러므로 그는 수륙양면 작전을 구상했다. 육군은 100일 동안 먹을 식량을 지참하고 전격작전으로 고구려를 공략하며, 동시에 수군水軍은 평양까지의 해상을 장악하여 육군이 필요로 하는 식량 등 보급품을 공급한다는 것이다. 수양제가 대형 함선들을 건조한 것도 이 때문이다.[11]

을지문덕의 살수대첩

수나라가 고구려와의 전쟁 준비에 몰두하고 있는 동안 고구려도 수나라의 공격을 예상하고 철저한 방어태세에 들어갔다. 고구려의 가장 큰 방어전술은 청야작전과 적소에 유기적으로 설치되어 있는 산성을 이용하는 산성전술을 써서 적이 퇴각할 때까지 항전하는 것이다. 또한 상황에 따라 성 밖으로 나가 전투를 벌이기도 한다. 고구려가 중국의 침입에 대비하여 만반의 준비를 갖추고 있는 상태에서 수양제는 국내 여건이 좋지 않음에도 불구하고 612년 탁군에 군사를 집결시킨 후 평양성으로 진격하도록 명령했다. 당시 동원된 인원수가 무려 113만 3,800명이나 되므로 군대를 출발시키는 데만도 40일이 걸렸다고 한다. 대군이 앞뒤로 이어진 거리가 무려 960리가 되었는데 이것은 중국 역사상 가장 큰 규모의 군대 동원이었다는 설명이다. 이때 백제의 무왕은 사신을 보내 출병의 시기를 물었다. 수양제는 자신이 고구려 북쪽과 서쪽을 공격하는 동안 백제가 남쪽을 공격하면 효과적이라고 생각하여 사신을 보내 침략시기를 알려주었다. 고구려는 양쪽 전쟁을 동시에 치러야 하는 부담을 안게 된 것이다.[12]

수양제는 군대를 둘로 나누어 공성군은 여러 성을 계속 포위해 고구려

병사들을 묶어두고 24군 중 정예병인 부병府兵으로 구성된 제9군 30만 5천 명을 별동대로 편성하여 평양을 공격하도록 했다. 그런데 수의 별동대가 압록강에 도착했을 무렵 놀라운 사건이 발생했다. 을지문덕이 수나라에 항복협상을 타진한 것이다. 많은 학자들은 을지문덕이 수군의 상황을 살피기 위해 거짓으로 항복했다고 추정한다. 임용한 박사도 일국의 재상이 오직 정탐을 위해서 그런 위험한 일을 했을리 없다고 설명했다. 그는 고구려의 진정한 목적은 시간 끌기임으로 전투에서 시간을 끌려면 협상을 벌이는 것이 최상이라고 지적했다. 그래서 수나라로 하여금 진정한 협상 제안이라는 것을 믿게 하려면 적어도 을지문덕 장군 수준의 인물이 나서야 했다고 설명한다.[13] 을지문덕은 수나라 군대를 더욱 지치게 만들려는 유인책으로 싸움을 자주 걸면서 주로 전투병이 아닌 치중대輜重隊와 공성무기를 제거하는 데 주력했다. 고구려군은 별동대의 목표가 평양성이라는 것을 잘 알고 있었기 때문에 기습작전의 주목표를 치중대와 공성무기 제거로 삼은 것이다.

또한 전투에서 지는 것처럼 도주하는 게릴라식 전투로 최대한 시간을 끌었다. 고구려군은 험준한 지형을 이용하여 우선 중간의 협로마다 목책을 세워 수군의 진군을 가로 막았고 야전에서는 도끼와 환두대, 창 등으로 무장한 후 수군과 백병전을 벌이기도 했다. 그러다 중과부적으로 사상자가 생기기 시작하면 개마무사들의 보호를 받으며 즉각 퇴각하거나 영을 불태워버리고 후퇴한 뒤 후방에서 대기하고 있던 기병대로 하여금 활로 공격하는 방식으로 수군을 철저하게 괴롭혔다.

그런데 평양성을 직접 공격하는 별동대 30만 5천 명을 지원하기 위해 내호아는 수나라 수군을 인솔하여 고구려의 평양성에서 60리 되는 패수(대동강)에서 고구려군을 크게 격파했다. 그는 내친김에 곧바로 평양성으로 진격하여 외성을 돌파했다. 그러나 고구려를 완파했다고 믿은 내호아는 전투가 채 종결되지 않았는데도 불구하고 병사들에게 약탈을 허용하였는데 이것이 그의 결정적인 실수가 되었다. 이때 절 안에 매복해 있던 왕의 동생 건무(수륙군의 대원수, 영류왕)가 이끄는 500여 명의 개마무사가 튀어나와 수군을 격멸하기 시작했다. 이날 건무의 활약이 얼마나 영웅적이었는지는 자신들의 패배를 기록하는데 인색한 중국조차 '그의 효용이 절륜하여 500명의 결사대로 내호아군을 패퇴시켰다' 라고 기록한 데서 여실히 들어난다. 내호아는 간신히 도망칠 수 있었는데 그를 따라 함대까지 도착한 병사는 당초 평양으로 진격한 4만 명의 병사 중 불과 수천에 불과했다. 한마디로 내호아군은 고구려군에 의해 거의 전멸된 것이다. 이 말은 수나라 수군水軍이 당초의 작전 계획대로 육군과 합류하지 못했음을 뜻한다.

을지문덕의 오언시

당초의 작전 계획대로 수군과 육군이 합류하지 못했다는 것은 수나라의 작전에 결정적인 차질이 생겼음을 의미한다. 학자들은 수나라의 제2차 고구려 원정이 내호아의 패배로 사실상 끝난 것이나 마찬가지라고 설명한다. 수양제는 원래 육군이 공격에 필요한 식량만 지참하고 신속하게 진격하여 평양성을 점령토록하고 그들에게 필요한 추가 보급은 수군이 맡도록 했는데 수군이 전멸했다는 것은 육군에 더 이상 보급품을 지원할 수 없다는 것을 뜻한다. 수나라 진영에서도 보급로가 길어지고 식량이 거의 고갈되자 회군해야 한다는 주장이 있었지만, 수양제는 우중문에게 압록강을 건너 고구려군을 추격하도록 명령했다. 평양성만 점령하면 식량문제는 해결할 수 있다는 생각이었고 육군은 계속 전진하여 살수(지금의 청천강)를 건너 평양성 30리 되는 곳에 군대를 주둔시켰다. 그러나 아무리 백전의 용사로 구성된 수나라의 별동대들이지만 많은 공성장비를 잃은 상대라 평양성을 곧바로 공격하지 못하고 지원군을 기다릴 수밖에 없었다. 그렇다고 평양성 공략을 포기하고 후퇴할 명분도 없었다.

그런데 여기에서도 놀라운 일이 발생한다. 승리를 자신한 우문술이 전령으로 하여금 평양 성문을 두드리자 성안에서 놀라운 회신을 보냈다. 고구려가 항복 준비를 하려고 토지와 인구 대장을 조사하는 중이니 수나라 군대는 성 밖에서 5일만 기다려 달라고 했기 때문이다. 우문술은 고구려의 회신을 받고 기다렸으나 5일은커녕 10일이 지나도 항복하는 사절이 나오지 않자 그때서야 속았다는 것을 알고 공격을 명령했다. 이때 을지문덕이 사절을 파견하여 도교의 경구를 인용한 유명한 오언시 한 편을 보냈다.

> 귀신같은 책략으로는 하늘의 도를 꿰뚫었고,
> 기묘한 계산으로는 땅의 이치를 통달했도다.
> 싸워서 이긴 공이 이미 높았으니,
> 만족함을 알아 그치기를 바라노라.

이 시는 문학적으로 상당히 뛰어나 을지문덕이 단지 무예나 병법에 능한 장군이 아니라 문무文武를 두루 갖춘 인물로 추정한다.[14] 을지문덕은 수나라에 또 다른 서신으로 수군이 철수하면 왕을 모시고 가서 조알朝謁하겠다는 글을 보냈다. 『삼국사기』에도 나오는 이 유명한 시를 포함한 글을 받아 본 우문술은 깜짝 놀라지 않을 수 없었다. 항복한다고 해서 얼마 동안 기다렸는데 을지문덕이 보낸 것은 자신들을 놀리는 것이 분명했기 때문이다.[15] 수나라에서는 고구려의 계략에 걸린 것을 알아채고 곧바로 철군을 명령했다. 수나라 군대가 철군하기 시작하자 을지문덕은 수나라 군사를 사면에서 습격하였고 수나라 군대가 그해 7월 살수에 도착했을 때는 이미 절반의 병력을 잃은 상태였다.

전투는 그것으로 끝난 것이 아니다. 고구려군은 살수의 상류에 둑을 쌓고 수나라군이 건너오기만 기다리고 있었다. 수나라 군대가 살수에 이르렀을 때 고구려군은 둑을 무너뜨리고 수나라 군대 대열의 허리를 끊었다. 그런 다음 고립된 수나라군의 선두와 후미를 고구려의 자랑 개마무사들이 총공격했고 패주하는 수나라 군사를 쫓아 압록강까지 추격했다. 이때 수나라 장수 신세웅이 전사하는 등 공격군 30만 5천 명의 대부분을 잃었다. 수나라군이 살수에서 대패했다고 고구려군이 공격을 늦춘 것은 아니다. 살아남은 수군이 수양제가 주둔하고 있던 요동성 인근으로 도착했을 때는 살아남은 병사가 겨우 2,700명에 불과했다. 이를 을지문덕의 살수대첩이라고 한다. 수양제는 단 2,700명이 살아 돌아왔다는 것을 듣고 질리지 않을 수 없었다. 수양제가 고구려 정벌에 실패한 것은 출정 준비와 출정 과정에 많은 사람들이 희생되었고 설상가상으로 산동과 하남에서 큰 수재가 일어나 민심이 악화된 데다 병사들이 전의를 상실했기 때문이다. 또한 고구려군이 지리적 조건과 지형지물을 적절히 이용하며 치고 빠지는 청야작전과 산성작전을 적절하게 사용하면서 수나라군을 무력화시켰다. 이것은 전략과 전술에 앞선 을지문덕이 고구려의 장점을 최대한 발휘할 수 있도록 전쟁을 이끌었다는 것으로 볼 수 있다.[16]

살수대첩 제대로 보기

앞에서 설명한 내용은 살수대첩에 대해 중국 측과 한국 측의 자료에 근거한 것이다. 그러나 인터넷 정보시대에 살고 있는 요즈음 역사에 대한 비평은 진지하고 합리적이며 공격적이다. 살수대첩이 남긴 의문점 중에서 가장 먼저 제기되는 것이 살수에서의 수공인데 현존하는 사서 어디에도 고구려군이 수공을 했다는 기록은 보이지 않는다.[17] 그런데 〈딴지일보〉에서 '영화 속의 비과학적 구라' 라는 칼럼을 선보였던 구라도리는 살수대첩에 대해 아래와 같이 의문점을 조목조목 제시하면서 명쾌한 판단을 요구했다. 우리가 알고 있는 상식대로라면 살수에서 수나라군이 모두 수장이 되려면 9군 30만 5천 명 대부분이 살수를 도하하고 있을 때 둑을 터뜨려야 하는데, 수나라 9군 중 첫째인 1군이 살수에 도착했을 때 마지막 9군은 어디쯤 있었을까?

계산을 하기에 앞서 당시 평양성에 진격한 수나라 9군의 편제에 대해 잠시 알아보자. 1군의 구성은 기병 40대로 1대는 100명으로 구성되어 있어서 기병의 총수는 4천 명이었고, 보병은 80대로 1대는 200명으로 구성되어 있어 보병 총수는 1만 6천 명이다. 그래서 보병, 기병 합계 2만 명으로 1군이 구성이 된다. 그래서 순수 전투병은 18만 명이고 여기에 수송, 경비, 병참을 포함하여 30만 5천의 군이 된 것이다(임용한은 수나라는 모두 24군을 동원했는데 1군은 기병 40대와 보병 80대로 구성되었고, 1대는 100명이므로 1군은 1만 2천 명, 총 28만 8천 명이라고 계산했다). 기록에 의하면 수양제는 각 군마다 40리 간격을 두고 출발을 시켜서 24군 전군의 길이는 960리라고 기술하고 있다. 이 기록을 근거로 1군 20,000명+기타 병력의 행군 길이는 40리, 즉 16km 정도다. 물론 이 거리엔 후미 부대와의 거리도 포함된다. 30만 5천의 병력의 행군 형태를 현재 2열종대로 행군했다고 가정하자. 이렇게 가정한 이유는 우리나라 산악 지형과 좁은 길의 특성상 이렇게 행군할 가능성이 가장 크기 때문이다. 그렇다면 152,500명으로 이루어진 종대형 행군의 길이는 144km다(서울에서 대전 간의 거리). 한편 수나라군은 퇴각 시 마름모꼴 형태의 방진을 치며 퇴각했다고 한다. 수나라 군이 방진을 치며 퇴각한 것은 우리나라의 자연지형 때문인 듯하다. 계산상의 편의를 위해 35만 전군이 방진을 치며 퇴각했다고 가정하고 방진의 형태는 마름모의 네 귀퉁이에 병력이 포진한다고 가정한다면 진군 시보다 약 20%가 줄어 115km면 가능하다. 그런데 이 115km도 평양성에서 살수(지금의 청천강) 상류까지의 직선거리보다도 멀다. 행군로가 굽은 도로라는 점을 감안해도 1군이 살수를 넘을 때 후미군인 9군은 살수에서 최소 50km 떨어진 곳에 있다면 이들이 살수에서 몰살했다는 것은 어폐가 있다. 결론적으로 당시 군 편제나 행군 대열을 감안해보면 살수에서 모두 수장시켰다는 것은 크게 과장됐다는 것이다.

살수대첩을 최대의 미스터리로 만들고 있는 것은 살수 상류에 세워졌다고 하는 둑이다. 그 둑에는 여러 가지 비밀이 숨겨져 있는데 이 부분의 해석도 진지하다. 우선 고구려군은 수나라 군을 수장시킬 최적의 둑의 위치를 찾은 후 그곳에 비밀리에 둑을 쌓았다고 추정하는 것은 자연스러운 일이다. 강을 도하해야 하는 수나라 군의 입장에선 강폭이 넓고 수심이 깊은 하류보다는 강폭이 좁고 수심이 낮은 중 · 상류를 선택하는 것이 상식이다. 또한 수나라 군이 고구려의 공격으로 수장되었다는 것을 문자 그대로 인정하기 위해서는 수나라 군이 도하한 장소로 당초에 평양성으로 진격하기 위해 청천강을 건넜던 장소가 가장 유력하다. 또한 처음 건넜을 때는 부교를 이용하여 넘었지만, 철수할 때는 고구려군이 상류지역에 둑을 쌓아 놓아 살수의 수심이 얕아졌기 때문에 부교를 이용하지 않고 건넜을 것으로 판단된다.

한편 둑을 쌓는 고구려의 입장에선 우선 둑의 위치가 적의 눈에 띄지 않게 그리고 빠른 시간 안에 쌓아야 하기 때문에 강폭이 좁은 지역을 택하는 것이 당연하다. 그런데 고구려군의 입장에서 볼 때 수나라군이 회군하여 도주할 때 어느 지점을 선택할지는 쉽게 알 수 없을 것이다. 그럼에도 불구하고 고구려는 수나라의 철수에 대비하여 물막이 공사를 진행했다. 기록에 의하면 수나라군이 살수를 넘어 평양에 머무르다 다시 살수를 넘는데 걸린 시간은 대략 2주일에서 3주 정도라 하므로 이 기간에 공사를 완성했음이 틀림없다. 수나라군이 한꺼번에 모두 도하를 하다 수장되었다면 다음과 같은 상황을 가정할 수 있다.

① 강의 상류를 막아놓았기 때문에 수나라군이 도하할 지점의 수심은 사람이 건널 수 있는 정도다.
② 도하 시 개인 간의 간격은 물이라는 특수성을 고려하여 2m 정도로 간주한다.
③ 수나라 전 병력이 강을 도하 중이라 하면 강폭의 1/2인 250m까지 사람이(125명) 건널 수 있고 ③의 가정으로 강 상/하류로 뻗어진 길이를 계산을 해보면 4,480m(2,440명)다.

구라도리는 여기에서 상상력을 발휘하여 수나라 군사들을 몰살시킬 수 있는 물의 양을 계산했다. 우선 내려오는 물로 사람이 쓸려 내려가려면 사람의 무게 중심보다 높은 수위(최소 1m)의 물이 빠른 속도로 흘러야 한다. 5백만 톤을 저장하는 둑을 단번에 터트릴 방법도 만만한 것은 아니다. 지금처럼 다이너마이트나 화약을 사용하지 않고 기계적인 장치나 인력으로 댐을 한 번에 부수는 것도 간단한 일이 아니다. 댐을 만들었다고 해서 모든 것이 해결되는 것은 아니다. 제일 먼저 상류에서 5백만 톤의 물을 방류하면 하류에서 얼마의 시간이 걸려야 도착한다는 것을 고구려군은 알아야 한다. 현대 과학기술로도 이와 같이 절묘한 시간에 댐을 폭파한다는 것이 간단한 일은 아니다. 결국 살수에서 30만여 명의 수나라 군이 수장되었다는 것은 과장이라는 설명이다. 물론 이들 작전이 어느 정도 과장됐다 하더라도 수나라군이 고구려군에 대패했다는 사실은 숨길 수 없다.

이상과 같은 살수대첩에 대한 의문점과 해법은 그야말로 신선하지 않을 수 없다. 결론은 누구나 느낄 수 있는 상식으로 귀결된다. 수나라군이 살수 등지에서 대패했다는 역사적 사실을 토대로 고구려군이 물막이 공사로 수나라군을 몰살시켰다는 드라마틱한 요소를 가미했다. 약간의 과학적 지식만 갖고 '왜' 라는 질문을 던져보는 것으로도 살수에서 둑을 터뜨려 대승했다는 말에 많은 문제점이 있다는 것을 쉽게 발견할 수 있다. 지나간 역사를 과학의 입장에서 음미해 보는 것은 중요하다.[18]

18 한반도는 제철의 보고

『삼국지』 〈위지동이전〉에 의하면 한반도 중 · 남부 지역에는 늦어도 1세기에서 3세기 후반까지 마한 · 진한 · 변한이라는 삼한이 존재하고 있었다. 마한은 50여국으로, 진한과 변한은 각각 12국으로 구성되었다. 이 중 마한은 그 구성원의 하나인 백제국에 의해 통합되어 백제왕국이 되었고, 진한도 그 구성원의 하나인 사로국斯盧國에 의해 통합되어 신라로 발전했다. 그러나 변한은 어느 세력에 의해서도 통일왕국을 이루지 못한 채 가야伽倻로 전환되어 개별적으로 존재하다가 신라에 의해 각개 격파된다.[1] 변한과 관련된 자료 중 주목을 끄는 부분은 다음과 같다.

『삼국지』: 진한은 옛날의 진국辰國으로 마한의 동쪽에 있다. 그 나라 노인들이 대대로 전하는 말에 의하면, 자신들은 옛날에 도망쳐 온 사람들의 자손으로 진나라의 부역을 피해 한나라로 왔을 때 마한이 그 동쪽 국경지방의 땅을 떼어주었다고 한다.

『삼국사기』: (혁거세왕이) 호공을 마한에 보내 방문했다. 마한왕이 호공을 꾸짖어 말하기를 진한과 변한 두 한은 나의 속국인데 근래에 조공을 바치지 않았다. 사대의 예가 이와 같을 수가 있는가. 이보다 앞서 중국인이 진나라에서 일어난 난리로 동쪽으로 온 자가 많았는데 대다수가 마한의 동쪽에 자리잡고 있는 진한과 섞여 살았다. 이에 이르러 진한은 점차 강성하게 되었기 때문에 마한이 이를 꺼려 책망했다.

위의 자료에 의하면 진나라에서 난리秦役를 피한 이주가 두 번 있었다. 진나라의 역役이란 진나라가 요동을 점령하고 장성을 쌓게 되자 이에 동원된 노역을 의미한다고 추정된다. 또한 후대의 이주민 집단은 '연, 제, 조'의 망명자를 포함한 백성들로 요동지역이나 산동지역의 주민들이 중심을 이루었다고 본다. 이들이 어떤 민족이었는가는 연인燕人 위만衛滿이 상투를 틀고 오랑캐 옷夷服을 입고 망명했다는 것을 볼 때, 연·제·조의 지배하에 있었던 동이족이 주류를 이루었을 것으로 추정한다. 이들 이주민 중에서 먼저 이동해 온 집단은 마한의 동쪽에 정착해 진한을 세웠고, 그 뒤에 이동해온 집단도 마한의 동쪽에 자리 잡아 진한과 병존하다가 변한을 세웠다. 특이한 것은 『삼국지』〈위지동이전〉에 의하면 진한과 마한의 언어가 서로 달랐다는 점이다. 이것은 진한과 마한의 구성 요인이 서로 다르다는 것을 암시한다.

변한(가야)의 성립 시기에 대해서는 많은 이론이 있지만 대부분의 학자들은 김해 가락국駕洛國의 건국을 중요 기점으로 잡는 점에서는 견해가 일치한다. 그러나 시기에 대해서는 기원전 2세기 이전부터 기원후 3세기 중엽까지 무려 5세기의 차이를 보인다. 김태식은 가야의 시초를 『삼국유사』〈가락국기〉의 서기 42년을 상한으로 삼고, 『위지魏志』〈한전漢傳〉의 경초년간인 3세기 전반을 하한으로 삼을 수 있다고 말했다.[2] 고고학적 발굴을 근거로 한 경우 단위 소국으로서 가야의 개국기년은 대체로 2세기 전반 무렵으로 추정한다(신라도 가야보다 한 세대 빠르거나 비슷한 시기로 추정한다). 가야는 우리에게 아직도 풀어야 할 숙제가 많이 남아 있다는 것을 알려주는데, 금관가야의 건국설 중에서 흥미 있는 것은 북방계를 포함한 중국에서 이주민들이 도래했다는 것으로 흉노와 직접적으로 관련되는 내용은 다음과 같다.[3]

① 아도간我刀干, 여도간汝刀干, 피도간彼刀干 등 9간干이 백성을 이끌고 농경 생활을 하던 이 고장에 건무 18년(42년) 3월 계욕에 구지봉龜旨峯에 천강天降한 금합金盒 속에 황금색의 여섯 알이 들어 있었다. 이것이 동자로 변해 맏이인 수로가 가락국을 세웠고 나머지 5인도 각각 5가야의 주가 되었다.

② 북방의 철기문명을 누린 수로계首露系가 변진 지역에 도착하여 1세기경에 나라를 세웠다. (중략) 가야지방의 정치적 통일이 쉽게 이루어지지 못한 것은 변진족의 기마철기인들이 중심부족에서 빠져나갔기 때문이라고 추정한다.

③ 흉노족의 휴저왕休屠王은 소호금천씨小昊金天氏의 후예로서 김인金人을 만들어 제천하니 한의 무제가 투후(지금의 중국 하남성 일대인 '투' 지방을 다스리는 제후 벼슬. 투후란 흉노匈奴의 휴저왕休屠王의 아들인 김일제를 말한다)의 영작과 금부처로 제사지냈다고 김씨를 사성賜姓했다. 그의 아들 일제의 증손은 후한 말에 새로운 나라를 세운 왕망王莽이다. 왕망이 유수에게 25년에 패망하고 그의 족당이 유랑하여 다니다가 17년 만에 김해에 도착해 가락국을 세우니 42년이다.

그런데 3세기 중엽 이후에 마한은 백제로, 진한은 신라로 통합되며 변한의 경우는 가야라는 명칭으로 나온다. 이는 3세기 말 또는 4세기 초에 변한이 가야로 전환된 것을 의미하지만 가야사는 일국사가 아니라 다양한 여러 국들을 내부에 포괄하고 있다는 점이 신라나 백제와 다르다. 그러므로 가야라 함은 이들 속의 김해 · 동래지역을 포함한 금관가야, 고령지역을 중심으로 한 대가야 등 맹주국을 포함하여 모든 가야국(임나가라任那加羅도 포함)을 의미한다. 대체로 가야 영역은 오늘날 경상북도 상주군, 성주군, 밀양군을 포괄한다. 변한이 가야로 전환되었다는 것은 변한이 마한의 종속관계를 청산하고 새로운 사회를 성립시켰다는 것을 의미한다. 변한이 마한과의 관계를 청산할 수 있던 것은 역사적인 전통이 마한과 달랐고, 둘째로는 낙동강과 황강 등을 매개로 하는 자연 지리적 환경 차이로 간격이 벌어졌기 때문으로 본다. 이 과정에서 북방 기마민족의 유물들이 가야지역에서 발견되는 것은 가야지역에서 대격변이 일어났다는 것을 보여준다. 새로운 세력이 마한 세력과 결별하며 가야라는 새로운 지배세력이 탄생한 것이다.

여러 문헌 기록과 고고학적 증거들을 종합해보면 신라인의 구성 과정은 여러 민족이 여러 시기에 걸쳐 혼합되었다는 것을 알 수 있다. 진한-신라지역에는 선사시대부터 살면서 수많은 고인돌을 남겨 놓은 토착 농경민들, 기원전 3세기 중에 진나라의 학정을 피해 이민해온 사람들, 기원전 2세기에 이주해온 고조선의 유민들, 고구려에게 멸망당한 낙랑樂浪에서 내려온 사람들이 살고 있었다. 그런데 4세기 이후 한반도 남부의 사정은 급변했다. 삼한三韓은 사라지고 백제와 신라, 가야연맹이 그 자리를 대신하고 있다. 신라는 356년 내물왕 즉위 이후 중국에 사신을 보내는 등 고대 국가의 모습을 뚜렷이 보이고 있다. 내물왕 26년(381년)에 신라는 북중국의 유목민족 국가 전진前秦에 사신을 보낸다. 『삼국사기』에는 이때 전진의 황제 부견苻堅과 신라 사신 위두衛頭 간의 대화가 기록되어 있다.

부견이 위두에게 묻기를 "그대의 말에 해동(海東, 신라)의 형편이 옛날과 같지 않다고 하니 무엇을 말함이냐"고 하니 위두가 대답하기를 "이는 중국의 시대변혁 · 명호개역과 같은 것이니 지금이 어찌 예와 같을 수 있으리오"라고 말했다.

이 기록에 대해 지금까지는 신라가 내물왕 들어 나라가 크게 발전했음을 보여주는 답변이라고 풀이했지만 시대변혁 · 명호개역은 단순히 나라의 체제가 정비된 수준을 넘어선다. 이전까지의 석昔씨 임금 시대가 끝나고 외부세력이 정권을 장악해 모든 면에서 과거와 완전히 다른 나라가 됐음을 내포한 말로 해석할 수 있다. 사실 내물왕 이후 석씨는 신라 역사의 주류에서 사라졌다. 왕은 물론 왕비, 재상, 학자, 장군 가운데서 석씨는 찾아볼 수 없다. 신라 김씨보다 역사가 오래된 석씨임에도 현대 한국사회에서 석씨는 대단한 희성인데 이는 내물왕 집권기에 석씨가 철저히 제거됐기 때문으로 추정한다.[4]

기마민족의 필요충분조건

중국과 흉노가 혈투를 벌이는 와중에서 흉노의 일파가 나뉘어 한 일파가 서천하면서 훈족이라는 이름으로 게르만족을 공격했으며, 이로 인해 게르만족 대이동을 촉발시켜 결국 서로마의 멸망(476년)을 초래했고, 다른 한 일파가 동천하여 가야와 신라지역에 유입되었다고 설명했다.[5] 여기에서 한 가지 의문이 생긴다. 중국과의 전투 와중에서 흉노에 속했던 한민족의 한 부류가 유럽지역으로 서천하여 훈족으로 성장했다는 것은 이해할 수 있지만, 또 한 부류가 동천하면서 하필이면 한반도 남부인 진한 · 변한지역에 정착했느냐다. 흉노의 본거지에서 진한 · 변한 지역으로 내려오기 위해서는 육로와 해로가 있는데 두 경로 모두 만만한 일이 아니다. 진한 · 변한 지역의 경우 육로로는 우선 막강한 고구려의 영토를 지나 백제를 거쳐야 한다. 이들 지역을 다수의 이주민이 아무런 견제 없이 진한 · 변한지역까지 도달한다는 것이 쉬운 일이 아니다. 해로의 경우도 어려운 것은 마찬가지다. 중국 연안지역에서 선박을 타고 왔다면 상식적으로 항구가 있는 백제지역을 우선할 수밖에 없다는 설명이다.

그러나 중국 북방에서 육지를 통해 내려왔을 경우 고구려와 백제지역(강원지역 포함)을 어떻게 통과할 수 있느냐는 의문은 이들 이주민의 숫자가 한 번에 얼마인가에 달려 있다. 과거의 국경이 현재와 같은 체제로 운용되지 않았음은 자명한 일이다. 특히 고구려의 경우 거점 위주로 국가를 운용했으므로 이들 거점을 피해 움직인 소수 집단이라면 한반도까지 내려오는 것이 불가능한 것은 아니다. 현재 중국이 북한과의 국경을 철통같이 경비하는데도 불구하고 북한을 탈출하여 중국에 불법 체류하는 숫자가 수십만 명에 이른다는 것을 보면 흉노의 유이민이 소수의 인원으로 나뉘어져 장기간에 걸쳐 한반도로 내려왔다면 가야 · 신라지역으로 북방 기마민족의 유입은 어려운 일이 아니다. 해로의 경우도 중국 연안과 가장 가까운 백제지역에만 반드시 도착해야 하는 것은 아니다.

북방 기마민족의 이주민들이 한반도의 최남단인 진한 · 변한지역을 최종 종착지로 삼았다는 가설에는 어떠한 연유로 진한 · 변한지역을 목표로 삼았느냐는 의문이 들게 마련이다. 이 질문에 대한 해답을 정확히 찾아내는 것은 어려운 일이지만 『삼국유사』 〈탈해왕〉에 당시의 정황을 추론할 수 있는 기록이 있다. 석탈해가 북방에서 왔다는 것은 『삼국유사』〈기이 (1)〉 '탈해왕' 의 글을 보면 추정이 가능하다.

> 산봉우리 하나가 마치 초사흘달 모양으로 보이는데 오래 살 만한 곳 같았다. 이내 그곳을 찾아가니 바로 호공瓠公의 집이었다. 아이는 이에 속임수를 썼다. 몰래 숫돌과 숯을 그 집 곁에 묻어 놓고 이튿날 아침에 문 앞에 가서 말했다. "이 집은 우리 조상들이 살던 집이오." 호공은 그렇지 않다고 하며 서로 다투었다. 시비是非가 판결되지 않으므로 이들은 관청에 고발하였다. 관청에서 묻기를 "무엇으로 네 집이라는 것을 증명할 수 있느냐" 하자 아이가 말했다. "우리 조상은 본래 대장장이였소. 잠시 이웃 고을에 간 동안에 다른 사람이 빼앗아 살고 있소. 그러니 그 집 땅을 파서 조사해 보면 알 수가 있을 것이오." 이 말에 따라 땅을 파니 과연 숫돌과 숯이 나왔다. 이리하여 그 집을 빼앗아 살게 되었다.

탈해가 속임수로 호공의 집을 빼앗았는데 이곳이 훗날 월성月城이다. 그런데 학자들은 탈해의 속임수를 두고 여러 가지 해석을 한다. 첫째는 탈해의 조상이 숫돌과 숯을 기본으로 하는 대장장이라는 것이야말로 북방에서 내려온 철기를 다룰 줄 알았던 외래 이주민으로 볼 수 있는데, 당대에는 탈해가 왕이 될 정도로 대장장이의 위상이 높았다는 것이다. 이는 기마민족에게 절대로 필요한 말갖춤과 무기를 대장장이가 만들기 때문이다. 둘째는 탈해가 속임수를 써서 호공의 집을 빼앗은 이유로 산봉우리가 초사흘달 같아 살기 좋은 자리로 생각했는데, 탈해가 좋은 집자리를 찾은 것은 풍수지리인 양택陽宅의 개념을 갖고 있었기 때문으로 본다. 학자들에 따라 탈해를 풍수지리의 비조로 간주하기도 한다. 셋째는 현대인의 생각으로는 이해가 되지 않지만 탈해를 지혜 있는 사람으로 생각했다는 점이다. 위 글에 이어 다음과 같은 설명이 이어진다.

이때 남해왕南解王은 그 어린이, 즉 탈해가 지혜가 있는 사람임을 알고 맏공주公主로 그의 아내를 삼게 하니 이가 아니부인阿尼夫人이다.

일연은 『삼국유사』에서 탈해의 남다른 능력에 대해 계속 적는다.

어느 날 토해吐解는 동악東岳에 올라갔다가 내려오는 길에 백의白衣를 시켜 물을 떠 오게 했다. 백의는 물을 떠 가지고 오다가 중로에서 먼저 마시고는 탈해에게 드리려 했다. 그러나 물그릇 한쪽이 입에 붙어서 떨어지지 않았다. 탈해가 꾸짖자 백의는 맹세했다. "이 뒤로는 가까운 곳이거나 먼 곳이거나 감히 먼저 마시지 않겠습니다." 그제야 물그릇이 입에서 떨어졌다. 이로부터 백의는 두려워하고 복종하여 감히 속이지 못했다. 지금 동악 속에 우물 하나가 있는데 세상에서 요내정遙乃井이라고 부르는 우물이 바로 이것이다.

오늘날 같으면 탈해는 남의 집을 빼앗은 파렴치범으로 몰려 상당히 오랫동안 교도소 생활을 했을 것이 분명하지만 당대에는 거짓말 자체도 기지로 보았음이 틀림없다. 그것은 그의 이름을 석씨로 한 것으로도 알 수 있다.

노례왕弩禮王이 죽자 광호제光虎帝 중원中元 6년 정사(丁巳, 57년) 6월에 탈해脫解는 왕위에 올랐다. 옛날에 남의 집을 내 집이라 하여 빼앗았다 해서 석씨昔氏라고 했다. 또 까치를 이용해 궤를 열었기 때문에 까치鵲에서 조자鳥字를 떼고 석씨昔氏로 성姓을 삼았다고도 한다. 또 궤를 열고 알을 벗기고 나왔다 해서 이름을 탈해脫解로 했다고 한다.

위 글은 탈해가 석씨라는 성을 받은 것은 남의 집을 빼앗았다는 것을 인정했다는 뜻인데도 불구하고, 그 사실을 그다지 심각하게 여기지 않았다는 것을 의미한다. 현대와 같으면 도둑질을 했기 때문에 도둑이라는 성을 준다면 반발하지 않겠는가. 그런데도 석탈해가 탁월한 거짓말쟁이일 수 있다는 생각 자체를 대단한 재주로 생각했음은 틀림없다. 학자들의 면밀한 관찰에 의하면 원숭이류도 거짓말을 할 수 있다는 능력을 갖고 있다고 하지만, 사실 지구상에서 거짓말을 유유히 할 수 있는 동물은 인간뿐이라고 해도 과언이 아니다. 근래에도 거짓말쟁이의 능력에 혀를 두르는데 과거에는 더욱 사람들을 놀라게 했음은 틀림없다. 『삼국지』〈위지동이전〉의 글도 진한 · 변한지역의 중요성을 말해준다.

이 나라(변진)에서는 철이 생산되는데 한漢 · 예濊 · 왜인倭人들이 모두 와서 가져간다. 시장에서 물건을 사고 팔 때는 철로 된 돈을 쓰는 것과 같다. 이 철은 낙랑과 대방의 두 군에도 공급한다.

두 사료에 의하면 한반도 남부가 동시대에 유력한 제철기지였음을 보여주며 가야시대의 고분에서 수많은 덩이쇠(철기 제작의 중간 소재)가 발견되는 것도 이를 증빙해준다. 학자들이 놀라는 것은 엄청나게 많이 발견되는 모든 덩이쇠가 양질이라는 점이다. 정성 분석에 의하면 니켈과 코발트가 약간 두드러지고 알루미늄, 칼슘, 마그네슘, 규소가 소량 포함되어 있다. 또한 정량 분석에 의하면 황 0.90%, 티타늄 0.61%, 인 0.104%

가야시대 덩이쇠

로 티타늄 함량이 높은 것을 보면 자철광을 사용했음을 알 수 있다.[6]

한반도는 제철의 보고

흉노가 중국 북방에서 유목민으로 살아가다가 강성해진 것은 제철기술을 익히고 강력한 기마군단으로 무장했기 때문이었다. 그러므로 그들에게 가장 중요한 것은 제철기지를 확보하는 것이었다. 진한 · 변한지역에 질 좋은 철광석이 많이 생산된다는 것을 어떤 경로로든 알고 있었다면(흉노의 전성기부터 멸망까지는 무려 600년이나 된다) 북방에서 출발한 석탈해, 김알지, 김수로 등 이주민들이 한반도의 다른 지역이 아닌 가야 · 신라를 최종 목적지로 삼았다는 것을 이해할 수 있다.

그렇다면 한반도 중부이남 지역의 어디에서 철이 많이 생산되었는지가 관심사다. 경기도 가평군 마장리와 양평군 대심리의 철기 유물을 제외하면 삼한(진한 · 변한 · 마한)지역에서의 최대 제철유적은 1994년 11월에 발견된 진천 석장리 유역이다. 이 유적은 백제시대의 것으로 밝혀졌지만 고구려에 병합되어 통치된 적이 있으므로 고구려의 영향을 받은 것으로 추정한다. 또한 진천은 철산지가 아니므로 우리나라 3대 철산지 중 하나인 충주에서 철을 옮겨갔을 것으로 추정한다. 고구려 · 백제 · 신라가 중원을 중심으로 각축을 벌인 이유 중 하나가 바로 철 생산 때문으로 추정하는 이유다.[7] 이들 지역을 제외하면 지금까지 발굴된 철기 유적은 주로 경주지방과 김해지방에 집중되어 있는데 경주지방은 경주 월성리,

구정리, 임실리, 대구시 비산동에서 발견되었고 김해지방은 김해군 양동리, 회현리, 동래, 마산에서 발굴되었다. 오늘날 경상남도 남부지방에는 사철이 많이 매장되어 있고 동래와 김해지방에서 철생산지들이 발견되는 것도 이 지방이 철광업의 중심지였음을 알려준다. 경남 양산의 물금광산에서는 1990년대에도 철광석을 생산했는데 이곳도 가야의 철산지로 추정한다. 이 일대의 철광석은 자철광으로 철 함량이 75%를 넘어 질이 우수하다.[8, 9]

북방 기마민족이 어떠한 연유로든 동천하면서 자신들이 정착할 지역으로 자신들이 보유하고 있는 제철기술이 발휘될 수 있는 지역을 찾는 것은 가장 시급한 일이라 볼 수 있다. 북방 기마민족이 동천할 때 고구려와 마한(백제)은 상대적으로 강력한 국가이므로, 이들의 영향력이 미치지 않고 상대적으로 취약한 기반을 갖고 있는 진한 · 변한지역을 선정했다는 것이 자연스러운 추론이다. 한편 숯은 제철의 주요 요건 중에 하나지만 신라가 망한 요인으로도 지목된다. 숯은 고급연료임이 분명하지만 자원 낭비가 심하기 때문이다. 무게로 따져 질 좋은 숯은 원료가 된 나무의 1/10에 지나지 않는다.

『삼국사기』에 헌강왕이 신하들과 월상루라는 망루에 올라가 "민간에서 기와로 지붕을 덮고, 숯으로 밥을 짓는다는데 과연 그러한가?"라고 묻자 시중 민공이 "그렇다"고 대답했다. 숯을 연료로 쓸 만큼 대중화되었다는 사실을 알 수 있다. 『삼국사기』에는 신라에서 '두화탄전'이라는 부서를 따로 둬 숯을 관리했다는 기록이 있는데 박상진은 천년왕국 신라가 멸망하게 된 이유가 숯을 만들기 위해 경주 주변의 숲을 파괴했기 때문이라고 지적했다. 산업용으로 아껴 써야 할 숯이 민가까지 확산되자 당연히 숲은 파괴되고 수많은 나무가 잘렸으며 민둥산이 되어 홍수가 계속되는 등 재난이 일어났다. 결국 헌강왕이 숯을 거론한 지 50여 년 뒤인 935년에 신라는 패망하는데 이는 에너지 낭비가 많은 숯을 보편적으로 사용하는 사치가 낳은 폐해로 보기도 한다. 1996년 국립문화재연구소에서 경주 경마장 건축 예정부지를 발굴한 결과 헌강왕의 기록이 옳다는 것이 밝혀졌다. 이곳에서 숯을 굽던 피리 모양의 여러 가마가 확인되었는데 이 숯가마들은 대량공급 체제를 갖추고 있었다. 숯의 재료는 숯으로 만들기에 가장 좋은 참나무였다.[10]

한반도 남부에 정착한 원류가 북방 기마민족이라는 큰 틀에서는 같지만 이들이 고구려계인 부여와 선비족으로 보는 주장도 있다. 첫째는 부여족이 남하하여 가야와 신라의 지배계급이 되었다는 것으로, 신경철은 부여가 위에서 언급한 모든 북방문물과 습속을 구비하고 있다고 설명했다. 코벨도 가야지방에서 살았던 사람들은 동부여에서 내려온 민족이며 이들이 신라와 합류했다고 추정했다. 그녀는 기원전 109년 한 무제가 한반도 북방지역에 한사군漢四郡을 설치했을 때 패배한 일단의 부여족이 남하하여 김해에 새로 정착하여 가야를 건설했다고 추정했다.[11]

신경철은 부여족의 남하 동기와 경로를 『통전通典』 및 『진서晉書』 〈부여전〉을 근거로 제시했다. 서기 285년 모용선비족의 습격을 받아 왕이 자살하고 그 왕족은 옥저沃沮로 달아났는데 이후 왕의 동생 등 일부가 부여로 되돌아갔으나 옥저로 피신한 부여 주력이 옥저의 항해술을 이용해 동해안의 해로를 따라 단숨에 내려왔다는 것이다. 동해 바로 북쪽에 옥저가 자리 잡고 있으므로 함경북도에서 경상남도 김해에 이르는 해로를 이용하는 것이 어렵지 않았을 것이라는 추정이다.[12] 둘째는 선비족 모용황이 고구려 고국원왕 12년(342년)에 고구려를 침공하여 환도성이 함락되는 등 혈투를 벌일 때 모용황의 군대 중에서 일부가 한반도 동해안을 통해 신라로 들어가 왕위를 찬탈했고 이들이 가야지역을 점령했다는 설이다.[13] 이 설에 대해서는 주보돈이 반론을 제기했는데 그는 문헌의 불확실한 연대 추정과 3세기말 이후에도 '가야' 라는 앞시기의 국명을 그대로 따랐다는 점을 들었다. 두 설에 나오는 이주민도 북방 기마민족임이 틀림없다. 그러므로 이들의 일부가 한반도 남부에 정착했다는 것을 가정하더라도 결국 북방 기마민족이 가장 중요시하는 제철기지를 확보할 수 있는 지역을 최우선으로 삼았다는 추정은 성립된다.

가야시대 송풍관
(부산대학교 박물관 소장)

5세기 초부터 김해지역에서 대형분묘의 축조가 중단되는데 이는 금관가야의 급격한 쇠락을 의미한다. 이런 현상은 400년 광개토대왕의 남정에 이어 가야에 대한 신라의 지배가 시작된 것으로 추정하는 동시에, 다른 한편으로는 이들 일부가 일본으로 건너갔기 때문으로 본다. 대성동 고분군의 축조 중단과 동시에 일본에서 스에키가 생산되는 것도 당시 도공을 비롯한 한반도 남부 주민들이 일본열도로 이주했기 때문으로 추정한다. 일본에서 말하는 도래인집단渡來人集團을 의미한다.

칠지도

고구려 · 신라 · 가야의 제철기술이 뛰어났다고는 하지만 백제의 제철기술도 이들에 떨어지지 않는다. 백제 초기의 철광업 중심지역은 한강 하류지방으로 현재 경기도 양평, 가평 지방에서 철기 유물들이 많이 출토된다. 광주 남쪽의 은진, 석성 등지에 사철이 많이 매장되어 있으며 공주 이북의 목천에는 석철이 많이 매장되어 있다. 『삼국사기』 〈잡지 제5 지리3〉 '금산군'에 철야현이 있었다는 기록이 있다.

> 철야현은 원래 백제의 실어산현이었던 것을 경덕왕이 개칭한 것이다. 지금도 그대로 부른다.

철야현은 이름으로 보아 철광석을 캐서 녹이던 큰 제철로가 자리 잡고 있었던 곳으로 볼 수 있는데 『고려사』에는 전라도 나주에 편입되었다고 적었다. 한편 『동국여지승람』에는 전라도 장흥, 남평에도 철야현이 나온다. 이들 기록은 백제시대부터 전라도 나주, 무주, 장흥 일대에 많은 철광산과 제철소가 자리 잡았음을 알려준다. 백제는 초기부터 제철에 필수적인 제철로, 송풍구는 물론 단조법과 열처리법을 숙지하고 있었으므로 백제철의 질은 매우 좋았다. 백제에 도刀라는 부部가 있었는데 이는 그 이름으로 보아 칼 생산을 맡았다고 추정한다. 즉, 도부刀部에서 군사용 창과 칼 등의 무기들을 생산하고 이를 위한 철광산과 제철소 등을 관장했을 것이다.

백제의 제철기술은 일본에 널리 전해졌다. 『일본서기』 〈신공황후기 52년(257년)〉에 백제의 구저라는 사람이 일본에 칠지도 1개, 칠자경 1개, 그 밖의 여러 가지 보물을 선물로 보냈으며 이보다 전에 일본의 사신들에게 귀국할 때 철정 40장을 주었다는 기록이 있다. 백제의 제철기술을 단적으로 알려주는 것은 5세기 후반 일본 규슈에서 발견된 백제계의 후나야마 고분이다. 이 고분의 주인공은 모조, 귀걸이, 반지, 신발은 물론 무기와 토기까지 모두 백제 제품이다. 고분에서 발견된 칼에는 은으로 상감된 글이 적혀 있다.

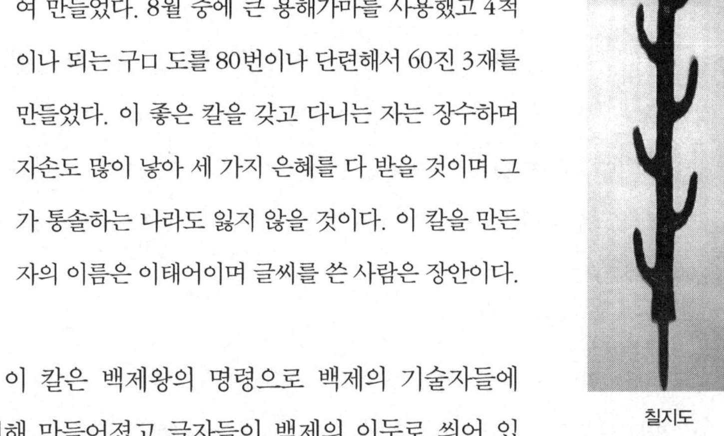
칠지도

대왕의 시대에 대왕의 명령을 받은 무리가 지휘하여 만들었다. 8월 중에 큰 용해가마를 사용했고 4척이나 되는 구ㅁ 도를 80번이나 단련해서 60진 3재를 만들었다. 이 좋은 칼을 갖고 다니는 자는 장수하며 자손도 많이 낳아 세 가지 은혜를 다 받을 것이며 그가 통솔하는 나라도 잃지 않을 것이다. 이 칼을 만든 자의 이름은 이태어이며 글씨를 쓴 사람은 장안이다.

이 칼은 백제왕의 명령으로 백제의 기술자들에 의해 만들어졌고 글자들이 백제의 이두로 씌어 있다. 학자들은 백제왕을 개로왕으로 추정하며 그가 북규슈의 지배자에게 하사한 것으로 본다. 이 칼에서 주목되는 것은 '큰 용해가마를 썼다' 는 글이다. 즉, 이 가마는 강철을 만들기 위한 용광로로 추정한다. 또한 80번 단련했다는 것은 백제에서 열처리 단조법을 잘 숙지하고 있었다는 것으로 볼 수 있으며 '60진 3재' 는 강철의 질을 알리는 척도 단위로 좋은 강철임을 뜻한다. 백제의 높은 제철기술은 오늘날 나라현 이소노가미신궁에 보관되어 있다고 알려지는 '백제칠지도' 다. 한 개의 칼 몸에 7가지가 달린 것으로 금으로 된 상감이 되어 있는데 앞면에 34자, 뒷면에 27자, 보이지 않는 글자 5자, 추측이 가능한 글자가 11자다.

태화 4년 5월 13일 병오일 한낮에 백 번 단련한 철로 된 칠지도를 만들었다. 이것은 대대로 모든 무기들을 물리칠 것이니 후왕에게 줄 만하다. (중략) 이전에는 이런 칼이 없었는데 백제왕이 수명의 연장과 관련하여 지시를 내렸기에 후왕을 위해 만든 것으로 후세에 전해서 보이도록 하라.

여기에서 주목되는 것은 백 번 단련한 철로 칠지도를 만들었다는 점과 이 칼로 모든 무기들을 다 물리칠 수 있다는 말이다. '100연철' 이란 말은 100번 담금질하여 단조한 쇠를 뜻한다. 백제의 제철기술은 당나라에도 전해진다. 『삼국사기』 〈백제본기 제5〉 '무왕 27년(626년)' 에 다음과 같은 기록이 있다.

27년 당나라에 사신을 보내 명광개라는 갑옷을 진상하면서 고구려가 길을 가로막고 상국을 입조하지 못하게 한다는 사실을 호소했다.

무왕 40년(639년)에는 당나라에 사신을 보내 철갑옷과 조각한 도끼를 진상했다는 기록이 있다. 이것은 백제에서 만든 철제무기들이 그만큼 질이 좋았다는 것을 보여준다.[14]

19 해녀

초등학교 때부터 배운 삼다, 즉 '돌 많고 바람 많고 여자 많다'는 말은 제주도 풍물을 단적으로 설명해주는 표현이다. 제주도가 넓은 바다 한가운데 위치한 섬이기 때문에 바람이 많은 것은 당연하며, 바람과 함께 살아오면서 바람을 막아 이기기 위한 지혜로 돌을 많이 이용한 것도 당연하다. 제주도 토양은 화산회가 쌓여서 만들어진 것이기 때문에 가볍다. 그러므로 바람이 불면 흙가루와 함께 애써 뿌린 씨앗이 날아가는데도 불구하고 돌이 많기 때문에 돌자갈 사이에 있는 토양과 씨앗을 보존해주어 농작물이 제대로 자랄 수 있다. 다른 지역 농민들은 돌만 보면 파헤쳐 버리지만 제주도에서는 돌자갈을 귀찮게 여기지 않고 기름작지(기름자갈)라며 귀히 여긴다. 특히 밭이나 들에 만들어진 돌담들은 자연을 이겨내려고 노력한 제주인들의 눈물과 땀이 쌓여서 만들어진 것이다. 그러나 제주도 하면 아무래도 해녀(잠수 또는 잠녀)를 먼저 떠올리게 마련이다. 여의도 63빌딩에서 인어공주라 불리는 해녀들이 수족관에서 관광객을 상대로 물질하는 것을 보여주자 '여성학대'라는 비난도 있었지만 해녀들의 권익 보호나 홍보 차원에서 나쁜 것은 아니라는 설명도 있었다. 우리의 유산이라고 볼 수 있는 해녀들이 경제적으로 도움을 받는다면 해녀들이 계속 존속할 수 있는 계기가 될 수 있다.

필자가 제주도를 방문할 때마다 꼭 찾아다니던 해녀들이 예전처럼 바다 속에서 해산물을 직접 따는 것이 아니라 관광객들을 유치하는 차원에서 해산물을 넣어 두었다가 건져내는 시늉만 한다는 것을 알고 실망하지 않을 수 없었지만 곧바로 생각을 바꾸었다. 하루가 달리 바뀌는 현대에서 해녀들이 예전처럼 먼 바다에서 해산물을 따는 것은 시대에 역행하고 비경제적인 것은 당연하다. 해녀들 개개인이 물속에 들어가 해산물을 많이 딴다고 해도 자본금을 배경으로 급성장하는 양식업자들에게 밀리기 때문이다. 필자의 생각은 간단하다. 해산물을 미리 사다가 바다 속에 넣고 직접 해산물을 따는 시늉을 하더라도 해녀가 존속될 수 있다면 그것 역시 문화전통을 유지하는 방법이 될 수 있다는 것이다. 제주도의 해녀

제주도 풍경

는 필자의 주변을 계속 맴돌았는데 요즈음 언론에서 해녀에 대해 재조명을 하고 있다는 말을 듣고 반가웠다.

신석기 시대에도 해녀가 있었다

바다를 터전으로 삼아 물질로 생존에 필요한 식량을 구하는 것은 오래되었다. 지금도 아프리카를 비롯한 오지의 원주민들이 바다 속으로 뛰어들어 해산물이나 어류들을 잡기도 한다. 바다 속의 물건들을 채취하기 위해 잠수한 기록은 제종길에 의하면 3,500년 전 진주조개 다이버들이 홍해에서 활약했다는 것이다. 그러나 최초의 다이빙 기록은 3,000년 전 그리스의 크레타 섬에서 스펀지(바다 속에 사는 해면동물) 채취 다이버가 있었다는 것을 볼 때 훨씬 오래 전으로 거슬러 올라간다고 추정한다. 최초로 기구를 타고 물속으로 들어간 것도 오래되었다. 알렉산더 대왕은 기원전 333년에 유리로 된 다이빙 벨Diving Bell을 타고 해저를 관찰했다. 또한 고대 아시리아 사람들은 다이빙을 할 때 짐승의 내장으로 만든 공기주머니를 사용했는데 이것은 최초의 인공호흡기로 여겨진다. 우리나라의 잠녀(해녀)에 대한 기록도 오래되었는데 『삼국사기』〈고구려본기〉'문자명왕 13년(503년)' 에 다음과 같은 글이 있다.

> 13년 여름 4월 위나라에 사신 예실불을 보내자 위나라 세종에게 예실불이 앞으로 나아가 말했다. "우리나라가 황제를 섬기기로 약속한 것을 누대에 걸쳐 성실하게 지켰으며, 토산물을 바치는 조공도 어긴 적이 없었다. 다만 황금은 부여에서 생산되고 진주(혹은 패류)는 섭라에서 생산되는데, 부여는 물길에게 쫓기고 섭라는 백제에게 병합되었으니, 두 가지 물품이 왕의 창고에 들어오지 못하는 것은 실로 두 적국의 탓이다."

섭라는 제주를 뜻하는데 진주를 채취했다는 것은 바로 단시간에 물에 잠수하여 전복과 같은 해산물을 채취한 것으로 추정한다.[1] 바다 속에서 해산물을 채취하는 사람이 있었다면 이를 해녀로 보아도 무방하다는 설명이다.

일본의 해녀는 『삼국지』〈위지동이전〉 '왜인'에 등장하는데 '사람들이 좋아하는 고기와 전복을 채취하고 바다의 깊고 낮은 곳에 관계없이 모두 물에 들어가 그것을 채취한다'고 기록되어 있다. 이 기록을 보면 일본에서 나잠업으로 소라 전복을 캐며 살아가는 사람인 아마海女, 海士들이 있었다고 볼 수 있다. 그런데 최근 발견된 고고학 자료에 의하면 한반도에서 해녀 역사는 오래전으로 거슬러 올라간다. 특이한 것은 해녀는 물론 해남海男도 있었다는 점이다. 그것도 무려 7,000여 년 전의 일이다.

경남 통영시 산양면 연대도(사적 335호)는 1987년 태풍으로 흙이 왕창 파이면서 유적의 존재가 알려졌다. 이 유적은 1988년에서 1992년까지 발굴됐는데 모두 17구의 인골이 발굴됐다. 부산대학교 김진정 교수와 일본 팀이 인골을 분석한 결과 어린아이 2구를 제외한 대부분의 인골은 남녀를 불문하고 외이도골종外耳道骨腫에 걸려 있었다는 사실이 발견되었다. 바깥귀길(외이도)에 뼈와 같이 딱딱한 조직으로 이루어진 혹이 있었던 것이다. 외이도골종은 요즘 해녀들에게도 나타나는 병이다. 깊고 찬 바닷물에 들어가면 기압 차이 등으로 귀가 먹먹해지는데, 귀 바깥쪽에서 가해지는 과도한 압력을 줄이기 위해 바깥귀길의 일부가 좁아진 것으로 학계는 추정한다. 7,000년 전 신석기인들이 깊은 바닷물로 잠수해 전복 등을 채취했음을 알려준다. 경남 통영 욕지도나 일본의 신석기시대 유적에서도 외이도골종에 걸린 사람 뼈가 여러 구 발굴되기도 했다.[2]

해녀들의 초인적 능력

해녀를 처음 접하는 사람들의 대부분은 여인들의 일터가 바다라는 점을 신기롭게 여긴다. 선조들이라고 해녀에 대해서 느끼는 감정이 다를 리 없다. 잘 알려진 역사상의 일화는 다음과 같다. 세종 때 제주목사 기건奇虔이 초도순시하는데 눈보라가 휘몰아치는 겨울에 거의 벌거벗은 여인이 바닷물 속으로 뛰어드는 모습을 보고 깜짝 놀라 수행원들에게 질문했다. "이것 참 큰일이구나. 이 엄동설한인데도 발가벗고 바닷물 속으로 떼 지어 들다니 세상에 이런 변고가 다 있는가. 제주에는 왜 이리 미친 여자들이 흔한고." 수행원들이 해녀의 삶을 자세히 알렸다. 목사의 상에 오르는 전복, 소라, 미역 등은 해녀들이 목숨을 걸고 채취한 것이라는 뜻이다. 그 말을 들은 기건은 제주목사로 재임하는 동안은 물론이고 한평생 해녀들이 캐어내는 해산물은 일절 입에 대지 않았다고 한다. 정조도 어느 날 수라상에 색다른 반찬이 눈에 뜨여 확인했더니 제주 해녀들이 목숨을 걸고 캔 진상품이라는 말을 듣자 그렇게 귀한 음식을 차마 먹을 수 있겠느냐고 들지 않았다는 일화가 전해진다.

추운 겨울에도 해녀들이 물질을 할 수 있다는 것을 알고 해녀가 되려면 특수한 혈통이 있어야 하느냐는 질문도 있지만, 해녀는 오직 후천적인 수련에 따라 숙달된 해녀로 성장한다는 것이 정답이다. 열다섯 살 정도 때부터 물질을 배워 익히고 스무 살 정도 되면서 어엿한 해녀로 독립한다. 수련에 따라 기량이 달라지므로 해녀사회에도 계층이 있다. 하군으로부터 중군, 상군, 대상군으로 올라간다. 해녀계층을 자리매김하는데 '군軍' 자가 쓰이는 것이 흥미로운데 산업전사라는 말을 의미할지도 모른다고 김영돈 교수는 지적했다. 어린 소녀이면서도 기량이 뛰어나면 '애기상군' 이라고 붙여 주는데, 해녀들은 어렸을 때 자신이 '애기상군'

이었음을 가장 자랑스럽게 여긴다. 해녀의 기량이 유전이 아니라 후천적인 수련에 따른다는 것을 보여주는 근거는 70대 고령의 노파들도 물질이 가능하다는 것이다. 우리나라의 해녀들이 전설적인 것은 물질하는 기량이나 의지가 초인적이기 때문이다. 특별한 장비가 없는 나잠어법으로 바다 속 20m까지 들어가서 2분이나 견뎌내면서 소라 · 전복 · 미역 · 톳 · 우뭇가사리 등 해산물을 캘 수 있다. 더구나 추운 겨울 날씨에도 해산물을 캐어내는 비상한 내한력도 갖추고 있다.

한국 해녀들의 활동이 워낙 탁월하므로 과학자들이 그 이유를 캐려고 시도했다. 1960년대 미국 국무성에서 심해공사의 능률을 높이고 군사력을 증강하기 위해 뉴욕주립대학교 허만 란 교수와 연세대학교 홍석기 교수팀에게 한국과 일본의 해녀를 비교 연구하도록 의뢰했다. 그들의 연구 논문에 의하면 해녀들은 남자나 일반 여자보다 차가운 물속에서도 전율을 일으키지 않는다고 했다. 정상 남자의 경우 수온 섭씨 24℃에서 전율이 오고 일반 여자들은 수온 섭씨 22.5℃가 되면 추워서 달달 떠는데 해녀들은 세 시간 동안이나 잘 견딘다는 것이다. 전율 억제는 체열 손실을 감소시킬 수 있는 생리학적 변화로 볼 수 있다. 해녀들의 이러한 능력은 어려서부터 물속에서 생활했기 때문에 신체가 적응한 탓이라는 설명도 있으나 그 이유가 명확하게 밝혀진 것은 아니다. 특히 허만 교수는 여성들이 남자에 비해 물질에 종사하는 비율이 월등한 이유로 여자들의 체질적인 면을 꼽았다. 여자의 피하지방의 두께가 남자보다 두터우므로 추위를 잘 견딜 수 있다는 것이다. 이 역시 일반적인 추측에 불과하므로 자세한 연구가 필요하다고 지적했다.

그 중에서도 제주해녀가 큰 주목을 받는 것은 한 달에 15일 이상이나 물질할 수 있는 능력을 갖추었기 때문이다. 의학자들은 생리학적으로나의학적으로 볼 때 이 같은 사실이 거의 불가능하다고 생각하는데, 제주 해녀들은 분만 직전까지도 물질하고 분만한 다음 3~4일 만에 또 다시 바닷물 속에 뛰어 들기도 한다. 그러므로 물질하는 동안 배 위에서 또는 물질하고 돌아오는 길에서 분만하는 사례도 있다. '난바르' 라는 물질을 치르다가 배에서 '물옷' 으로 갈아입는 순간에 분만했을 때 배에서 낳은 아이를 '베선이' 라고도 불렀다. 이외에 축항에서 낳았으므로 '축항둥이', 길에서 낳았으므로 '질둥이' 또는 '길둥이' 라는 별명을 붙였다. 난바르는 해녀들이 여러 날 배에서 숙식하며 이 섬 저 섬으로 돌면서 치르는 물질이다.

세계챔피언과의 시합에서 참패

해녀들의 능력을 호사가들이 가만 놔둘 리 없다. 한 번 잠수하면 3분 넘게 물속에서 버틴다는 상군 제주해녀와 무호흡 잠수 세계기록 보유자를 초청하여 과연 누가 물속에서 오래 버틸 수 있는지 시합을 주선한 것이다. 2001년 7월 서귀포시 문섬 앞바다에서 이탈리아의 지안루카 제노니와 서귀포시 송산동의 해녀 3명이 '물속에서 숨 안 쉬고 오래 버티기' 시합을 제주스쿠버다이빙 축제행사의 하나로 열었다. 제노니는 7분 48초의 수영장 무호흡 잠수기록을 갖고 있으며 3분 5초 동안 수심 125m까지 들어갔다가 제힘으로 올라오는 '가변웨이트 프리다이빙' 종목 세계기록 보유자다. 시합은 해녀들의 완패였다. 수심 10~15m에서 네 차례 '숨겨루기' 를 한 결과 해녀들은 모두 1분 15~23초 만에 모습을 드러냈지만 제노니는 이들 해녀들이 수면으로 나온 다음 4~5초 후에 나왔다. 시합에 참가한 해녀들은 소라나 전복을 딸 때는 3분 이상 버텼는데 아무것도 안하고 잠수만 하려니 오히려 힘들었다고 말했지만, 해녀들은 특별한 체질을 가진 것이 아니라 보통사람들이 수련에 의해 단련된 것임을 보여주는 실례이기도 하다. 사실 제노니는 192cm의 장신에다 폐활량이 일반인의 두 배인 9.6L나 되며 여섯 차례 세계기록을 경신했다. 해녀들을 세계기록 보유자와 맞대결시켰다는 것이 이상할 정도다.

물질 방법과 연장

제주해녀의 물질 방법과 재래복인 '물옷'(물소중이)이나 연장이 언제 고안되었는지는 불분명하다. 해녀들이 입는 재래식 옷인 '물옷'은 합리적으로 만들어졌다. 무명으로 만들어진 '물옷'은 하의에 해당하는 '물소중의', 상의에 해당하는 '물적삼', 머리에 써 머리카락을 정돈하는 '물수건'으로 구성되는데 물질하기에 편리해 일본 해녀들이 즐겨 입었다. 1960년대 이전까지도 물옷을 속옷으로 입는 사람이 많았는데, 이유는 왜바지와 적삼을 입었을 때 허리와 가슴이 보이지 않는 이점이 있고 일반 내의보다 편하고 따뜻했기 때문이다. 영화 〈인어공주〉에서 출연자들이 입고 나온 해녀복은 이 당시의 것을 재현한 것이다.

해녀 차림
(해녀박물관 소장)

1960년대 말부터 개량해녀복인 검은색의 고무옷이 보급되었는데 이 물옷은 다이버들이 착용하는 것과 같다. 이 고무옷에다 발에 신는 '물갈퀴'와 부력을 조절하는 납덩이로 만들어진 벨트인 '봉돌'이 한 벌을 이룬다. 그런데 이 고무옷은 양면성을 갖고 있다. 고무옷은 물속에서도 추위를 막아주므로 물질 시간이 연장될 수 있지만 물질 시간이 길어짐에 따라 직업병이 기하급수적으로 늘어나는 계기가 되었다. 해녀들이 '눈'이라는 물안경을 쓰기 시작한 것은 19세기 말에서 20세기 초로 본다. 좌혜경 박사는 처음에는 '족세눈'이라는 소형 쌍안경을 사용하다 1960년대부터 '왕눈'의 둥근 대형 단안경으로 바뀌었다고 적었다. 처음 출현한 쌍안경은 놋쇠나 철을 사용한 금속이었지만 단안경은 금속 부분이 고무재질로 바뀌었다.

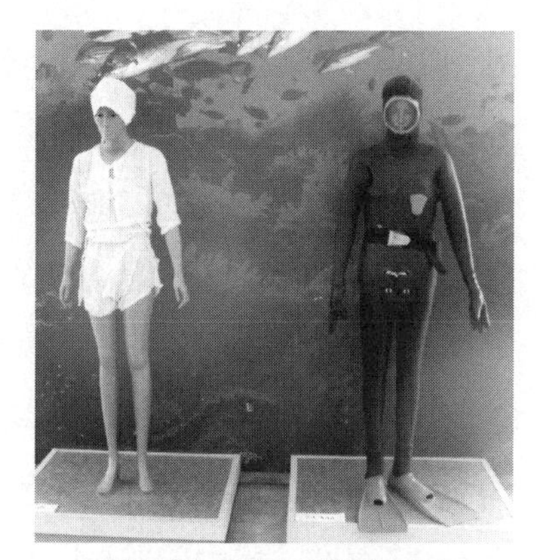

해녀 장비-과거(왼쪽)와 현재(오른쪽)

해녀의 상징이라고도 볼 수 있는 태왁(물에 뜬 바가지)은 자맥질할 때 가슴에 받쳐 몸을 뜨게 하는 뒤웅박이다. 11월 말쯤 지붕에서 지름 20cm 이상의 박을 따서 말린 후 다음해 초에 태왁을 만든다. 잘 여문 박의 씨를 파내고 물이 들어가지 않도록 구멍을 막았기 때문에 물에 잘 뜨는데, 여기에 그물로 뜬 망시리를 달아매 놓고 그때그때 채집한 해산물을 넣어둔다. 태왁은 잠수의 위치를 알리는 표지판 구실도 하는데 내구연한은 대체로 20년이다. 1960년대부터는 신재료인 발포스티로폼으로 바뀌어 현재 박으로 만든 태왁은 박물관에서나 볼 수 있다. 태왁 아래 물속에 잠기도록 매달아 물질하여 채취해낸 것을 수합하는 그물 망태인 '망사리'(망시리)와 소라와 성게 등 돌 틈에 서식하는 생물을 잡아낼 때 쓰는 다양한 '골각지', 즉 김을 매는 호미와 비슷한 연장과 전복을 따는 빗창, 고기를 쏘아 포획하는 '소살'과 전복이나 문어를 발견하고도 미처

잡아내지 못하고 물위로 솟구쳐야 할 때, 그 장소를 표시하는 '본'(전복 껍질 등을 이용)이 해녀들이 사용하는 모든 도구다.

제주해녀의 작업 방법인 물질은 간단히 말해 수렵 · 채집행위로 볼 수 있다. 그런데 제주해녀는 물질 도구를 첨단 현대적 장비로 대체하지 않고 최소한의 효용만을 염두에 두고 작업복과 태왁, 수경을 바꾸었다. 물질문명이 고도로 발달한 21세기에 들어섰음에도 제주해녀들이 고집스럽게 현대 장비를 거부하는 이유는 뚜렷하지 않다. 단지 일부 해녀들이 '산소통을 짊어지고 어떻게 바다 속 바위틈을 헤집고 다니면서 물건을 잡을 수 있느냐'고 대답하고 있을 뿐이다.[3]

과거에 제주도 일부 지역에서는 해녀 도구가 필수적인 혼수였다. 친정에서 준비하는 것이 아니라 결혼 직후 시아버지가 새 며느리에게 선물했다. 반면 일본에서는 해녀들이 시집갈 때 친정에서 결혼지참물로 해녀도구를 갖고 간다. 해녀의 물질은 '태왁'에 가슴을 얹고 가까운 바다로 헤엄쳐 나가는 '굿물질'과 멀리 배를 타고 나가는 '뱃물질'로 나누어진다. 해녀들이 어느 물질을 택하는가는 마을 어장에 따라 다르다. 해녀들이 '물옷'으로 갈아입고 한 번 무자맥질하는 시간은 대체로 30초에서 60초 사이이다. 대상군 해녀일 경우에는 '물옷'을 입고도 2분 이상 무자맥질을 하며 일단 바닷가로 나간 해녀들은 하루에 두 번 내지 네 번 바다로 뛰어든다.

해녀들은 물속에서 작업하다가 수면 위로 고개를 내밀 때마다 길게 숨을 내쉬면서 '호오이' 하면서 휘파람소리 비슷한 소리를 낸다. 이는 순식간에 탄산가스를 내뿜고 산소를 받아들이는 과도환기작용을 조절하는 방법으로 '숨비소리', '숨비질소리', '솜비소리', '솜비질소리'라 한다. 해녀들의 문제는 바다에서 삶과 죽음이 함께 숨 쉰다는 점이다. 이따금

물질을 하다가 물속에서 참는 숨, 이른바 '물숨'이 막혀서 목숨을 잃는 경우도 있다. 더구나 물질하는 해녀들이 바다생물의 피해를 입는 경우도 적지 않다. 해녀들을 해치는 바다생물들은 상어 · 돌고래 · 해파리 · 쑤기미(솔치) · 붕장어 · 새우 · 물벼룩 따위다.

해녀의 삶은 하루같이 목숨 걸고 생업전선에 뛰어들어야 하므로 그들은 안식을 구하기 위해 무속에 절대적으로 의지했다. 집단의례로 영등靈登굿이 벌어졌다. 해녀 물질이나 어로 활동의 안전, 풍어와 풍농을 관장하는 영등신이 음력 2월 초하룻날부터 열나흘간 제주를 경유한다고 여겨 신이 들어오고 나가는 날에 각각 환영제와 송별제를 제주 전역에서 치렀다. 또한 해녀들은 음력 정초에 용왕과 선왕을 모신 해신당에서 행운을 기원했다. 해녀들은 바다에 들면 '칠성판을 메고 저승 문턱을 오락가락한다'며 물질을 '저승길'로도 비유한다. 해녀야말로 육체적인 한계

떼배

에 도전하며 독특한 생활문화와 신앙세계를 구축하면서 바다와 싸우는 억척스런 여성의 표상이기도하다.[4]

해녀의 활동무대는 동북아시아까지

해녀가 일본과 한국에만 분포되었다는 것도 주목할 만하다. 무자맥질하면서 해산물을 캐내는 사람들은 세계 도처에 흩어져 있지만 본격적 생업으로서 물질하는 해녀들은 한국과 일본에만 있다. 두 나라 중에서 해녀의 발상지로 제주도를 꼽고 있는데 그 이유 중에 하나가 일본에는 아직도 '오도아마'라는 남성 나잠업자들도 있기 때문이다. 고대 한국의 원시 전통 배인 떼배(태우)를 타고 제주도에서 일본까지 해류를 타고 도항에 성공한 해양탐사가인 채바다가 이렇게 말했다. 물론 한국에서도 원래 해산물을 채취하는 물질은 남녀 구분 없이 했다는 추측도 있지만 제주도의 특성상 물질이 거의 여자들의 전유물이었다고 추정된다.

한국과 일본에만 해녀가 분포된 까닭은 예전에 해녀들의 역할이 주로 미역 등 해초류를 캤기 때문으로 본다. 한국인과 일본인이 미역을 비롯한 해조류를 즐겨 먹었기 때문에 해녀들은 바다 연안에서 어렵지 않게

우도와 우도에 있는 고인돌

물질로 캔 해조류만 팔아도 충분히 생계를 이어갈 수 있었다. 해녀들의 활동 무대가 제주도 연안만으로 국한된 것은 아니다. 제주해녀들은 이른 봄에 20여 명씩 무리 지어 국내외로 나갔다가 추석 직전에 돌아오곤 했는데 그 행동반경은 한반도 각 연안과 일본의 연안, 러시아의 블라디보스토크, 중국 요동반도의 다롄, 산둥성의 칭다오 등지까지 진출했다. 한마디로 동북아시아 일대의 바다가 제주해녀의 밭이요 생활권이라는 뜻이다. 이와 같은 국외로의 진출은 19세기 말 갑오경장을 전후하여 일본인들이 좋아하는 우뭇가사리, 톳, 미역 등 해조류와 소라, 전복 등의 수요가 폭발적으로 증가했기 때문이다. 한 기록에 의하면 1915년에 제주에서 한반도로 나간 해녀가 2,500명이나 되었다. 1937년의 『제주도요람』에 의하면 1934년에 나라 안팎으로 물질을 나간 제주해녀의 수가 약 5,000명이며 제주도 연안에서 물질하는 해녀의 수는 5,300명이라고 밝혔다.

그러나 시대의 변천과 양식 기술의 발전으로 해녀들의 역할은 점차 퇴조했다. 우선 예전에 해녀들이 주로 캐던 미역이 1960년 중반부터 양식미역으로 대체되자 해녀들의 미역 생산은 거의 끊겼다. 더구나 1970년대부터 섬 이외의 바깥물질이 끊기자 처녀들이 자력으로 혼수를 마련하는 것도 이제는 옛말이 되었다. 이와 같이 해녀의 수가 줄어드는 것은 작업이 그야말로 고단하기 때문이다. 보통 사람들이 물속에서 몸 하나 쉽사리 움직이기도 힘든데 수중에서 2~3분씩이나 숨을 참고 작업을 하는 것이 아주 힘들다는 것을 모르는 사람은 없을 것이다. 특히 작업이 힘들다보니 웬만한 병 하나 달고 살지 않는 사람이 없을 정도이므로 이를 본 자식 세대가 업을 잇지 않으려 하는 것은 당연하다. 특히 많은 해녀들이 관광객들이 많은 지역에서 관광객들을 상대로 해녀 일을 하지 않고 소규

모 판매에 의존하므로 해녀의 숫자는 줄어들지 않을 수 없다.[5]

1970년대 말까지만 하여도 해녀의 수가 15,000명을 웃돌았지만, 2003년 12월에는 타 지역에 거주하는 인원을 뺀 순수한 제주거주 인원은 5,600명 정도로 추산했다.[6] 또한 2003년도의 조사에 의하면 30대 이하 해녀 비율은 0.03%에 불과하여 지금 해녀들은 대부분 할머니들이다. 아직도 가파도, 마라도, 우도 등 부속도서에서 해녀들을 많이 볼 수 있다. 우도는 '해녀의 마지막 고향' 이라고 불릴 정도로 아직도 많은 해녀가 있다. 총 주민이 1,800여명인데 그 중 400명이 물질로 살아간다. 이들의 경제활동이 지역수출 증가에 기여하고 있다. 산업화가 현저하게 진행된 현재에도 제주도의 1차 수출품 중 50% 이상이 해녀들이 생산한 품목이다.[7]

그러나 우리나라의 특이한 해녀들이 점점 사라지는 것은 대세인 듯하다. 제주도에서는 '해녀는 고된 물질을 통해 제주의 경제활동을 이끌어 온 생활력이 강한 제주여성의 상징' 이라며 잠수상 시상을 도입하는 등 여성 어업인으로서의 위상을 높여가겠다는 계획을 발표했다. 또한 일본의 해녀들과 함께 사라져서는 안 될 소중한 유형 · 무형문화 유산으로 선정 보존하는 방안을 검토하고 있다. 해녀를 제주의 소중한 문화와 해양평화의 브랜드로 상승시킬 수 있다는 설명으로 제주 해녀의 유네스코 무형유산 지정도 추진하고 있다.[8]

또한 해녀 기초 통계와 고문헌 자료의 데이터베이스를 구축하고 있는데 우도 한림읍 귀덕리에 있는 한수풀해녀학교가 해녀 후계자를 양성하고 있다. 제주도 특화 사업 중의 하나로 2008년 5월부터 매해 1기씩 해녀 양성 프로그램을 운영하고 있다. 마파람 부는 넉 달 동안 꼬박 교육을 하는데 임명호 교장은 주의보가 내리지 않는 한 무조건 바다에 들어간다며 해녀가 되기 위한 교육이 엄하다고 말한다. 물질을 하다 보면 최악의 상황을 가정하지 않을 수 없기 때문에 가능한 한 인위적인 교육은 하지 않는다는 설명이다. 2010년 한수풀해녀학교의 교육생은 55명으로 이중 13명이 타 지역사람이다. 1년에 50여 명이라면 해녀로 생업을 하겠다는 사람이 적다는 의미지만, 하루가 달리 변하는 현대에서 이들이라도 한국의 소중한 무형문화유산을 지키는데 앞장선다니 고마워해야 할 것이다.[9] 적어도 해녀가 전설 속의 여자로 파묻힐지도 모른다는 생각을 하면 가슴이 아프다는 사람들은 안심해도 될 것이다.

주

01 한국인의 DNA

1. 황성은, "고구려가 우리역사인 이유", 카페 고구려지킴이, 2004년 8월.
2. 요시미즈 츠네오, 『로마문화 왕국 신라』, 오근영 옮김, 씨앗을뿌리는사람, 2002.
3. 이종호, "한민족 · 한국인은 누구인가", 국정브리핑, 2005년 2월.
4. 손현철, "몽골리안 루트", 『지오』 2000년 2월.
5. 이은정, "한민족 기원은 북방 · 남방系 섞였다", 경향신문, 2005년 8월 23일.
6. 손현철, "몽골리안 루트", 『지오』 2000년 2월.
7. 조용진, 『얼굴 한국인의 낯』, 사계절, 1999.
8. 이영완, "나이 성별로 알맞은 체형 찾아내 사이버 표준 한국인", 조선일보, 2005년 9월 15일.
9. 전필수, "한국인의 평균얼굴은 어떤 모습일까", 머니투데이, 2005년 8월 16일.
10. 이영완, "죽은 사람 복원 표정까지 살린다", 매경이코노미, 2003년 8월 22일.
11. 조용진, 『얼굴 한국인의 낯』, 사계절, 1999.

02 개마무사

1. "위와의 투쟁", 조선일보, 2004년 1월 19일.
2. 遣使者謝宏 中書陳恂 拜宮爲單于 加賜衣服珍寶 恂等安坪口.
3. 이종호, 『세계 최고의 우리 문화유산』, 컬처라인, 2001.
4. 리태영, 『조선광업사』, 공업종합출판사, 1991.
5. 장한식, 『신라 법흥왕은 선비족 모용씨의 후예였다』, 풀빛, 39~69쪽.
6. 리태영, 『조선광업사』,공업종합출판사, 1991.
7. 박장식, "환도산성과 한강유역에서 출토된 철기에 나타난 고구려의 철기기술" (http://blog.naver.com/bestchoi21?Redirect=Log&logNo=20013974168).
8. 김성남, 『전쟁으로 보는 한국사』, 수막새, 2005.
9. 남문현, 손욱, 『전통 속의 첨단 공학기술』, 김영사, 2002.
10. 최영창, "완벽한 무장세트: 韓 · 中 · 日 3국 중 첫 발굴", 문화일보, 2009년 6월 2일.

03 다뉴세문경

1. 남문현, 손욱, 『전통 속의 첨단 공학기술』, 김영사, 2002.
2. 이종호, 『한국 7대 불가사의』, 역사의아침, 2007.
3. 이양수, 『동경』, 국립경주박물관, 2007.
4. 이양수, 『동경』, 국립경주박물관, 2007.
5. 이청규, "한국 청동기와 다뉴경의 전개", 『한국기독교박물관소장 국보 제141호 다뉴세문경 종합조사 연구』, 숭실대학교 한국기독교박물관, 2009.
6. 곽동해 외, "다뉴세문경 제작비법 연구", 『동악미술사학』, 2006년 제7호.

7. 이양수, "다뉴세문경의 도안과 제작기술의 발전", 『한국기독교박물관소장 국보 제141호 다뉴세문경 종합조사연구』, 숭실대학교 한국기독교박물관, 2009.
8. 정원식, "2400년 전 청동거울 '신비한 비밀'", 『위클리경향』 2008년 11월 11일.
9. 최주, "우리의 금속문화재", 가우리블로그정보센터, 2004.
10. 박학수, "국보 제141호 다뉴세문경 성분 조성에 관한 연구", 『한국기독교박물관소장 국보 제141호 다뉴세문경 종합조사연구』, 숭실대학교 한국기독교박물관, 2009.
11. 김용래, "미세문양의 극치 '다뉴세문경' 복원제작", 연합뉴스, 2006년 8월 4일.
12. 정원식, "2400년 전 청동거울 '신비한 비밀'", 『위클리경향』 2008년 11월 11일.
13. 김용래, "미세문양의 극치 '다뉴세문경' 복원제작", 연합뉴스, 2006년 8월 4일; 곽동해 외, "다뉴세문경 제작비법 연구", 『동악미술사학』 2006년 제7호.

04 황금보검

1. 요시미즈 츠네오, 『로마문화 왕국 신라』, 오근영 옮김, 씨앗을뿌리는사람, 2002.
2. 신형식, 『신라인의 실크로드』, 백산자료원, 2002.
3. 요시미즈 츠네오, 『로마문화 왕국 신라』, 오근영 옮김, 씨앗을뿌리는사람, 2002.
4. 이종호, 『로마제국의 정복자 아틸라는 한민족』, 백산자료원, 2005; 이종호, 『한국 7대 불가사의』, 역사의아침, 2007; 이종호, "게르만 민족 대이동을 촉발시킨 훈족과 한민족의 친연성에 관한 연구", 『백산학보』 제66호, 2003.
5. Edward Gibbon, *The History of the Decline and Fall of the Roman Empire* (Penguin Classics, 1994).

05 한국인의 상징 소나무

1. 김기빈, 『국토와 지명 3, 땅은 이름으로 말한다』, 한국토지공사 토지박물관, 2004.
2. 권삼윤, 『고대사의 블랙박스 *Royal Tombs*』, 랜덤하우스중앙, 2005.
3. 국립문화재연구소, 『문화유산에 숨겨진 과학의 비밀』, 고래실, 2007.
4. 국립문화재연구소, 『문화유산에 숨겨진 과학의 비밀』, 고래실, 2007.
5. 김기빈, 『국토와 지명 3, 땅은 이름으로 말한다』, 한국토지공사 토지박물관, 2004.
6. 허준, 『동의보감』, 동의보감출판사, 2005.
7. "쥐라기 소나무 국내 공개", 중앙일보, 2006년 4월 22일.

06 살아있는 종이 한지

1. 국립문화재연구소, 『문화유산에 숨겨진 과학의 비밀』, 고래실, 2007.
2. 존 R. 루오마, "종이의 마력", 『내셔널지오그래픽』 2001년 4월.
3. 이인식, 이동호, 『세계를 바꾼 20가지 공학기술』, 생각의 나무, 2004.
4. 국립문화재연구소, 『문화유산에 숨겨진 과학의 비밀』, 고래실, 2007.
5. 이인식, 이동호, 『세계를 바꾼 20가지 공학기술』, 생각의 나무, 2004.
6. 안병욱, "한지", 가우리블로그정보센터, 2004년 12월 18일.

7. 토모노 로, 『영웅의 역사 5』, 이재정 옮김, 솔, 2000.
8. 국립문화재연구소, 『문화유산에 숨겨진 과학의 비밀』, 고래실, 2007.
9. 존 R. 루오마, "종이의 마력", 『내셔널지오그래픽』 2001년 4월.
10. 국립문화재연구소, 『문화유산에 숨겨진 과학의 비밀』, 고래실, 2007.
11. 존 R. 루오마, "종이의 마력", 『내셔널지오그래픽』 2001년 4월.
12. 전상운, 『한국과학사』, 사이언스북스, 2000.
13. 국립문화재연구소, 『문화유산에 숨겨진 과학의 비밀』,고래실, 2007.
14. 국립문화재연구소, 『문화유산에 숨겨진 과학의 비밀』, 고래실, 2007.
15. 정동찬 외, 『전통과학기술 조사연구 3』, 국립중앙과학관, 1995.
16. 문서 그래픽 보존연구소Centre de recherches sur la conservation des documents graphique, 『한지-보존과 과학』, Paris, 2006.
17. "오래된 책의 종이색이 바래는 이유가 뭔지 궁금합니다", 『과학동아』 2004년 7월.

07 아날로그-디지털 변환기 자격루

1. 에릭 뉴튼, 『미래 속으로』, 박정미 옮김, 이끌리오, 2001.
2. 남문현, 『장영실과 자격루』, 서울대학교출판부, 2002.

08 주인과 함께하는 순장

1. 박정우, "봉황사 삼세불화, 경북 문화재 지정", 데일리안, 2008년 10월 29일.
2. 김태식, "소호금천씨와 김일제, 그리고 신라김씨", 연합뉴스, 2009년 4월 27일.
3. 김태식, "재당신라인 대당고김씨부인묘명 전문", 연합뉴스, 2009년 4월 22일.
4. 김대성, 『금문의 비밀』, 컬처라인, 2002.
5. 한국정신문화연구원 편찬부, "순장", 『한국민족문화대백과사전』, 한국정신문화연구원, 1994.
6. 김정배, "중일에 비해 본 한국의 순장", 『백산학보』 제6호, 1969.
7. 강인구, 『고분연구』, 학연문화사, 2000.
8. KBS 역사스페셜, "순장, 과연 생매장이었나?", 『KBS 역사스페셜 7』, 효형출판, 2004.
9. 김태식, "순장자들은 어떻게 죽임을 당했을까?", 연합뉴스, 2007년 12월 30일.
10. 김태식, "순장자들은 어떻게 죽임을 당했을까?", 연합뉴스, 2007년 12월 30일.
11. 강병철, "중독 · 질식사 16세 소녀 넓은 얼굴에 빈혈 고생", 서울신문, 2009년 11월 6일.
12. 김정배, "중일에 비해 본 한국의 순장", 『백산학보』 제6호, 1969.
13. KBS 역사스페셜, "대가야 최후의 왕자, 월광은 어디로 갔나", 『KBS 역사스페셜 5』, 효형출판, 2003.
14. 김정배, "중일에 비해 본 한국의 순장", 『백산학보』 제6호, 1969.

09 유목민의 상징 동복

1. 이종호, 『로마제국의 정복자 아틸라는 한민족』, 백산자료원, 2003; 이종호, "게르만 민족 대이동을 촉발시킨 훈족과 한민족의 친연성에 관한 연구", 『백산학보』 제66호, 2003; 이종호, "북방 기마민족의 가야 · 신라로 동천에 관한 연구", 『백산학보』 제70호, 2004.

2. 존 카터 코벨, 『한국문화의 뿌리를 찾아』, 김유경 옮김, 학고재, 1999.
3. 국립중앙박물관, 『도르릭나르스 흉노무덤』, 위너지, 2009.
4. 이종호, 『로마제국의 정복자 아틸라는 한민족』, 백산자료원, 2003; 이종호, "게르만 민족 대이동을 촉발시킨 훈족과 한민족의 친연성에 관한 연구", 『백산학보』 제66호, 2003; 이종호, "북방 기마민족의 가야 · 신라로 동천에 관한 연구", 『백산학보』 제70호, 2004.
5. 국립중앙박물관, 『도르릭나르스 흉노무덤』, 위너지, 2009.
6. 경성대학교 박물관, 『김해대성동고분군』, 경성대학교 박물관, 2000.

10 금의 나라

1. "조선은 금이 많이 매장된 나라", 『내셔널지오그래픽』 2000년 1월.
2. 요시미즈 츠네오, 『로마문화 왕국 신라』, 오근영 옮김, 씨앗을뿌리는사람, 2002.

11 편두와 금관

1. 요시미즈 츠네오, 『로마문화 왕국 신라』, 오근영 옮김, 씨앗을뿌리는사람, 2002.
2. 이한상, 『황금의 나라 신라』, 김영사, 2004.
3. 이한상, 『황금의 나라 신라』, 김영사, 2004.
4. 김영일, "예안리 유적 주민들의 인류학적 특징에 대하여", 『조선고고연구』 1999년 제3호.
5. KBS 역사스페셜, 『역사스페셜 2』, 효형출판, 2000, 71~90쪽.
6. KBS 역사스페셜, 『역사스페셜 2』, 효형출판, 2000, 71~90쪽.
7. 김인희, 『소호씨 이야기』, 물레, 2009.
8. KBS 역사스페셜, 『역사스페셜 2』, 효형출판, 2000, 71~90쪽.
9. 이한상, 『황금의 나라 신라』, 김영사, 2004.
10. 以姓參釋種 偏頭居寐錦至尊 語襲梵音 彈舌足多羅之字.
11. 송기호, 『발해를 다시 본다』, 주류성, 2008.
12. 이종호, 『로마제국의 정복자 아틸라는 한민족』, 백산자료원, 2003; 이종호, "게르만 민족 대이동을 촉발시킨 훈족과 한민족의 친연성에 관한 연구", 『백산학보』 제66호, 2003; 이종호, "북방 기마민족의 가야 · 신라로 동천에 관한 연구", 『백산학보』 제70호, 2004.
13. KBS 역사스페셜, 『역사스페셜 2』, 효형출판, 2000, 71~90쪽.
14. 요시미즈 츠네오, 『로마문화 왕국 신라』, 오근영 옮김, 씨앗을뿌리는사람, 2002.
15. 요시미즈 츠네오, 『로마문화 왕국 신라』, 오근영 옮김, 씨앗을뿌리는사람, 2002.
16. 권삼윤, 『고대사의 블랙박스 *Royal Tombs*』, 랜덤하우스중앙, 2005.
17. 요시미즈 츠네오, 『로마문화 왕국 신라』, 오근영 옮김, 씨앗을뿌리는사람, 2002.
18. 조유전, "황남대총 쌍분의 주인공", 경향신문, 2003년 8월 12일.
19. 요시미즈 츠네오, 『로마문화 왕국 신라』, 오근영 옮김, 씨앗을뿌리는사람, 2002.

12 천마도

1. 국립경주박물관, 『경주이야기』, 통천문화사, 1991.

2. 한병삼, “신라고분의 양식과 편년”, 『고분미술』, 중앙M&B, 1985.
3. 김태식, “경산서 적석목곽묘 무더기 확인”, 연합뉴스, 2004년 1월 19일.
4. “기린이 된 Giraff, 천마총의 ‘천마’”, 연합뉴스, 2009년 9월 24일.
5. 이광표, 『국보 이야기』, 작은박물관, 2005
6. 김태식, “외뿔박이 유니콘 기린과 천마도장니”, 연합뉴스, 2004년 12월 8일.
7. 이광표, 『국보 이야기』, 작은박물관, 2005.
8. 요시미즈 츠네오,『로마문화 왕국 신라』, 오근영 옮김, 씨앗을뿌리는사람, 2002.
9. 홍찬진, “천마총 장니의 천마는 어디서 왔을까”, 연합뉴스, 2004년 11월 28일.

13 천상열차분야지도

1. 박창범, 『하늘에 새긴 우리역사』, 김영사, 2002.
2. 이은정, “고구려 천문관측술 당대 최고수준”, 경향신문, 2004년 7월 12일.
3. 나카야마 시게루, 『하늘의 과학사』, 김향 옮김, 가람기획, 2001.
4. 이용복, “벽화를 통해서 본 고구려의 천문학과 과학”, 고구려연구회 논문자료, 2003.
5. 박창범, 『하늘에 새긴 우리역사』, 김영사, 2002.
6. 유석재, “솔깃하지만 믿기엔, 너무 찬란한 한민족 상고사”, 조선일보, 2009년 7월 4~5일.

14 놀라운 천문기록

1. “세계 최초로 알려진 中 고대 지진계, 실제로는 지진 측정 전혀 못하는 것으로 드러나”, 내일신문, 2010년 12월 3일.
2. 조셉 니덤, 『중국의 과학과 문명』, 이면우 옮김, 까치, 2000.

15 역법

1. 알렉스 헤브라, 『눈금으로 보는 과학』, 김동현 옮김, 향연, 2005.
2. 알렉스 헤브라, 『눈금으로 보는 과학』, 김동현 옮김, 향연, 2005.
3. 이인식, 이동호, 『세계를 바꾼 20가지 공학기술』, 생각의 나무, 2004.
4. 최희규, “2천만 년에 1초도 틀림이 없는 시계”, 한국과학기술인연합 홈페이지, 2003년 6월 10일.
5. 남문현, 『장영실과 자격루』, 서울대학교출판부, 2002.
6. 류시원, 『조선시대 서울시장은 어떤 일을 하였을까』, 한국문원, 1997.
7. 이은희, 『칠정산 내편의 연구』, 한국한술정보, 2007.
8. 정수일, 『한국속의 세계 상, 하』, 창비, 2005.
9. 전국역사교사모임, 『한국사 새로 보기 2』, 우리교육, 1997.
10. 남문현, 손욱, 『전통 속의 첨단 공학기술』, 김영사, 2002.
11. 서울역사박물관, 『조선의 과학문화재』, 예림, 2004.
12. 국립문화재연구소, 『문화유산에 숨겨진 과학의 비밀』, 고래실, 2007.

16 나침반은 신라의 것이다

1. 최성우, "나침반이 가리키는 곳은 진짜 북극이 아니다", 과학향기 퓨전, 2004년 10월 6일.
2. 박성래, 『중국고대과학전』, 도서출판 명진, 1990.
3. 강윤옥, 『중국문화 오디세이』, 차이나하우스, 2006.
4. 서울역사박물관, 『조선의 과학문화재』, 예림, 2004.
5. KBS HD 역사스페셜, 『KBS HD 역사스페셜 3』, 효형출판, 2006.
6. 박성래, "벽안의 과학사학자 원한경", 『과학과 기술』 2004년 8월.
7. 강윤옥, 『중국문화 오디세이』, 차이나하우스, 2006.
8. 존 랭곤, 브루스 스터츠, 앤드레아 지아노폴루스, 『과학, 우주에서 마음까지』, 정영목 옮김, 지호, 2008.
9. 최성우, "나침반이 가리키는 곳은 진짜 북극이 아니다", 과학향기 퓨전, 2004년 10월 6일.
10. 청젠권程建軍, 『중국풍수나반中國風水羅盤』, 서강과학기술출판사江西科學技術出版社, 1999(중국어).

17 을지문덕의 살수대첩

1. 황원갑, 『민족사를 바꾼 무인들』, 인디북, 2004.
2. 이인철, 『고구려의 대외정복 연구』, 백산자료원, 2000.
3. 이덕일, 『고구려 700년의 수수께끼』, 대산출판사, 2000.
4. 이덕일, 김병기, 『고구려는 천자의 제국이었다』, 역사의아침, 2007.
5. 이덕일, 김병기, 『고구려는 천자의 제국이었다』, 역사의아침, 2007.
6. 황원갑, 『민족사를 바꾼 무인들』, 인디북, 2004.
7. 국가공훈선양회, 『민족기록화로 본 한국역사』, 월간보훈문화, 2004.
8. 김성남, 『전쟁으로 보는 한국사』, 수막새, 2005.
9. 신채호, 『조선상고사』, 일신서적출판사, 1998.
10. 임용한, 『전쟁과 역사』, 혜안, 2001.
11. 신채호, 『조선상고사』, 일신서적출판사, 1998.
12. 김성남, 『전쟁으로 보는 한국사』, 수막새, 2005.
13. 김성남, 『전쟁으로 보는 한국사』, 수막새, 2005.
14. 한국역사연구회고대사분과, 『문답으로 엮은 한국고대사 산책』,역사비평사, 1994.
15. 국가공훈선양회, 『민족기록화로 본 한국역사』, 월간보훈문화, 2004.
16. 남경태, 『상식 밖의 한국사』, 새길. 1995.
17. 김성남, 『전쟁으로 보는 한국사』, 수막새, 2005.
18. 김광인, "살수대첩 현장은 중국 요동성 일대", 조선일보, 2001년 6월 11일.

18 한반도는 제철의 보고

1.『송사』에 '안정국安定國은 마한馬韓 족속인데, 기단契丹에 격파되었다가 다시 규합되어 나라를 세우고 907년에 여진을 따라서 내조했다' 는 기록이 있으며, 안정국의 위치는 발해의 서경西京 압록부 부

근이라고 고증되었다. 그러므로 마한을 위시한 삼한은 남만주에 있었다는 주장도 있다. (박시인, 『알타이 문화기행』, 청노루출판사, 1995, 116~118쪽)
2. 김태식, "가야사 연구의 시간적 · 공간적 범위", 『한국고대사논총』 2집, 1991.
3. 이병태, "금관가야의 문화", 『가야사대관』, 가야대학교출판부, 1999.
4. 장한식, "한국 김씨의 혈관에는 흉노의 피가 흐른다", 『월간조선』 1999년 9월.
5. 이종호, "게르만 민족 대이동을 촉발시킨 훈족과 한민족의 친연성에 관한 연구", 『백산학보』 제66호, 2003.
6. 남문현, 손욱, 『전통 속의 첨단 공학기술』, 김영사, 2002.
7. KBS 역사스페셜, 『역사스페셜 2』, 효형출판, 2000.
8. 리태영, 『조선광업사』, 공업종합출판사, 1991.
9. KBS 역사스페셜, 『역사스페셜 2』, 효형출판, 2000.
10. 박상진, "천년왕국 신라는 숯으로 망했다", 『과학동아』 2002년 3월.
11. 존 카터 코벨, 『한국문화의 뿌리를 찾아』, 김유경 옮김, 학고재, 1999.
12. 경성대학교 박물관, 『김해대성동고분군』, 경성대학교박물관, 2000.
13. 장한식, 『신라 법흥왕은 선비족 모용씨의 후예였다』, 풀빛, 1999.
14. 리태영, 『조선광업사』, 백산자료원, 1991.

19 해녀

1. 좌혜경 외, 『제주해녀와 일본의 아마 해녀』, 민속원, 2006.
2. 신형준, "7000년 전엔 海男도 있었다", 조선일보, 2007년 6월 4일.
3. 좌혜경 외, 『제주해녀와 일본의 아마 해녀』, 민속원, 2006.
4. 김현종, "해녀의 영원한 고향 우도", 『내셔널지오그래픽』 2007년 5월.
5. 정동묵, "제주 우도와 해녀의 삶 이야기", 『대한한공 기내지 *Morning Calm*』 2010년 7월.
6. 한림화, "해양문명사 속의 제주해녀", 『제주해녀와 일본의 아마 해녀』, 민속원, 2006.
7. 김태보, "제주해녀의 경제활동 및 지역경제에의 기여도", 탐라대학교 주최 해녀보존대토론회, 2004.
8. 김현종, "해녀의 영원한 고향 우도", 『내셔널지오그래픽』 2007년 5월.
9. 정동묵, "제주 우도와 해녀의 삶 이야기", 『대한한공 기내지 *Morning Calm*』 2010년 7월.